U0395706

格致方法·定量研究系列 吴晓刚 主编

# 多元广义线性模型

[美] 理查德·F.哈斯 (Richard F.Haase) 著

臧晓露 译 王 佳 校

SAGE Publications, Inc.

格致出版社 ⧠ 上海人民出版社

# 出版说明

　　由香港科技大学社会科学部吴晓刚教授主编的"格致方法·定量研究系列"丛书，精选了世界著名的 SAGE 出版社定量社会科学研究丛书，翻译成中文，起初集结成八册，于 2011 年出版。这套丛书自出版以来，受到广大读者特别是年轻一代社会科学工作者的热烈欢迎。为了给广大读者提供更多的方便和选择，该丛书经过修订和校正，于 2012 年以单行本的形式再次出版发行，共 37 本。我们衷心感谢广大读者的支持和建议。

　　随着与 SAGE 出版社合作的进一步深化，我们又从丛书中精选了三十多个品种，译成中文，以飨读者。丛书新增品种涵盖了更多的定量研究方法。我们希望本丛书单行本的继续出版能为推动国内社会科学定量研究的教学和研究作出一点贡献。

# 总 序

　　2003 年，我赴港工作，在香港科技大学社会科学部教授研究生的两门核心定量方法课程。香港科技大学社会科学部自创建以来，非常重视社会科学研究方法论的训练。我开设的第一门课"社会科学里的统计学"（Statistics for Social Science）为所有研究型硕士生和博士生的必修课，而第二门课"社会科学中的定量分析"为博士生的必修课（事实上，大部分硕士生在修完第一门课后都会继续选修第二门课）。我在讲授这两门课的时候，根据社会科学研究生的数理基础比较薄弱的特点，尽量避免复杂的数学公式推导，而用具体的例子，结合语言和图形，帮助学生理解统计的基本概念和模型。课程的重点放在如何应用定量分析模型研究社会实际问题上，即社会研究者主要为定量统计方法的"消费者"而非"生产者"。作为"消费者"，学完这些课程后，我们一方面能够读懂、欣赏和评价别人在同行评议的刊物上发表的定量研究的文章；另一方面，也能在自己的研究中运用这些成熟的方法论技术。

　　上述两门课的内容，尽管在线性回归模型的内容上有少量重复，但各有侧重。"社会科学里的统计学"从介绍最基本的社会研究方法论和统计学原理开始，到多元线性回归模型结束，内容涵盖了描述性统计的基本方法、统计推论的原理、假设检验、列联表分析、方差和协方差分析、简单线性回归模型、多元线性回归模型，以及线性回归模型的假设和模型诊断。"社会科学中的定量分析"则介绍在经典线性回归模型的假设不成立的情况下的一些模型和方法，将重点放在因变量为定类数据的分析模型上，包括两分类的 logistic 回归模型、多分类 logistic 回归模型、定序 logistic 回归模型、条件 logistic 回归模型、多维列联表的对数线性和对数乘积模型、有关删节数据的模型、纵贯数据的分析模型，包括追踪研究和事件史的分析方法。这些模型在社会科学研究中有着更加广泛的应用。

　　修读过这些课程的香港科技大学的研究生，一直鼓励和支持我将两门课的讲稿结集出版，并帮助我将原来的英文课程讲稿译成了中文。但是，由于种种原因，这两本书拖了多年还没有完成。世界著名的出版社 SAGE 的"定量社会科学研究"丛书闻名遐迩，每本书都写得通俗易懂，与我的教学理念是相通的。当格致出版社向我提出从这套丛书中精选一批翻译，以飨中文读者时，我非常支持这个想法，因为这从某种程度上弥补了我的教科书未能出版的遗憾。

　　翻译是一件吃力不讨好的事。不但要有对中英文两种语言的精准把握能力，还要有对实质内容有较深的理解能力，而这套丛书涵盖的又恰恰是社会科学中技术性非常强的内容，只有语言能力是远远不能胜任的。在短短的一年时间里，我们组织了来自中国内地及香港、台湾地区的二十几位研究生参与了这项工程,他们当时大部分是香港科技大学的硕士和博士研究生,受过严格的社会科学统计方法的训练,也有来自美国等地对定量研究感兴趣的博士研究生。他们是香港科技大学社会科学部博士研究生蒋勤、李骏、盛智明、叶华、张卓妮、郑冰岛,硕士研究生贺光烨、李兰、林毓玲、肖东亮、辛济云、於嘉、余珊珊,应用社会经济研究中心研究员李俊秀;香港大学教育学院博士研究生洪岩璧;北京大学社会学系博士研究生李丁、赵亮员;中国人民大学人口学系讲师巫锡炜;中国台湾"中央"研究院社会学所助理研究员林宗弘;南京师范大学心理学系副教授陈陈;美国北卡罗来纳大学教堂山分校社会学系博士候选人姜念涛;美国加州大学洛杉矶分校社会学系博士研究生宋曦;哈佛大学社会学系博士研究生郭茂灿和周韵。

　　参与这项工作的许多译者目前都已经毕业,大多成为中国内地以及香港、台湾等地区高校和研究机构定量社会科学方法教学和研究的骨干。不少译者反映,翻译工作本身也是他们学习相关定量方法的有效途径。鉴于此,当格致出版社和 SAGE 出版社决定在"格致方法·定量研究系列"丛书中推出另外一批新品种时,香港科技大学社会科学部的研究生仍然是主要力量。特别值得一提的是,香港科技大学应用社会经济研究中心与上海大学社会学院自 2012 年夏季开始,在上海(夏季)和广州南沙(冬季)联合举办《应用社会科学研究方法研修班》,至今已经成功举办三届。研修课程设计体现"化整为零、循序渐进、中文教学、学以致用"的方针,吸引了一大批有志于从事定量社会科学研究的博士生和青年学者。他们中的不少人也参与了翻译和校对的工作。他们在繁忙的学习和研究之余,历经近两年的时间,完成了三十多本新书的翻译任务,使得"格致方法·定量研究系列"丛书更加丰富和完善。他们是:东南大学社会学系副教授洪岩璧,香港科技大学社会科学部博士研究生贺光烨、李忠路、王佳、王彦蓉、许多多,硕士研究生范新光、缪佳、武玲蔚、臧晓露、曾东林,原硕士研究生李兰,密歇根大学社会学系博士研究生王骁,纽约大学社会学系博士研究生温芳琪,牛津大学社会学系研究生周穆之,上海大学社会学院博士研究生陈伟等。

陈伟、范新光、贺光烨、洪岩璧、李忠路、缪佳、王佳、武玲蔚、许多多、曾东林、周穆之,以及香港科技大学社会科学部硕士研究生陈佳莹,上海大学社会学院硕士研究生梁海祥还协助主编做了大量的审校工作。格致出版社编辑高璇不遗余力地推动本丛书的继续出版,并且在这个过程中表现出极大的耐心和高度的专业精神。对他们付出的劳动,我在此致以诚挚的谢意。当然,每本书因本身内容和译者的行文风格有所差异,校对未免挂一漏万,术语的标准译法方面还有很大的改进空间。我们欢迎广大读者提出建设性的批评和建议,以便再版时修订。

我们希望本丛书的持续出版,能为进一步提升国内社会科学定量教学和研究水平作出一点贡献。

吴晓刚

于香港九龙清水湾

# 目 录

第 **1** 章

一元广义线性模型的
简介与回顾

在社会科学、行为科学以及自然科学中，很少有数据分析技术比多元回归分析更为重要。在各个领域，包括人类学（Cardoso & Garcia，2009）、经济学（Card，Dobkin & Maestas，2009）、政治学（Baek，2009）、社会学（Arthur，Van Buren & Del Campo，2009），以及心理学的各个分支（Ellis，MacDonald，Lincoln & Cabral，2008；Pekrun，Elliot & Maier，2009）中，都可见多元回归分析的示范性应用。

在以上每个领域中，研究者的目的是研究变量之间的关系。用数据拟合回归模型可以使分析者用一个或多个预测变量来解释一个因变量内的变化。广义线性模型是回归模型的一个延伸，用来处理定量和定性的变量分析。众所周知，多元回归分析是一个涵盖所有线性模型的数据分析系统（Cohen，1968），包括了处理连续变量的分析模型（经典回归分析）、处理分类变量的模型（经典方差分析），以及同时处理连续和分类预测变量的模型。①这些模型共同定义了广义线性模型。回归模型在处理许多不同类型的预测变量方面是

---

① 一些作者更喜欢用"定量"或"定性"这类术语去描述连续或分类预测变量。在本书中，我们用"连续"这个术语来指代潜在度量是连续的或离散的变量，用"分类"这个术语来指代名义性的分组结构。这种结构除了指示分组外，没有其他实际意义。

非常灵活的,包括连续变量的交互作用、分类变量的交互作用,以及连续和分类变量的交互作用。这些组合提供了在更广泛的范围内进行分析的可能性,这解释了为什么这项技术在所有科学领域内,包括从人类学到动物学,都有如此广泛的运用。

本书的目的是介绍广义线性模型的多元形式,以及展示它的几种应用。多元模型的特点是具有不止一个因变量,通过拟合一个模型来同时分析这些变量。很多多元线性模型分析的概念和统计学基础是对一元回归分析的直接推广,我们将在本章中简单回顾一元回归分析,来为之后的章节做铺垫。在第 2 章中,我们介绍了会一直用到的示例样本数据,并对广义线性模型(GLM)分析中的第一步——模型识别——进行讨论。第 3、4、5 章的内容涉及了模型参数的估计、模型拟合优度的评价及相应的多元检验统计量,以及对模型的假设检验。第 6 章介绍了多元方差分析的线性模型解决方法。第 7 章用对典型相关分析的介绍来结束本书。典型相关分析涵盖了之前章节介绍过的所有线性模型。本书最重要的目的是从一个整合的视角把所有不同的技术用一个模型框架展现出来。

# 第 1 节 | 一元线性模型分析回顾

线性模型的主要目标是评价变量间的关系，用某个被识别的模型和误差来解释一个因变量的变化：

响应变量＝模型＋误差

对于一元的例子来讲，回归模型就是只包括一个标准变量、响应变量、因变量或结果变量的模型。[①]对于只有一个预测变量的简单模型，数学上，一元回归模型可以用下面的回归函数来表示：

$$Y = \beta_0 + \beta_1 X_1 + \varepsilon \qquad [1.1]$$

对于有多个预测变量的更为复杂的模型，表达式可以写作：[②]

$$Y = \beta_0 + \beta_1 X_1 + \beta_2 X_2 + \cdots + \beta_q X_q + \varepsilon \qquad [1.2]$$

在公式 1.1 和公式 1.2 中，$Y$ 表示一列响应变量向量，需要用回归系数 $\beta_0$，$\beta_1$，$\cdots$，$\beta_q$ 和解释变量 $X_1$，$X_2$，$\cdots$，$X_q$，

---

① 本书中，我们把因变量、标准变量、响应变量和结果变量这几个术语作为同义词使用，来描述模型中的 $Y$ 变量。模型中的 $X$ 变量将会用预测变量、解释变量或自变量这几个同义词表述。这些术语在回归分析的文献中反复出现。在有控制条件的实验设计中，一些作者更喜欢使用"因变量"这个术语。

② 我们不用下角标来指定从第 1 到第 $n$ 个观察值的序列顺序，以此来识别响应变量和解释变量 $Y$ 或 $X$。本书中，所有的模型都是基于全部 $n$ 个观察值而做出的，加法和乘法的运算指示都假定是基于全部 $n$ 个参与者而进行的。

以及代表所有其他引起 $Y$ 值波动的变化来源的干扰项或误差项（系统的或随机的）的加权线性组合来解释。解释变量 $X_j$，$j=1, 2, \cdots, q$，既可以是连续的，也可以是分类的。[①]许多当前的教科书都强调用这种一元的线性模型来进行回归分析和方差分析（例子见 Cohen, Cohen, West & Aiken, 2003；Myers & Well, 2003）。

虽然在本章节中我们简单回顾了一元回归（线性）模型分析的基本思路，但我们的目的是为处理连续和分类变量的**多变量**多元回归分析（广义线性模型分析）做铺垫。多元模型可以被定义为一元对应模型的推广。一元回归模型的 $Y$ 值由单列向量来定义，多元模型的识别则在很大程度上同时**包括不止**一个因变量。解释变量集 $X_1$，$X_2$，$\cdots$，$X_q$，在一元和多元模型中可以是相同的；只有 $Y$ 变量的数目、回归系数的向量列数和误差项 $\varepsilon$ 的数目会有差别。

随着模型变得更为复杂，用矩阵代数形式来表达模型和它们的应用会更加方便。虽然在本书的讨论中我们用基本矩阵去表示线性模型，但我们并不会对这一话题进行全面的讨论。德雷珀和史密斯（Draper & Smith, 1998：第 4 章）花了一个章节来介绍相关的许多细节；南布迪里（Namboodiri, 1984）或肖特（Schott, 1997）对此著有专门的教科书做介绍。

公式 1.1 和公式 1.2 中的单变量（$Y$）多元回归模型可以方便地用矩阵表示为：[②]

---

① 我们将会在后面的部分更详尽地介绍分类变量的编码体系。

② 我们用斜体字来代表标量（例如，$X$，$Y$，$Z$，$\beta$，$\varepsilon$），黑体小写字母来指代行或列向量（例如，**a**，**b**，**y**，**x**，**β**，**ε**），黑体大写字母来表示矩阵（例如，**X**，**Y**，**B**，**E**，**Γ**）。如果一个列向量或行向量是特意用矩阵来表示的，它的向量状态将会用矩阵的阶数来表示，例如，$(n \times 1)$ 或 $(1 \times p)$。

$$\mathbf{y}_{(n \times 1)} = \mathbf{X}_{(n \times q+1)} \boldsymbol{\beta}_{(q+1 \times 1)} + \boldsymbol{\varepsilon}_{(n \times 1)} \qquad [1.3]$$

其中，$\mathbf{y}_{(n \times 1)}$ 是一个单列向量，它的维度用行×列的下角标来表示。预测变量，$X_j$，$j=1, 2, \cdots, q$，排列在一个设计矩阵 $\mathbf{X}_{(n \times q+1)}$ 中，是公式 1.2 所表示的一元模型中相同预测变量的对应变量，现在被表达为一个阶数为 $(n \times q+1)$ 的矩阵，其中 $n$ 行代表 $n$ 个样本，$q+1$ 列则是预测变量的数目。在 $q+1$ 中的"$+1$"使得模型可以用一个单位向量 $X_0 \equiv 1$($\equiv$ 表示"根据定义与……相等")来估计模型的截距。公式 1.3 的 $\boldsymbol{\beta}$ 向量是一个用以表达回归系数的阶数为 $(q+1 \times 1)$ 的列向量，其中每一行对应 $q+1$ 个解释变量中的一个。我们可以对公式 1.3 进行展开，来展现矩阵中包含的元素，这代表了包含 $q+1$ 个预测变量的单变量多元回归模型：

$$\begin{bmatrix} Y_1 \\ Y_2 \\ \vdots \\ Y_n \end{bmatrix} = \begin{bmatrix} 1 & X_{11} & X_{12} & \cdots & X_{1q} \\ 1 & X_{21} & X_{22} & \cdots & X_{2q} \\ \vdots & \vdots & \vdots & \ddots & \vdots \\ 1 & X_{n1} & X_{n2} & \cdots & X_{nq} \end{bmatrix} \begin{bmatrix} \beta_0 \\ \beta_1 \\ \vdots \\ \beta_q \end{bmatrix} + \begin{bmatrix} \varepsilon_1 \\ \varepsilon_2 \\ \vdots \\ \varepsilon_n \end{bmatrix}$$

多变量多元回归模型是公式 1.3 的推广，可以写为：

$$\mathbf{Y}_{(n \times p)} = \mathbf{X}_{(n \times q+1)} \mathbf{B}_{(q+1 \times p)} + \mathbf{E}_{(n \times p)} \qquad [1.4]$$

矩阵 $\mathbf{Y}_{(n \times p)}$ 是一个二维的数字队列，其中矩阵的行代表了全部 $n$ 个观察值（样本、个案），矩阵的列包含了 $p > 1$ 个响应变量 $Y_k$，其中 $k = 1, 2, \cdots, p$。因此，矩阵 $\mathbf{Y}$ 的序列为 $(n \times p)$。$\mathbf{X}_{(n \times q+1)}$ 设计矩阵的结构，在一元和多元模型之间是相同的，都与公式 1.3 中的表达相同。公式 1.4 的矩阵 $\mathbf{B}_{(q+1 \times p)}$ 是回归系数的一个扩大的集合，每一行对应 $q+1$ 个解释变量中的一个变量，$p$ 列对应多个响应变量。最终，矩

阵 $\mathbf{E}_{(n \times p)}$ 是误差项向量的一个集合,每一行代表着 $n$ 个样本,且对应 $p$ 个响应变量中的一个。公式 1.4 的展开式展现了多元模型中包含的矩阵元素:

$$
\begin{bmatrix}
Y_{11} & Y_{12} & \cdots & X_{1p} \\
Y_{21} & Y_{22} & \cdots & Y_{2p} \\
\vdots & \vdots & \ddots & \vdots \\
Y_{n1} & Y_{n2} & \cdots & Y_{np}
\end{bmatrix}
=
\begin{bmatrix}
1 & X_{11} & X_{12} & \cdots & X_{1q} \\
1 & X_{21} & X_{22} & \cdots & X_{2q} \\
\vdots & \vdots & \vdots & \ddots & \vdots \\
1 & X_{n1} & X_{n2} & \cdots & X_{nq}
\end{bmatrix}
$$

$$
\begin{bmatrix}
\beta_{01} & \beta_{02} & \cdots & \beta_{0p} \\
\beta_{11} & \beta_{12} & \cdots & \beta_{1p} \\
\vdots & \vdots & \ddots & \vdots \\
\beta_{q1} & \beta_{n2} & \cdots & \beta_{qp}
\end{bmatrix}
+
\begin{bmatrix}
\varepsilon_{11} & \varepsilon_{12} & \varepsilon_{1} & \varepsilon_{n1} \\
\varepsilon_{21} & \varepsilon_{22} & \varepsilon_{2} & \varepsilon_{n2} \\
\vdots & \vdots & \vdots & \ddots & \vdots \\
\varepsilon_{n1} & \varepsilon_{n1} & \varepsilon_{n} & \varepsilon_{np}
\end{bmatrix}
$$

在接下来的章节中,我们将会讨论关于同时包含连续和分类变量的设计矩阵结构的更多细节。本章的其余部分将集中回顾一元线性模型,为接下来的章节做铺垫。

我们假设读者对单变量多元回归分析在科恩等人研究(Cohen et al.,2003)的水平上已经有一个合理的理解,并且对方差分析模型在迈尔斯和韦尔研究(Myers & Well,2003)的水平上也有同样的理解。我们也假设读者对矩阵的加、减、乘、逆(除)运算有基本的掌握。我们希望能展示,多元分析的很多内容可以看作一元分析的一个推广。为了最终的目的,我们现在开始回顾一元回归模型,其中广义线性模型分析的四个步骤为:

(1) 识别模型。

(2) 估计模型参数。

(3) 定义模型拟合优度的测量。

（4）发展模型假设检验的方法。

由于篇幅的限制，我们在此不讨论关于模型适合性诊断的问题，其他文献有关于此问题的具体讨论（Cohen et al.，2003：第 4 章）。

# 第 2 节 | **识别一元回归模型**

$\mathbf{Y}_{(n\times p)}$ 的维度定义了一元和多元模型最初的区别。如果模型仅包含一列向量,那 $\mathbf{y}_{(n\times 1)}$ 就代表公式 1.3 中标注的因变量。假设一个回归模型 $\mathbf{y}_{(n\times 1)}$ 包括了三个预测变量:两个连续变量 $X_1$,$X_2$ 和一个二分类变量 $X_3$。在最终意义上的数据收集必须符合模型识别。具体来说,让 $Y$ 代表执行功能的概念,由连线测验—B 部分的得分来测量(TMT-B, Tombaugh,2004)。神经心理学家认为 TMT-B 是大脑高阶功能的一种测量,掌管着计划、组织和参与的行为。因为执行功能是一项重要的认知技能,理解这种认知状态如何可能随着年龄增长、知识的增加和性别差异而变化是十分重要的。一个基于 40 个观测值并且具有与汤博(Tombaugh,2003)所报告的几乎相同的相关性结构的虚拟数据集,可以识别一个有三个预测变量的模型,如公式 1.3 中所定义的。识别这个线性模型所需要的矩阵原型会包括以下矩阵:

$$\mathbf{y}_{(20\times 1)} = \begin{bmatrix} 72 \\ 115 \\ 117 \\ \vdots \\ 111 \end{bmatrix}, \quad \mathbf{X}_{(20\times 4)} = \begin{bmatrix} 1 & 41 & 13 & 0 \\ 1 & 51 & 18 & 1 \\ 1 & 80 & 14 & 0 \\ \vdots & \vdots & \vdots & \vdots \\ 1 & 59 & 10 & 0 \end{bmatrix},$$

$$\boldsymbol{\beta}_{(4\times1)} = \begin{bmatrix} \beta_0 \\ \beta_1 \\ \beta_2 \\ \beta_3 \end{bmatrix}, \ \boldsymbol{\varepsilon} = \begin{bmatrix} \varepsilon_1 \\ \varepsilon_2 \\ \varepsilon_3 \\ \vdots \\ \varepsilon_{20} \end{bmatrix}$$

在这个一元模型中，$\mathbf{y}$ 向量是完成 TMT-B 任务所花的时间，$X_1$ 是样本的年龄，$X_2$ 是参与者的教育程度，都是连续变量。向量 $X_3$ 是一个虚拟变量，代表了性别——1 为女性，0 为男性。向量 $X_0 \equiv 1$ 是设计矩阵的第一列，用来计算模型的截距。这些数据的均值、标准差和相关系数见表 1.1。

**表 1.1　TMT-B 数据的平均值、标准差和相关系数**

|  | TMT-B | 年　龄 | 教育程度 | 性　别 |
|---|---|---|---|---|
| TMT-B | 1.000 |  |  |  |
| 年　龄 | 0.632 | 1.000 | — |  |
| 教育程度 | −0.244 | −0.171 | 1.00 |  |
| 性　别 | −0.046 | 0.014 | −0.114 | 1.000 |
| 平均值 | 93.77 | 58.48 | 12.60 | 0.45 |
| 标准差 | 32.77 | 21.68 | 2.60 | 0.50 |

注：$n = 40$。TMT-B 为连线测验—B 部分。

识别模型需要的统计细节包括表述描述性信息，并写出公式 1.2 或公式 1.3 中识别的回归模型。

线性模型识别的第二个重要的方面很大程度上依赖于建立数学模型的理论和解释响应变量与解释变量之间的假设关系的理论。研究的理论基础通常包括用于解释 $Y$ 和 $X$ 变量如何相关联的逻辑机制。这些模型识别的非常重要的细节是依赖特定情境的，并随着研究内容的不同而变化。虽然我们会尽力用分析技巧的例子让读者对上述观点有所体会,对模型识别的全面讨论则不属于本书讨论的范围。对这一话题的延伸讨论请参见雅卡尔和雅各比的研究(Jaccard & Jacoby,2010)。

## 第 3 节 | **模型的参数估计**

公式 1.1 到公式 1.4 的模型是总体回归函数：对于一元模型，模型的参数被定义在 $\mathbf{\beta}_{(q+1 \times 1)} = (\beta_0, \beta_1, \cdots, \beta_q)$ 的元素中；对于多元模型，参数被定义在 $\mathbf{B}_{(q+1 \times p)}$ 的元素中。对于公式 1.3 所表示的有 $q$ 个预测变量的一元回归模型来说，该模型只包含一个标准变量。它的期望值可以由下式来表达：

$$E(Y \mid X) = \mathbf{X\beta} = \beta_0 + \beta_1 X_1 + \beta_2 X_2 + \cdots + \beta_q X_q$$

$$[1.5]$$

这些期望值是 $Y$ 对于 $X_j$ 每个取值条件概率分布的均值，比如用 $\mu_{(Y|X_j)}$ 表示。识别 $Y$ 和 $X$ 关系的线性模型要求 $Y|X$ 的条件均值精确地落在模型定义的一条直线上，如图 1.1（对只有一个预测变量的情况而言）所示。有两个预测变量的线性模型要求被 $\mathbf{X\beta}$ 定义的回归面是一个二维的平面，其中偏斜率表示 $X$ 轴，如图 1.2 所示。对于公式 1.1 中的简单回归模型，参数 $\beta_0$ 定义了 $Y|X = 0$ 的期望值，$\beta_1$ 定义了 $X$ 每个单位的变化引起 $Y$ 变化的期望速率。根据表 1.1 的样本数据，$Y = $ TMT-B 对 $X = $ 年龄的回归函数可以用图 1.1 表示。其中 $Y$ 的条件均值（完成 TMT-B 所需的时间）给出了当 $X = 40$，$50$ 和 $75$ 时的三个值（$E\{Y_1\}$，$E\{Y_2\}$，$E\{Y_3\}$），全部精

确地落在回归线上,以便满足线性假设。注意 $Y_1$,$Y_2$ 和 $Y_3$ 观察值的值出现在它们各自概率分布的平面上,但是却偏离它们的条件平均值。偏离的向量 $\boldsymbol{\varepsilon} = \mathbf{y} - \mathbf{X}\boldsymbol{\beta}$ 是公式 1.3 中回归模型的误差项。

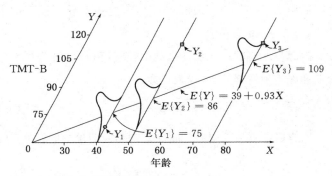

注:$Y_1$,$Y_2$ 和 $Y_3$ 是说明性案例。

**图 1.1　表 1.1 中数据 $Y$ 对 $X$ 条件分布期望值(平均值)的线性回归函数**

拥有两个解释变量模型的一个简单的例子可见图 1.2。图 1.2 将表 1.1 中 $n = 40$ 样本数据的描述性总结以图的形式

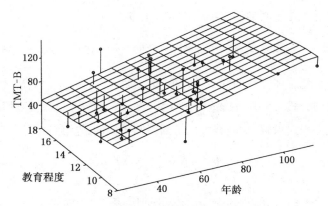

**图 1.2　TMT-B 部分对年龄和教育程度的回归**

表现了出来($Y =$ TMT-B, $X_1 =$ 年龄, $X_2 =$ 教育程度)。散点图揭示了 $Y$ 和 $X_1$ 之间的正关系以及 $Y$ 和 $X_2$ 之间的负关系。总体回归函数 $E(Y \mid X) = \mathbf{X\beta}$ 由 $\beta_{X_1}$ 和 $\beta_{X_2}$ 的偏斜率所在的平面定义。观察值和模型之间的差异（例如，圆圈和平面之间的距离）说明了模型还不够拟合，这些差异由模型的误差项 $\mathbf{\varepsilon} = \mathbf{Y} - \mathbf{X\beta}$ 来表示。

因此在所有的一元线性模型中，观察值被分解为模型拟合项和误差项两部分，可以表示为：

$$\mathbf{y} = \mathbf{X\beta} + \mathbf{\varepsilon} \qquad [1.6]$$

$Y$ 的观察值和期望值之间的差别是模型预测的误差：

$$\mathbf{\varepsilon} = \mathbf{y} - E(\mathbf{y} \mid \mathbf{X}) \text{①} \qquad [1.7]$$

即图 1.2 中从每一个散点到二维平面的距离。所有的观察值越接近拟合的回归平面，数据和模型的拟合度就越高。

最小二乘的标准被用来估计 $\mathbf{\beta}$ 的最优值，以便于观察值和模型预测值之间的离差尽可能小。利用微分，我们选择能够最小化预测的误差项的平方和的 $\mathbf{\beta}$ 值。

$$\sum \mathbf{\varepsilon}^2 = \mathbf{\varepsilon'\varepsilon} = (\mathbf{y} - \mathbf{X\beta})'(\mathbf{y} - \mathbf{X\beta}) \qquad [1.8]$$

把总体参数的样本估计值 $\hat{\mathbf{\beta}}_{(q+1 \times 1)} = (\hat{\beta}_0, \hat{\beta}_1, \cdots, \hat{\beta}_q)$ 代入到公式 1.8 中，取 $\mathbf{\varepsilon'\varepsilon}$ 的偏导数，设置它们等于 0，然后对联立方程式求解，我们就可以得到回归系数的最优解：②

$$\hat{\mathbf{\beta}} = (\mathbf{X'X})^{-1}(\mathbf{X'Y}) \qquad [1.9]$$

---

① $\hat{Y}$, $\hat{y}$, $\hat{\mathbf{Y}}$ 和 $\hat{\mu}_{(y \mid x_1 x_2 \cdots x_q)}$ 等标识用来指代总体的样本估计值 $E(Y \mid X)$。

② 我们将在字符上放一个读音符号 ∧ 来指代总体参数的样本估计值。

将公式 1.8 应用到表 1.1 的样本数据中,我们得到了 TMT-B 对年龄、教育程度和性别回归的非标准化的参数估计值:[1]

$$\hat{\boldsymbol{\beta}} = \begin{bmatrix} \hat{\beta}_0 \\ \hat{\beta}_1 \\ \hat{\beta}_2 \\ \hat{\beta}_3 \end{bmatrix} = \begin{bmatrix} 65.69 \\ 0.92 \\ -1.87 \\ -4.68 \end{bmatrix}$$

对估计值的解释遵循一般的法则:年龄每增长一岁,会使得完成 TMT-B 任务所需时间增加大约 $\frac{9}{10}$ 秒;教育程度每增加一年,降低大约 2 秒的完成时间;男性和女性在 TMT-B 完成时间上有大约 4.7 秒的差异,其中女性的表现更快。一位 50 岁、有 12 年教育程度的女性完成 TMT-B 的时间大约为 85 秒。

有时把回归模型重新参数化,使其成为均值为 0、方差为 1(例如,$Z_Y, Z_{X_1}, Z_{X_2}, Z_{X_3}$)的参数也很有用,用标准化值的形式表现的回归模型的特点[2]可以用相关系数的形式表现出来。线性和矩阵形式的标准化值回归模型可以被写作:

$$Z_Y = \beta_1^* Z_{X_1} + \beta_2^* Z_{X_2} + \cdots + \beta_q^* X_q + \epsilon$$
$$\mathbf{Z}_y = \mathbf{Z}_X \boldsymbol{\beta}^* + \boldsymbol{\epsilon} \tag{1.10}$$

预测的误差项被定义为:

---

[1] $(\mathbf{X}'\mathbf{X})^{-1}$ 是未调整的原始得分的平方和与 $\mathbf{X}$ 矩阵交叉乘积的倒数,$(\mathbf{X}'\mathbf{Y})$ 是 $\mathbf{X}$ 和 $\mathbf{Y}$ 未调整的原始得分的交叉乘积的和。公式 1.8 的未标准化的回归系数和那些通过均值修正的 SSCP 和 SCP 矩阵得到的回归系数相等。原始得分和被均值修正过的 SSCP 和 SCP 矩阵之间的详细关系请参阅 Rencher, 1998:269—271。

[2] $\beta^*$ 被用于表示标准得分形式的参数,参数的标准化估计值用 $\hat{\beta}^*$ 表示。

$$\boldsymbol{\epsilon} = \mathbf{Z}_y - \mathbf{Z}_X \boldsymbol{\beta}^* \qquad [1.11]$$

用来减少公式 1.10 误差平方和的标准化回归参数的最小二乘估计值可以由下式得到：

$$\hat{\boldsymbol{\beta}}^* = \mathbf{R}_{XX}^{-1} \mathbf{R}_{XY} \qquad [1.12]$$

这里 $\mathbf{R}_{XX}^{-1}$ 和 $\mathbf{R}_{XY}$ 分别是预测变量之间的相关矩阵，以及预测变量和因变量之间的相关矩阵。[①]对表 1.1 中的样本数据估计 $\hat{\boldsymbol{\beta}}^*$ 可以得到拟合模型：

$$\hat{\boldsymbol{\beta}}^* = \begin{bmatrix} \hat{\beta}_1^* \\ \hat{\beta}_2^* \\ \hat{\beta}_3^* \end{bmatrix} = \begin{bmatrix} 0.61 \\ -0.15 \\ -0.07 \end{bmatrix}$$

解释标准化系数的一般法则适用于此：每一个系数代表了 $X_j$ 一个标准差的变化引起了 $Y$ $\hat{\beta}_j^*$ 个标准差的变化。用任何一个标准化系数来代替其对应的非标准化系数在解释上没什么大的用处，但是如果分析的一个目的是比较评价预测变量的相对影响，一般推荐使用标准化系数（Bring，1994；Darlington，1990:217—218）。这些建议是基于非标准化回归系数（$\hat{\beta}_j$）的绝对值部分地依赖于测量标准，而测量标准可能在不同预测变量间有不同，但是标准化系数对不同的测量标准做出了调整（$\hat{\beta}_j^*$）。[②]对于年龄和教育程度的预测变量，原始回归系数显示，年龄作为一个预测变量不如教育程度重要

①　$\mathbf{R}_{XX}$ 和 $\mathbf{R}_{XY}$ 是根据样本大小调整的标准化分数形式的 SSCP 和 SCP 矩阵。
②　标准化回归系数对于分类预测变量几乎毫无意义。用于指代一个分类变量类别的数字，除了可以用数字来区别不同类别以外，其标准差解释起来没有意义。在后面的部分，当与模型中其他预测变量进行比较并检验其相对重要性时，我们注意到对一个二分类预测变量的标准化系数进行解释可能会有意义。

（忽略测量标准的不同——$SD_{年龄} = 21.68$，$SD_{教育} = 2.60$），然而标准化的系数则相反：在调整了潜在的标准差异之后，年龄比教育程度更重要。检验这些差异显著性的问题（例如，$\hat{\beta}_1$ 与 $\hat{\beta}_2$，$\hat{\beta}_1^*$ 与 $\hat{\beta}_2^*$）将会在后面的部分讨论，即使这些原始得分的测量标准相同，即 $SD_{X_1} = SD_{X_2}$，这些检验也包含了非常不同的理论假设检验。

# 第 4 节｜证实最小二乘估计的有效性 所需要的假设

我们不需要假设去证实参数的最小二乘估计，这个过程是纯粹描述性的。但是在这一点上，我们可以介绍几个关于线性模型的重要假设。如果满足，这些假设为解释这些系数以及证实在本章后面部分要讨论的检验统计量的有效性都提供了一定的可信度。这些假设包括：

- 模型是线性的；$E(Y|X)$ 精确地落在一条直线上。
- 模型被正确地识别；分析中没有漏掉重要的变量。
- 预测变量 $X_j$ 的测量没有误差。
- $E(\varepsilon)=0$。回归模型的误差项是一个随机变量，且均值为 0。
- 对于 $i \neq j$，$Cov(\varepsilon_i, \varepsilon_j)=0$。这些误差项被假定相互独立，协方差为 0。
- $V(\varepsilon) = \sigma^2 I_{(n \times n)}$。误差项的方差被假定为常数。$\sigma^2$ 是一个总体参数，在样本中我们用均方差 $\hat{\sigma}^2 = \dfrac{\sum (Y - X\hat{\beta})^2}{n - q_f - 1}$ 进行估计，其中 $n - q_f - 1$ 指代了完整模

型中基于 $q_f$ 个预测变量的误差项的自由度。

●$\varepsilon_i \sim N(X\beta, \sigma^2 I)$。模型的误差被假定是正态分布的,且均值为 $X\beta$,方差为 $\sigma^2 I$,这就和回归系数的检验统计量的概率分布建立了联系。

对这些假设更广泛的介绍以及违背这些假设的诊断可以在科恩等人的研究(Cohen et al.,2003:4.3—4.5)中找到。

# 第 5 节 │ 分解平方和以及定义拟合优度的测量

在一个线性模型中,标准变量和预测变量关系的强度有两个标准:误差平方和 ($SS_{误差} = \sum (Y - X\hat{\beta})^2 = \sum \hat{\epsilon}_2 = \hat{\epsilon}'\hat{\epsilon}$) 和复相关系数的平方($R^2$)。为了实现任何一个标准,我们需要把响应变量中的方差分解成公式 1.3 的有关组成部分。$SS$ 可以被分解为:

$$SS_{总体} = SS_{模型} + SS_{误差} \qquad [1.13]$$

被估计模型的误差向量由 $\hat{\epsilon} = y - X\hat{\beta}$ 给出,公式 1.13 的误差的平方和被定义为 $\hat{\epsilon}'\hat{\epsilon}$。作为拟合优度的一个测量,我们已知 $\hat{\epsilon}'\hat{\epsilon}$ 的上下限,$0 \leqslant \hat{\epsilon}'\hat{\epsilon} \leqslant SS_{总体}$,定义了从完全没有关系到完全相关的一个范围。除非 $SS_{总体}$ 已知,否则 $\hat{\epsilon}'\hat{\epsilon}$ 作为关系强度的一个度量是很模糊的。均值修正的误差总平方和为 $SS_{总体} = \sum (Y - \bar{Y})^2 = y'y - \bar{y}\bar{y}n$,此处 $\bar{y}$ 是 $Y$ 重复测量 $n$ 次的均值的一个($n \times 1$)向量。重新定义 $y'y = (y'y - \bar{y}\bar{y}n)$ 为均值修正的 $SS_{总体}$,并重新定义 $\hat{\beta}'X'y = (\hat{\beta}'X'y - \bar{y}\bar{y}n)$ 来代表均值修正的 $SS_{模型}$,公式 1.13 中的平方和分解后为:[1]

---

[1] $Y$ 的未修正平方和 $\sum Y^2 = y'y$,既包含与预测变量($\beta_1$,$\beta_2$,$\cdots$,$\beta_q$)有联系的平方和,又包含与截距有联系的平方和。均值修正的平方和 $y'y - \bar{y}\bar{y}n$ 把这两个量分解开来。伦彻(Rencher,1998:4.3—4.5)详细讨论了非校正平方和与均值校正平方和之间的联系。

$$\mathbf{y}'\mathbf{y} = \hat{\boldsymbol{\beta}}'\mathbf{X}'\mathbf{y} + \boldsymbol{\varepsilon}'\boldsymbol{\varepsilon} \qquad [1.14]$$

我们通常用判定系数 $R^2$ 的值作为拟合优度的一个指标,它在区间 $[0,1]$ 上取值。$SS_{总体}$ 是 $Y$ 取值的可能的最大变化,$SS_{误差}$ 是 $Y$ 不能被模型解释的变化,$SS_{模型}$ 是 $Y$ 中可以被模型解释的部分变化。可以被模型解释的 $Y$ 变化的比例 $R^2$,是拟合优度的标准测量。它可以被计算为:

$$R^2_{Y\cdot X_1 X_2 \cdots X_q} = 1 - \frac{\boldsymbol{\varepsilon}'\boldsymbol{\varepsilon}}{\mathbf{y}'\mathbf{y}} \qquad [1.15]$$

或更普遍地:

$$R^2_{Y\cdot X_1 X_2 \cdots X_q} = \frac{\hat{\boldsymbol{\beta}}'\mathbf{X}'\mathbf{y}}{\mathbf{y}'\mathbf{y}} \qquad [1.16]$$

如果分解是按照标准化得分来进行的,$R^2$ 的一个方便的定义就可以由下式给出:

$$R^2_{Y\cdot X_1 X_2 \cdots X_q} = \hat{\beta}^*_1 r_{Y\cdot X_1} + \hat{\beta}^*_2 r_{Y\cdot X_2} + \cdots + \hat{\beta}^*_q r_{Y\cdot X_q} \quad [1.17]$$

对于表 1.1 中的 TMT-B 举例数据,均值修正的平方和与模型平方和分别为 $\mathbf{y}'\mathbf{y} = 41\,875.33$,$\hat{\boldsymbol{\beta}}'\mathbf{X}'\mathbf{y} = 17\,758.00$。模型的拟合优度为 $R^2_{Y\cdot X_1 X_2 X_3} = \dfrac{17\,758.00}{41\,875.33} = 0.424$。年龄、教育程度和性别解释了 TMT-B 表现大约 42% 的变化。$Y$ 中大约 58% 的变化仍然没有被解释,是其他未知来源(系统的或随机的)的函数。

# 第 6 节 │ 全模型、限制模型以及半偏相关系数的平方

　　除了基于 $q_f$ 个预测变量的全模型 $R^2$，有时也需要确定在对其他 $X$ 变量调整之后，$X_j$ 对 $Y$ 变化的比例的独特贡献。这些半偏相关系数的平方（$r^2_{Y(X_1|X_2X_3\cdots X_{q_f})}$，$r^2_{Y(X_2|X_1X_3\cdots X_{q_f})}$，…，$r^2_{Y(X_{q_f}|X_1X_2\cdots X_{q_f-1})}$）可以通过额外平方和的方法计算（Draper & Smith，1998:149—160），这就需要评估全模型和限制模型之间 $R^2$ 的区别。定义全模型 $R^2_{完整}$ 为 $Y$ 的变化能被模型中 $q_f$ 个预测变量 $X_1$，$X_2$，…，$X_{q_f}$ 解释的比例。定义限制模型 $R^2_{限制}$ 为 $Y$ 的变化能被一个子集，包括 $q_r < q_f$ 个预测变量 $X_1$，$X_2$，…，$X_{q_r}$ 解释的比例。由于全模型 $R^2_{完整}$ 记录了 $Y$ 的变化能被所有预测变量解释的比例，限制模型 $R^2_{限制}$ 代表了 $Y$ 的变化能被 $q_r$ 个预测变量解释的比例。因此完整模型和限制模型 $R^2$ 的差异一定代表了那些没有包含在限制模型里面的预测变量所解释的 $Y$ 独特的增量变化。$R^2_{完整} - R^2_{限制}$ 的差别是半偏相关系数的平方。对于 TMT-B 示例数据，半偏相关平方的例子为：

$$r^2_{Y(X_1|X_2X_3)} = R^2_{Y\cdot X_1X_2X_3} - R^2_{Y\cdot X_2X_3} = 0.424 - 0.065 = 0.359$$

$$r^2_{Y(X_2|X_1X_3)} = R^2_{Y\cdot X_1X_2X_3} - R^2_{Y\cdot X_1X_3} = 0.424 - 0.403 = 0.021$$

$$r^2_{Y(X_3|X_1X_2)} = R^2_{Y \cdot X, X_2 X_3} - R^2_{Y \cdot x_1 x_2} = 0.424 - 0.419 = 0.005$$

$$R^2_{Y(X_1X_2|X_3)} = R^2_{Y \cdot x_1 x_2 x_3} - R^2_{Y \cdot x_3} = 0.424 - 0.002 = 0.422$$

在调整了被教育程度和性别解释了的变化之后，TMT-B 表现中大约有 36％的变化由年龄造成；由于教育程度或性别带来的 TMT-B 变化可以忽略不计。调整了性别之后的年龄和教育程度的多元半偏平方似乎是最好的预测模型，但是不能确定这个值是不是对仅由年龄作为解释变量的模型的一个显著提高（$r^2_{YX_1} = 0.632\ 4^2 = 0.400$），因为我们对伴随这些模型的抽样变化了解不多。我们将在下一个部分中回顾评价比较预测变量的统计显著性和假设检验的方法。

# 第 7 节 | 回归系数和判定系数的假设检验

在对模型参数的相关假设进行评价时，$\hat{\beta}$ 或 $R^2$ 的可信度依赖于我们对统计量和检验统计量抽样变化的了解。最常用的两个方法包括对 $R^2$ 值的 $F$ 检验和对模型回归系数的单自由度 $t$ 检验，其中 $t = \sqrt{F}$。一个基于正确识别的完整模型和限制模型，自由度分别为 $df_h$ 和 $df_e$ 的普通的 $F$ 检验可以被定义为：

$$f_{(df_h, df_e)} = \frac{R^2_{\text{完整}} - R^2_{\text{限制}}}{1 - R^2_{\text{限制}}} \cdot \frac{df_e}{df_h} \qquad [1.18]$$

我们定义 $q_f$ 为完整模型中预测变量的个数（不包括单位向量 $X_0$），定义 $q_r$ 为限制模型中预测变量的个数，同时定义 $df_h = q_f - q_r$，$df_e = n - q_f - 1$。如果假定 $\varepsilon_i \sim N(0, \sigma^2)$，那么公式 1.18 中的检验统计量服从 $F$ 分布，自由度为 $q_f - q_r$ 和 $n - q_f - 1$。$F$ 检验最左侧比率的分子是半偏相关平方的定义。将会进行的假设检验决定了 $R^2_{\text{限制}}$ 的特性，因为假设决定了对全模型的限制。如果整个模型满足假设 $H_0: \beta_1 = \beta_2 = \cdots = \beta_{q_f} = 0$ [1]，限制模型将只包含 $\beta_0$ 并且 $R^2_{\text{限制}} = 0$，导致

---

[1]　这与假设 $H_0: \rho\hat{Y} \cdot X_1 X_2 \cdots X_{q_f} = 0$ 等价。

分子 $R^2_{完整} - R^2_{限制} = R^2_{完整}$。对单一回归系数的一个假设检验，例如 $H_0: \beta_1 = 0$，将涉及 $R^2_{限制} = R^2_{Y \cdot X_2 X_3 \cdots X_{q_f}}$。对任何单个系数或系数集合的假设，都可以使用这种方法。涉及对线性模型的限制的更多假设检验的例子请参阅林德斯科普夫的研究（Rindskopf，1984）。

对单个假设 $H_0: \beta_j = k$ 的自由度为 $df_h$ 的 $t$ 检验也很常用：[①]

$$t_{(df_e)} = \frac{\hat{\beta}_j - \beta_j}{\sqrt{\dfrac{MSE}{SS_{X_j}}\left(\dfrac{1}{1 - R^2_{X_j \cdot other}}\right)}} \qquad [1.19]$$

其中 $MSE = \dfrac{SS_{误差}}{n - q_f - 1}$，$SS_{X_j}$ 是这个检验涉及的预测变量的平方和，$\dfrac{1}{1 - R^2_{X_j \cdot other}}$ 是调整预测变量多重共线性的方差膨胀因子（VIF）。对于 TMT-B 这个例子，对整个模型的 $F$ 检验的 $R^2 = 0.424$，它的 $F$ 检验为 $F_{(3, 36)} = 8.84$，$p < 0.001$。对于每个年龄，教育程度和性别的偏回归系数的显著性检验分别产生了 $t_{(36)} = 4.74$，$p < 0.001$；$t_{(36)} = -1.15$，$p = 0.258$；$t_{(36)} = 0.57$，$p = 0.575$。只有年龄变量单独与 TMT-B 表现相关。对单个系数的 $t$ 检验统计量是通过公式 1.18 的方法获得的 $\sqrt{F}$。对于 $\beta_j$ 值的假设检验和对它们各自的偏相关系数和半偏相关系数的假设检验的结果是一样的。

---

① $k$ 值不需要被假设为 0；任何理论上合理的 $k$ 值都是被允许的。

# 第 8 节 | 广义线性假设检验

虽然以上描述的假设检验的两个方法被广泛应用,但它们只是一个更广义的线性模型假设检验——广义线性假设检验的一种特殊情况。广义线性检验是一套紧密的程序,它涵盖了一系列适用于单变量和多变量线性模型的从一般到特殊的假设检验。

假设在公式 1.3 的一元模型中,我们希望检验以下假设:完整模型的所有样本回归系数都是从一个总体中抽取,在这个总体中,所有系数除了截距以外都等于 0。我们可以用一个参数的线性组合来表示这个假设,用矩阵乘积 $\mathbf{L\beta} = \mathbf{0}$ 来识别。即:

$$H_0: \mathbf{L\beta} = \begin{bmatrix} 0 & 1 & 0 & \cdots & 0 \\ 0 & 0 & 1 & \cdots & 0 \\ \vdots & \vdots & \vdots & & \vdots \\ 0 & 0 & 0 & \cdots & 1 \end{bmatrix} \begin{bmatrix} \beta_0 \\ \beta_1 \\ \beta_2 \\ \vdots \\ \beta_{q_f} \end{bmatrix} = \begin{bmatrix} \beta_1 \\ \beta_2 \\ \vdots \\ \beta_{q_f} \end{bmatrix} = \begin{bmatrix} 0 \\ 0 \\ \vdots \\ 0 \end{bmatrix}$$

$$[1.20]$$

矩阵 $\mathbf{L}$ 的阶数为 $(c \times q_f + 1)$,用来识别在任何假设中的感兴趣的系数。其他假设可能只涉及一个参数估计量(例如,

$H_0: \beta_1 = 0$），或参数的某个子集 $\left(\text{例如,} H_0: \begin{bmatrix} \beta_1 \\ \beta_3 \end{bmatrix} = \begin{bmatrix} 0 \\ 0 \end{bmatrix}\right)$。

一般而言，任何假设都可以被定义为**对比系数**向量（或矩阵）$\mathbf{L}_{(c \times q+1)}$ 和参数向量 $\boldsymbol{\beta}_{(q+1 \times 1)}$ 的乘积，这些矩阵可以从完整模型分析中得到。我们可以给出对比的一个更为广义的形式，其中向量 $\mathbf{k}$ 可以包含 0（传统原假设）或任何其他理论上合理的非零取值，

$$\mathbf{L}_{(c \times q+1)} \boldsymbol{\beta}_{(q+1 \times 1)} = \mathbf{k}_{(c \times 1)} \qquad [1.21]$$

　　下角标 $c$ 指代了 $\mathbf{L}$ 中行的数目，等于相关检验统计量中的 $df_h$。一旦所希望检验的假设被识别，我们就可以把参数 $\hat{\boldsymbol{\beta}}$ 的估计值代入到公式 1.22 中来获得假设平方和：

$$SS_{假设} = (\mathbf{L}\hat{\boldsymbol{\beta}})' \, (\mathbf{L} \, (\mathbf{X}'\mathbf{X})^{-1} \mathbf{L}')^{-1} \, (\mathbf{L}\hat{\boldsymbol{\beta}}) \qquad [1.22]$$

$SS_{假设}$ 可以在一种形式更为熟悉的 $F$ 检验中作为分子：

$$F_{(df_h, \, df_e)} = \frac{SS_{假设}}{SS_{误差}} \cdot \frac{df_e}{df_h} \qquad [1.23]$$

　　在模型的误差项为正态分布这个假设下，$F$ 将会服从自由度为 $df_h = c$ 和 $df_e = n - q_f - 1$ 的 $F$ 分布。

# 第 9 节 | 模型整体假设 $\beta_1 = \beta_2 = \beta_3 = 0$ 和 $\rho^2_{Y \cdot X_1 X_2 X_3}$ 的检验

在 TMT-B 示例数据中,我们发现被估计的回归系数为:

$$\hat{\boldsymbol{\beta}} = \begin{bmatrix} \hat{\beta}_0 \\ \hat{\beta}_1 \\ \hat{\beta}_2 \\ \hat{\beta}_3 \end{bmatrix} = \begin{bmatrix} 65.69 \\ 0.92 \\ -1.87 \\ -4.68 \end{bmatrix}$$

我们希望检验这样一个假设:模型中 $X_1$,$X_2$ 和 $X_3$ 的系数都同时为 0,$H_0: \beta_1 = \beta_2 = \beta_3 = 0$。该假设也可以表述为 $H_0: \rho^2_{Y \cdot X_1 X_2 X_3} = 0$。全模型的广义线性检验可以用 $\mathbf{L}\boldsymbol{\beta}$ 表示:

$$\mathbf{L}\boldsymbol{\beta} = \begin{bmatrix} 0 & 1 & 0 & 0 \\ 0 & 0 & 1 & 0 \\ 0 & 0 & 0 & 1 \end{bmatrix} \begin{bmatrix} \beta_0 \\ \beta_1 \\ \beta_2 \\ \beta_3 \end{bmatrix} = \begin{bmatrix} \beta_1 \\ \beta_2 \\ \beta_3 \end{bmatrix} = \begin{bmatrix} 0 \\ 0 \\ 0 \end{bmatrix}$$

其中截距被忽略。对于对比矩阵 $\mathbf{L}$,在三个预测变量中,SSCP 矩阵的逆 $\mathbf{X}'\mathbf{X}^{-1}$ 和公式 1.22 中假设 SS 的参数估计值 $\hat{\boldsymbol{\beta}}$ 为:

$$SS_{\text{假设}} = \left( \begin{bmatrix} 0 & 1 & 0 & 0 \\ 0 & 0 & 1 & 0 \\ 0 & 0 & 0 & 1 \end{bmatrix} \begin{bmatrix} 65.69 \\ 0.92 \\ -1.87 \\ -4.68 \end{bmatrix} \right)'$$

$$\left( \begin{bmatrix} 0 & 1 & 0 & 0 \\ 0 & 0 & 1 & 0 \\ 0 & 0 & 0 & 1 \end{bmatrix} \begin{bmatrix} 40 & 2\,339 & 504 & 18 \\ 2\,339 & 155\,103 & 29\,097 & 1\,059 \\ 504 & 29\,097 & 6\,614 & 221 \\ 18 & 1\,059 & 221 & 18 \end{bmatrix}^{-1} \begin{bmatrix} 0 & 0 & 0 \\ 1 & 0 & 0 \\ 0 & 1 & 0 \\ 0 & 0 & 1 \end{bmatrix} \right)^{-1}$$

$$\left( \begin{bmatrix} 0 & 1 & 0 & 0 \\ 0 & 0 & 1 & 0 \\ 0 & 0 & 0 & 1 \end{bmatrix} \begin{bmatrix} 65.69 \\ 0.92 \\ -1.87 \\ -4.68 \end{bmatrix} \right)$$

其中得到 $SS_{\text{假设}} = 17\,758.00$。$SS_{\text{假设}}$ 与从 $\hat{\boldsymbol{\beta}}' \mathbf{X}' \mathbf{y} - \overline{\mathbf{y}}' \overline{\mathbf{y}} n$ 得到的 $SS_{\text{模型}}$ 相等。其中 $df_h = c = 3$，$df_e = n - q_f - 1 = 36$，$\hat{\boldsymbol{\varepsilon}}' \hat{\boldsymbol{\varepsilon}} = 24\,117.33$，对整个模型关系的 $F$ 检验为：

$$f_{(3,\,16)} = \frac{17\,758}{24\,117.33} \cdot \frac{36}{3} = 8.84, \ p = 0.000\,2$$

其中 $R^2_{Y \cdot X_1 X_2 X_3} = 0.424$，至此有充分的理由去拒绝 $H_0$。

# 第 10 节 | 用广义线性检验方法评估 $X_1$，$X_2$ 和 $X_3$ 的单独贡献

对单个偏回归系数 $\beta_1$，$\beta_2$ 和 $\beta_3$ 的假设检验完全可以用 $\mathbf{L\beta} = \mathbf{0}$ 的方法来完成。我们可以把对 $\beta_1$ 的假设检验写作：

$$\mathbf{L\beta} = \begin{bmatrix} 0 & 1 & 0 & 0 \end{bmatrix} \begin{bmatrix} \beta_0 \\ \beta_1 \\ \beta_2 \\ \beta_3 \end{bmatrix} = \beta_1 = 0 \qquad [1.24]$$

对 $\beta_2$ 和 $\beta_3$ 的原假设，我们分别使用向量 $\mathbf{\beta}$ 和适当的向量 $\mathbf{L} = \begin{bmatrix} 0 & 0 & 1 & 0 \end{bmatrix}$ 和 $\mathbf{L} = \begin{bmatrix} 0 & 0 & 0 & 1 \end{bmatrix}$。所有这些假设都可以通过把 $\hat{\mathbf{\beta}}$ 代入公式 1.22 和公式 1.23 来实现。表 1.2 中总结了这些检验的结果。

表 1.2　对单个偏回归系数的广义线性假设检验

| 假　设 | $\hat{\beta}$ | $\hat{\beta}^*$ | $r$ 半偏相关 | $F_{(1,\,16)}$ | $p$ |
|---|---|---|---|---|---|
| 年龄：$\beta_1 = 0$ | 0.919 | 0.608 | 0.599 | 22.44 | $<0.001$ |
| 教育程度：$\beta_2 = 0$ | $-1.870$ | $-0.148$ | $-0.145$ | 1.32 | 0.258 |
| 性别：$\beta_3 = 0$ | $-4.683$ | $-0.072$ | $-0.072$ | 0.32 | 0.575 |

在这个模型中，唯有年龄这一变量可以显著地预测 TMT-B。

　　对任何非标准化 $\hat{\beta}_i$ 的检验统计量也是对标准化 $\hat{\beta}^*$ 和半偏相关 $r_{Y(X_i|X_1X_2\cdots)}$ 的显著性检验。对成组预测变量的假设检验与非标准化和标准化的偏回归系数，以及每个预测变量子集包括的多个半偏相关系数的假设检验是等同的。当用广义线性检验方法来检验更为复杂的假设时，这些等价关系就不再成立。

# 第 11 节 | 用广义线性检验检验更为复杂的假设

广义线性假设检验适合构造和检验许多复杂的假设 (Draper & Smith，1998：217—221；Rindskopf，1984)。我们 考虑这样一个问题：在控制性别后，年龄是否比教育程度能 更好地预测 TMT-B 表现。这个问题问的是系数 $\hat{\beta}_1$ 和 $\hat{\beta}_2$ 是 **否显著地不同于彼此**，即原假设 $H_0：\beta_1=\beta_2$。这个假设可以 用对比矩阵 $\mathbf{L}=[\ 0\quad 1\quad -1\quad 0\ ]$ 表示，这个矩阵从 $\boldsymbol{\beta}$ 中删除 了 $\beta_0$ 和 $\beta_3$，并定义了 $\beta_1$ 和 $\beta_2$ 的区别。原假设 $\mathbf{L}\boldsymbol{\beta}=0$ 的对比 用符号可以表示为：

$$\mathbf{L}\boldsymbol{\beta}=[\ 0\quad 1\quad -1\quad 0\ ]\begin{bmatrix}\beta_0\\\beta_1\\\beta_2\\\beta_3\end{bmatrix}=[\ \beta_1-\beta_2\ ]=0\quad [1.25]$$

这提供了评估 $SS_{假设}$ 的基础以及 $F$ 检验的分子。把估计值 $\hat{\beta}_j$ 代入公式 1.22，我们发现：

$$\mathbf{L}\hat{\boldsymbol{\beta}}=[\ 0\quad 1\quad -1\quad 0\ ]\begin{bmatrix}65.69\\0.92\\1.87\\-4.68\end{bmatrix}=[-0.95]$$

和 $(\mathbf{L}(\mathbf{X}'\mathbf{X})^{-1}\mathbf{L}')^{-1}=259.53$ 并且 $\hat{\boldsymbol{\varepsilon}}'\hat{\boldsymbol{\varepsilon}}=24\,117.33$。公式 1.23 的 $F$ 检验为：

$$F_{(1,\,16)}=\frac{234.71}{24\,117.33}\cdot\frac{36}{1}=0.32,\ p=0.573$$

年龄和教育程度的非标准化偏斜率(反向得分编码)[1]如图 1.3 所示，彼此间不存在显著差异。解释这个现象时应当小心。很多作者指出，这样一个比较只有在两个变量具有同样的测量标准时才合理。而年龄(范围 33—105，标准差 = 21.7)和教育程度(范围 8—18，标准差 = 2.6)并不满足这种情况。

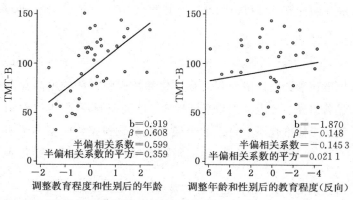

注：对教育程度进行反向编码来保证斜率为正。

**图 1.3　非标准化偏斜率、标准化偏斜率和半偏相关的比较**

---

① 年龄对 TMT-B 有正相关；随着年龄的增长，表现变差。相反地，TMT-B 与教育年限的增长存在负相关。回归系数之间的反差对方向和幅度都很敏感，我们必须在只关于维度的检验差别中做一个选择，或在同时关于维度和方向的检验差别中做一个选择。做这个选择时，我们必须有建立在背景知识上的理论考虑。对这里描述的年龄与教育之间的比较，我们只关心作用的维度。对教育变量的分数求倒数，使得年龄和教育程度系数的方向一致，因此这里对比的是一个维度而不是方向。如果有理论论证支持在年龄与教育程度的原始得分中的回归系数方向保持不变，那么我们需要一个同时关于方向和维度的检验。这个对比的 $F$ 检验为 $F_{(1,\,16)}=3.01$，$p=0.091$，依然是一个不显著的结果。

图 1.3 的非标准化偏斜率彼此没有显著的不同,但是半偏相关系数的平方显示年龄所解释的 TMT-B 变化比教育程度所解释的变化大很多。当非标准化斜率和半偏相关系数被用于排序时,两个预测变量的相对顺序是相反的,很大程度上是由于预测变量测量尺度的不同。

另外一种可以避免测量尺度不一致的问题的检验是对标准化系数进行广义线性检验, $H_0: \beta_1^* - \beta_2^* = 0$。[①]估计参数 $\hat{\beta}_1^*$ 和 $\hat{\beta}_2^*$ 然后对标准化变量 $Z_Y$, $Z_{X_1}$, $Z_{X_2}$ 和 $Z_{X_3}$ 进行相同顺序的计算,可以得到 $\mathbf{L}\hat{\boldsymbol{\beta}}^* = \begin{bmatrix} 1 & -1 & 0 \end{bmatrix} \begin{bmatrix} 0.61 \\ 0.15 \\ -0.07 \end{bmatrix} = 0.460$,

$SS_{假设} = 3.397$, $SS_{误差} = 22.461$ [②] 和 $F_{(1, 36)} = 5.44$, $p = 0.025$。标准化参数估计值根据对标准化参数检验方法的不同会有显著差异。原因是预测变量测量尺度的差异,我们可以看到第 $j$ 个标准化系数是它的半偏相关系数和完整模型中预测变量 $X_j$(例如,容忍度)不能被其余解释变量解释的变化所占比例的平方根的比值,也就是 $\hat{\beta}_j^* = \dfrac{r_{Y(X_j | X_{j'})}}{\sqrt{1 - R_{j \cdot other}^2}}$。

非标准化回归系数和它们的标准误具有绝对大小是由于以下两点:(1)测量的尺度;(2)预测变量和反应变量之间的潜在关系。相反,标准化系数的大小很大程度上由半偏相关系数和预测变量的容忍度来决定。因此,标准化系数的差

---

① 在这个分析中,我们也对教育变量进行反向编码来限制标准化斜率的符号为正。因此这个对比是对半偏相关系数的绝对值之间差异的检验。

② 标准化形式的误差平方和为 $\mathbf{Z}_Y'\mathbf{Z}_Y - \hat{\mathbf{B}}'\mathbf{Z}_X'\mathbf{Z}_Y = (n-1)(1 - R_{Y \cdot X_1 X_2 X_3}^2)$。

异构成了一个对半偏相关系数差异的检验[①]——它是一个在对模型中其他预测变量调整之后，对 $Y$ 和每个预测变量之间相关系数的差异的检验。原始回归系数和半偏相关系数之间差异的检验统计量并不需要相等。这两个检验在数值上是独立的，它们检验的是概念上不同的假设——变化比率的差别与相关强度的差别。标准化和非标准化模型系数差别的检验只有当 $S_{X_1} = S_{X_2}$ 时才会相等。奥尔金和芬恩（Olkin & Finn，1995）讨论过相关系数之间差别的类似检验。德雷珀和史密斯（Draper & Smith，1998：218—219）以及伦彻（Rencher，1998：295—300）给出了使用同样原则的更为复杂的线性假设检验的例子。

---

[①]　在一个回归分析中，对两个标准化回归系数之间差异的检验被定义为 $t = \dfrac{\hat{\beta}_1^* - \hat{\beta}_2^*}{\sqrt{MSE(\mathbf{L}\mathbf{R}_{XX}^{-1}\mathbf{L}')}}$（Cohen et al.，2003：640—642）。其中 $\mathbf{R}_{XX}$ 是预测变量间相关系数矩阵的逆，而 $MSE = \dfrac{1 - R_{Y.X_1 X_2 X_3}^2}{n - q_f - 1}$。把 $\hat{\beta}_1^* = \dfrac{r_{Y(X_1|X_2)}}{\sqrt{1 - R_{1.2}^2}}$ 和 $\hat{\beta}_2^* = \dfrac{r_{Y(X_2|X_1)}}{\sqrt{1 - R_{1.2}^2}}$ 代入 $t$，使得分子等于 $\dfrac{r_{Y(X_1|X_2)} - r_{Y(X_2|X_1)}}{\sqrt{1 - R_{1.2}^2}}$。定义对比矩阵为 $\mathbf{L} = [1 \quad -1 \quad 0]$，然后计算 $\sqrt{MSE\,\mathbf{L}\mathbf{R}_{XX}^{-1}\mathbf{L}'}$，$t$ 的分子就被化简为 $\dfrac{\sqrt{MSE\,2(1 + r_{12})}}{\sqrt{1 - R_{1.2}^2}}$。分子和分母中的 $\sqrt{1 - R_{1.2}^2}$ 就可以抵消得到 $t = \dfrac{r_{Y(X_1|X_2)} - r_{Y(X_2|X_1)}}{\sqrt{MSE(2(1 + r_{12}))}}$。因此 $\beta_1^* - \beta_2^* = 0$ 的假设检验就是对半偏相关系数之间差异的一个检验。在这个结果的解释中，TMT-B 中大约 36% 的变化可以被年龄解释，而大约 2% 的变化可以被受教育程度解释。这两个相关系数的绝对值有显著的差异，尽管二者的非标准化斜率不存在显著性差异。未标准化系数的差异被预测变量自身方差的差异所掩盖。

# 第 12 节 | 从一元到多元广义线性模型的一般化

本书开始于对只包含单个反应变量的模型的回顾。该模型中反应变量是一个或多个连续解释变量或分类解释变量的函数。这样的模型有很大的灵活性,并且能够处理任何类型预测变量的组合,包括它们的交互作用和解释力。

这里重新解释这些细节,为同样概念被推广到**同时考虑多个因变量**的情形做好了铺垫。有 $p > 1$ 个反应变量的模型被定义为多元模型,它也具有四个相同的步骤——多元模型的识别、参数的估计、相关强度的识别测量和适当的显著性检验。我们将在下个章节中继续讨论这一话题。

第 **2** 章

# 多元广义线性模型的结构识别

第 1 章讨论了从用标量表示的一元线性模型到用矩阵代数表示的一元线性模型的转变(参见公式 1.2 和公式 1.3)。一元线性模型能够被简易地推广到拥有 $p > 1$ 个反应变量的多元线性模型,通过增加 $\mathbf{Y}$, $\mathbf{B}$ 和 $\mathbf{E}$ 矩阵的阶数来考虑增多的因变量,与每个 $Y$ 相关的增多的回归系数,以及与每个 $Y$ 相关的增多的误差项。我们把多元模型写作:

$$\mathbf{Y}_{(n \times p)} = \mathbf{X}_{(n \times q+1)} \, \mathbf{B}_{(q+1 \times p)} + \mathbf{E}_{(n \times p)} \qquad [2.1]$$

在本章中,我们将会定义这些矩阵的元素,讨论指定多元模型需要的统计上的和更为广泛的概念,多元模型必须处理多阶 $\mathbf{Y}$, $\mathbf{B}$ 和 $\mathbf{E}$ 矩阵。这三个矩阵的阶数是区分多元到一元模型的一个重要特点。相反地,设计矩阵 $\mathbf{X}$ 的所有可能的变化与一元模型中的设计矩阵相等。因此在多元模型中,我们只需要处理多个因变量、参数估计值和误差项。

识别多元线性模型涉及至少两个互相区别的但却相关的方面:

● 基于对假设关系的理论解释,包括方向、程度和概念机制,选择可靠有效的标准和预测变量(参见对建立概念理论模型的讨论，Jaccard & Jacoby，2010）。

● 识别一个与理论依据一致的数学模型。

在本章中，我们将介绍识别多元模型的数学形式的方法，讨论对设计矩阵 **X** 的多种不同的识别，并介绍几个数据例子。在随后的章节中，这些例子也将被用于相关的发展。

# 第 1 节 | 模型的数学识别

    多元模型的数学识别开始于定义公式 2.1 中的四个矩阵。这四个矩阵真正定义了一个多元问题,其中标准变量的数目($p$)大于 1。按照惯例,多元模型以矩阵的形式表示。[①]我们用矩阵的维度来定义矩阵的阶,即矩阵行和列的数量。某行和某列的交叉点定义了矩阵中某个特定的元素。比如,$Y_{23}$代表矩阵 $\mathbf{Y}$ 中第 2 行第 3 列的元素。我们用 $n$ 表示观测值的数量,用 $p$ 表示模型中被解释变量的个数,那么一个 $(n \times p)$ 的被解释变量矩阵 $\mathbf{Y}_{(n \times p)}$ 就表示一个 $n$ 行 $p$ 列的矩阵。因此,所有此类矩阵 $\mathbf{Y}$ 的扩展形式都有一个类似的通式,在这个通式中,矩阵 $\mathbf{Y}$ 的阶和其中的每个元素都可以被识别:

$$Y_{(n \times p)} = \begin{bmatrix} Y_{11} & Y_{12} & \cdots & Y_{1p} \\ Y_{12} & Y_{22} & \cdots & Y_{2p} \\ \vdots & \vdots & \ddots & \vdots \\ Y_{n1} & Y_{n2} & \cdots & Y_{np} \end{bmatrix}$$

    类似地,模型的解释变量被包含在设计矩阵 $\mathbf{X}_{(n \times q+1)}$ 内,

---

[①]   我们假定读者对矩阵术语和代数方法有一定的了解。具体细节参阅 Namboodiri, 1984;与回归分析相关的简要代数矩阵知识请参阅 Draper & Smith, 1998;第 4 章。

它的阶被定义为 $n$ 行和 $q+1$ 列的向量。该向量包括 $q$ 个解释变量 $(X_1, X_2, \cdots, X_q)$ 和一个单位列向量 $X_0 \equiv 1$，用来估计模型中的截距。设计矩阵的通式为：

$$X_{(n \times q+1)} = \begin{bmatrix} 1 & X_{11} & X_{12} & \cdots & X_{1q} \\ 1 & X_{12} & X_{22} & \cdots & X_{2q} \\ \vdots & \vdots & \vdots & \ddots & \vdots \\ 1 & X_{n1} & X_{n2} & \cdots & X_{nq} \end{bmatrix}$$

公式 2.1 中模型参数 **B** 与一元模型公式 1.3 有很大的不同。多个解释变量意味着用矩阵 **B** 中的多个列来处理所有的 $Y$-$X$ 关系。**B** 的阶数由 **X** 的 $q+1$ 个列和 **Y** 的 $p$ 个列所决定，$\mathbf{B}_{(q+1 \times p)}$ 定义了分析中需要估计的总体模型的参数矩阵。**B** 中的行对应预测变量 $X_0, X_1, X_2, \cdots, X_q$，**B** 中的列代表反应变量 $Y_1, Y_2, \cdots, Y_p$，

$$\mathbf{B}_{(q+1 \times p)} = \begin{bmatrix} \beta_{01} & \beta_{02} & \cdots & \beta_{0p} \\ \beta_{11} & \beta_{12} & \cdots & \beta_{1p} \\ \beta_{21} & \beta_{22} & \cdots & \beta_{2p} \\ \vdots & \vdots & \ddots & \vdots \\ \beta_{q1} & \beta_{q2} & \cdots & \beta_{qp} \end{bmatrix}$$

在公式 2.1 中，矩阵乘积 $\mathbf{X}_{(n \times q+1)} \mathbf{B}_{(q+1 \times p)}$ 服从矩阵乘法，而且乘积 $\mathbf{XB}_{(n \times p)}$ 的阶数由 **X** 的行数和 **B** 的列数共同决定。根据矩阵乘法的规则可以得到一个乘积矩阵。基于 $n$ 个观测值，对于每个变量 **Y**，这个乘积矩阵包含 **XB** 的加权线性组合：

$$\mathbf{XB}_{(n \times p)} = \begin{bmatrix} 1 & X_{11} & X_{12} & \cdots & X_{1q} \\ 1 & X_{12} & X_{22} & \cdots & X_{2q} \\ \vdots & \vdots & \vdots & \ddots & \vdots \\ 1 & X_{n1} & X_{n2} & \cdots & X_{nq} \end{bmatrix} \begin{bmatrix} \beta_{01} & \beta_{02} & \cdots & \beta_{0p} \\ \beta_{11} & \beta_{12} & \cdots & \beta_{1p} \\ \beta_{21} & \beta_{22} & \cdots & \beta_{2p} \\ \vdots & \vdots & \ddots & \vdots \\ \beta_{q1} & \beta_{q2} & \cdots & \beta_{qp} \end{bmatrix}$$

公式 2.1 中的加法运算会被满足，是因为 $\mathbf{XB}_{(n \times p)}$ 的阶数与 $\mathbf{E}_{(n \times p)}$ 的阶数相等，进而也是因变量矩阵 $\mathbf{Y}_{(n \times p)}$ 的阶数。运用这些结果，由 $\mathbf{Y}$, $\mathbf{X}$, $\mathbf{B}$ 和 $\mathbf{E}$ 构成的完整多元模型的矩阵展开形式可以表示为：

$$\begin{bmatrix} Y_{11} & Y_{12} & \cdots & X_{1p} \\ Y_{21} & Y_{22} & \cdots & Y_{2p} \\ \vdots & \vdots & \ddots & \vdots \\ Y_{n1} & Y_{n2} & \cdots & Y_{np} \end{bmatrix} = \begin{bmatrix} 1 & X_{11} & X_{12} & \cdots & X_{1q} \\ 1 & X_{21} & X_{22} & \cdots & X_{2q} \\ \vdots & \vdots & \vdots & \ddots & \vdots \\ 1 & X_{n1} & X_{n2} & \cdots & X_{nq} \end{bmatrix}$$

$$\begin{bmatrix} \beta_{01} & \beta_{01} & \cdots & \beta_{0p} \\ \beta_{11} & \beta_{01} & \cdots & \beta_{1p} \\ \beta_{21} & \beta_{01} & \cdots & \beta_{3p} \\ \vdots & \vdots & \ddots & \vdots \\ \beta_{q1} & \beta_{01} & \cdots & \beta_{qp} \end{bmatrix} + \begin{bmatrix} \varepsilon_{11} & \varepsilon_{12} & \cdots & \varepsilon_{1p} \\ \varepsilon_{21} & \varepsilon_{22} & \cdots & \varepsilon_{2p} \\ \vdots & \vdots & \ddots & \vdots \\ \varepsilon_{n1} & \varepsilon_{n2} & \cdots & \varepsilon_{np} \end{bmatrix}$$

所有本章涉及的多元模型都能通过与公式 2.1 一致的数学模型进行识别。观测值的数量（个案，参与者）、反应矩阵 $\mathbf{Y}_{(n \times p)}$ 和设计矩阵 $\mathbf{X}_{(n \times q+1)}$ 中变量的个数决定了模型的最初识别。模型识别的其余部分将基于理论和概念基础，并且也依赖于设计上的考虑（例如，多元回归［MMR］或多元方差分析［MANOVA］）。这些方面会决定设计矩阵 $\mathbf{X}_{(n \times q+1)}$ 中向量的性质。

# 第 2 节 | 定义预测变量和标准变量的实质作用

多元分析中的模型识别有一部分是非数学的,因此对在模型中包含因变量和解释变量最好有明确的理由和清晰的定义。在这个过程中,理论上的考虑非常重要。因为理论观点在具体情况下各有不同,我们试图简要描绘出本章最后介绍的几个例子背后的概念性观点(对于这一点更加全面的建议请参阅 Jaccard & Jacoby, 2010)。除了理论和概念上的理由决定因变量和解释变量的选择以外,还有以下四种通常的方法。这些方法在所有的情况下都可以运用,而且在数据搜集和分析之前就应该引起我们的注意。这些方法包括:

● 变量 $Y$ 的测量水平。
● 变量 $X$ 的测量水平:是连续的还是分类的,或者二者兼有。
● 变量 $X$ 的实验状态:是被操控的还是观测的。
● 变量 $X$ 的使用目的:有理论意义或者只是为了控制。

第一个要考虑的是被解释变量的性质。在本书中,我们只讨论连续分布的被解释变量。[①]大部分传统的多元分析是围绕着可以被假定为多元正态分布的定距数据发展起来的。尽管用来处理具有有限取值的被解释变量的模型已经被发展出来,例如迹变换分析(Puri & Sen, 1985)、多元 logistic 回归(Glonek & McCullagh, 1995)和交叉分类频率计数(Zwick & Cramer, 1986),但我们这里并不涉及。

在模型的解释变量方面,需要考虑 $X$ 变量的几条特征。这些决定了设计矩阵如何构成,数据如何被搜集,如何从分析中进行统计推断,以及推断如何被证实。第一点是判断变量 $X$ 的性质是连续变量、离散变量或是分类变量。[②]一个只包含连续或者离散变量的模型一般被看作传统的回归模型,而那些包含分类变量的模型被视为方差分析模型。同时包含连续和分类解释变量的模型没有特别的命名,但在线性模型分析中同样可能出现。我们将展示包含连续解释变量、分类变量和同时包含两种变量的示例数据组。

第二点考虑是解释变量在推断中应起的作用:它们在理论上重要并且需要进行假设检验吗,还是用来控制外来变异和潜在困扰因素而设定的协同变量? 一个变量的作用往往在理论背景中被确认,而这也是模型识别的一部分。这一点对于变量的控制也同样适用——是否引入变量是基于它们

----

① 这里我们指的是真实连续的变量(在实数轴上有无数种可能的变化)和离散变量(整数值是有序的,但整数值之间的距离是不确定的)。在本书中,我们采用比较宽松的传统观点,认为这两种变量都是连续的。它们之间的区别会用文中的例子来说明。

② 我们有必要记住变量(例如 $X$)和一个向量(例如 $x_1$)的区别。连续分布的变量只需要一个单独的向量去表示它们的变化。分类变量,例如多个群体的成员资格,需要多个向量去表示它们的变化。对于这两种变量处理方式的不同,可以通过比较有三个组别的单一控制变量;它需要两个向量去表示它的变化。关于分类变量或定性变量在线性模型中编码技巧的讨论可以参阅 Cohen et al., 2003;第 8 章。

是否满足以下任意一种目的:(1)引入是因为与被解释变量显著相关,但在理论上并不是模型中重要的解释变量:这样的变量引入设计矩阵 **X** 可以减少误差的方差;(2)同时与一个解释变量和一个或多个被解释变量高度相关,因此它们极有可能是共同引起解释变量和被解释变量的第三变量(Rothman, Greenland & Lash, 2008)。在这两种情况下,解释变量都是作为一个控制变量而引入的,对它们的假设检验是可有可无的。

在线性模型中最后一条选择解释变量的标准是该变量是源于观测还是源于实验,也就是说,什么是解释变量潜在变异的来源。解释变量的变异是可以被实验者所控制的,还是仅仅来源于未知的因素? 第一种来源是可操控实验的一个重要特征,而第二种变异来源则是事后观察研究的特点。尽管对模型的数学识别影响不大,但是这个特征在我们得到分析结论时起着重要的作用。分析结果产生的因果关系所允许的强度往往依赖于这点区别(Morgan & Winship, 2007)。

# 第 3 节 ▏**示例数据和模型识别**

在本书的其余章节,我们会用几个数值的例子来演示多种不同多元线性模型分析。所有的例子都是使用定距类型的连续分布的被解释变量。第一组和第二组数据在第 3 章中用来解释多元广义线性模型的参数估计。它们还将被用作一个例子,来说明关联强度的多元测度(第 4 章)、多元统计检验(第 4 章)和多元广义线性模型假设检验方法(第 5 章)。第三组数据被用于说明多元方差分析模型(MANOVA),它包括一个单分类的多元方差分析和包含两种主要因素及其交互作用的 3×2 因子多元方差分析(第 6 章)。第一组和第二组数据还将用来演示怎样仅仅从一元量中还原四个多元统计量中的两个(第 4 章),以及演示包含本书中所有模型的经典相关性分析的细节(第 7 章)。这些例子来自不同的学科,包括人事心理学、人类学、环境流行病学和神经心理学。为了设定模型识别的阶段,每个示例数据组的基本概念将在描述统计量的汇总表中一同列出。接下来的章节的核心部分是给每一组数据寻找一个合适的分析模型。这些模型包括多元多重回归分析(MMR)、多元方差分析和经典相关性分析(CCA)。

## 例1:在工作申请过程中性格与成功的关系(MMR, CCA)

考德威尔和伯格(Caldwell & Burger，1998)对 99 个即将完成学业进入职场的大学生进行了一个观测研究。个人在性格维度上的差异被认为是影响能否在求职面试中取得成功的重要因素之一。三个性格的维度从性格的五因素模型(Costa & McRae，2000)[①]中选取出来，用作展示一个多元多重回归模型的参数估计和假设检验，它包括四个反应变量：对面试的背景资料准备、对面试的社交准备、后续进行面试的数量、收到工作录取的数量。对于三个预测变量——神经质、外向和责任心，它们定义的特征(方面)为预测提供理论基础。神经质这个性格变量具有焦虑、敌意、沮丧、自觉、冲动和脆弱的特征，显而易见，这些特征可能会妨碍求职过程中的准备以及阻碍在求职中取得成功。另一方面，外向具有热情、合群、自信、活跃、追求刺激和积极情绪的特征。所有这些都可以预测在求职中人际关系方面的成功。责任心的性格维度包括以下特征：胜任、有序、责任心、努力完成任务、自律和深思熟虑。这些方面都能预测一个人能否认真地准备面试。这一点同样与最后的成功相联系。我们可以假

---

① 　考德威尔和伯格(Caldwell & Burger，1998)展示了五因素性格维度中所有因素的均值、标准差和相关系数。神经质、外向和责任心被选作解释变量，因为它们与因变量在理论上有相关性。在这个例子中，根据考德威尔和伯格(Caldwell & Burger，1998：128)的表 2 中的描述统计量，我们生成一个 $n = 99$ 的虚拟数据组。这个数据组复制了他们手稿中的均值、方差的相关性结构。这组虚拟数据在这里被用于演示分析方法。每个个案自身在本文的分析中并不是绝对必要的。本书中的多元分析可以由中间统计量(例如均值、方差和相关系数)通过矩阵语言程序在某些统计软件(例如 SAS IML，SPSS MATRIX，STATA MATRIX)中计算出来。哈里斯(Harris，2001：305—307)讲解了如何用 SPSS MANOVA 程序，基于均值、标准差和相关性来进行多元分析。

设在成功结果中的联合变异有很大一部分可以被这些性格
变量所解释。考德威尔和伯格(Caldwell & Burger，1998)给
出了这一潜在理论的更多细节。性格—工作申请数据组的
均值、标准差和相关系数在表 2.1 中展示出来。

表 2.1    性格—工作申请数据组的均值、标准差和相关系数

|  | 1 | 2 | 3 | 4 | 5 | 6 | 7 |
|---|---|---|---|---|---|---|---|
| 1. 神经质 | 1.000 | | | | | | |
| 2. 外向 | −0.100 | 1.000 | | | | | |
| 3. 责任感 | −0.200 | 0.330 | 1.000 | | | | |
| 4. 背景准备 | −0.140 | −0.040 | 0.270 | 1.000 | | | |
| 5. 社交 | −0.090 | 0.380 | 0.220 | 0.420 | 1.000 | | |
| 6. 随后采访 | −0.050 | 0.270 | 0.380 | 0.200 | 0.350 | 1.000 | |
| 7. 录取 | −0.210 | 0.340 | 0.050 | −0.140 | 0.240 | 0.410 | 1.000 |
| 均   值 | 25.62 | 38.03 | 39.99 | 13.34 | 11.89 | 0.49 | 0.38 |
| 标准差 | 7.10 | 6.00 | 5.98 | 4.12 | 4.98 | 0.45 | 0.35 |

注：$n = 99$，临界值 $r = 0.195$（当 $\alpha = 0.05$）和 $0.254$（当 $\alpha = 0.01$）。
资料来源：Caldwell & Berger(1998)，"Personal Chracteristics of Job Appli-
cants and Success in Screening Interviews"，Table 1，p.128。

## 例 2：暴露于多氯联苯(PCB)、年龄、性别、心血管疾病的 风险因素和认知功能(MMR，CCA)

在美国的某些地方，人们关心工业制造的环境污染物
（例如，PCB，即多氯联苯）对公众生理健康和心理健康可能带
来的负面影响（Carpenter，2006）。暴露于 PCB 已经被假定
对两个相互关联但概念不同的结果变量有负面影响：两个心
血管疾病的主要风险因素（生理）和三个认知功能的测度（神
经心理学）。因为肝脏在人体的血液排毒（本例中的 PCB）的
过程中发挥了重要作用，我们假定肝脏的过度运作会伴随导
致胆固醇和三酸甘油酯的过度生成，而这两个是已知的主要
的心血管疾病的风险因素（Goncharov et al.，2008）。还有这

样一个推测:暴露在多氯联苯的环境中对认知功能,例如记忆和认知弹性,有负面作用(Lin, Guo, Tsai, Yang & Guo, 2008)。例 2 中的数据由六个反应变量组成:胆固醇、三酸甘油酯、瞬时记忆、延迟记忆和认知弹性的两个测度(Stroop 颜色和字词测验)。这些都被假定在 PCB 环境中会受到负面的影响。用于拟合这些数据的多元线性模型还包括年龄和性别。众所周知,肝脏功能、记忆和认知弹性都是关于年龄的减函数。评价年龄对解释变量的作用可以对一些不可避免的混淆因素进行控制——因为身体对 PCB 的承受能力是关于年龄的函数,年龄很明显就是一个混淆因素(例如,$r_{PCBs,年龄} = 0.73$)。在这些模型中,我们引入性别作为解释变量是因为我们知道性别与心理和生理组的因变量有一定的相关性。表 2.2 展示了这组基于 $n = 262$ 个样本的示例数据的描述统计量。它们被用于演示多元多重回归分析和相应的经典相关性分析。

表 2.2 **PCB-CVD-NPSY 数据的均值、标准差和相关系数**

| | (1) | (2) | (3) | (4) | (5) | (6) | (7) | (8) | (9) |
|---|---|---|---|---|---|---|---|---|---|
| 1. 年龄 | 1.000 | | | | | | | | |
| 2. 性别 | 0.047 | 1.000 | | | | | | | |
| 3. PCBs | 0.731 | −0.130 | 1.000 | | | | | | |
| 4. 视觉记忆-I | −0.387 | −0.043 | −0.364 | 1.000 | | | | | |
| 5. 视觉记忆-D | −0.374 | 0.033 | −0.373 | 0.779 | 1.000 | | | | |
| 6. Stroop 字词 | −0.199 | 0.145 | −0.169 | 0.202 | 0.209 | 1.000 | | | |
| 7. Stroop 颜色 | −0.260 | 0.137 | −0.207 | 0.172 | 0.193 | 0.733 | 1.000 | | |
| 8. 胆固醇 | 0.359 | 0.001 | 0.378 | −0.114 | −0.142 | −0.104 | −0.143 | 1.000 | |
| 9. 三酸甘油酯 | 0.327 | −0.102 | 0.386 | −0.070 | −0.100 | −0.044 | −0.080 | 0.561 | 1.000 |
| 均 值 | 37.89 | 0.67 | 0.37 | 9.93 | 8.58 | 91.98 | 70.30 | 2.27 | 2.08 |
| 标准差 | 13.47 | 0.47 | 0.37 | 3.29 | 3.60 | 23.98 | 19.72 | 0.09 | 0.25 |

注:$n = 262$,临界值 $r = 0.10$(当 $\alpha = 0.05$)和 $0.18$(当 $\alpha = 0.01$)。视觉记忆-I = 瞬时记忆,视觉记忆-D = 延迟记忆。PCBs 做了对数变换。

资料来源:Goncharov et al., 2008;Environmental Research, 106, 226—239;Haase et al., 2009;Environmental Research, 109, 73—85。

## 例3：北美土著人口的身高差异

奥尔巴克和拉夫（Auerbach & Ruff，2010）展示了对北美土著人口的身高、相对下肢长度、小腿指数[①]的测量数据。身高信息对于研究北美土著人口的起源和分布十分重要。从北美 75 个不同的地方，作者对 535 个男性和 432 个女性的骨骼遗迹的三种不同变量进行了评估。在 75 个地点中，男性和女性的三个被解释变量的均值为本例提供了一个总样本量 $n = 145$ 的数据（详见 Auerbach & Ruff，2010：表 1，表 2）。奥尔巴克和拉夫已经根据自然（地理）和文化把这些考古地点分为 11 个区域，并进一步将这些地点分为四个不同的地理组群：（1）高纬度北极组；（2）温带：西部组；（3）大平原组；（4）温带：东部组。这样的聚类自然就导致要识别一个有三个因变量[②]的四组单因素多元方差分析（MANOVA）模型。我们至少有两种方式来描述这个研究问题，为 MANOVA 设计构造假设和识别模型。一种通常的方式是判断由三个因变量均值构成的向量是否同时与其余组别不同。如果我们用向量的符号来识别这个假设，定义列为组数 $g = 4$，定义行为反应变量个数 $p = 3$，那么各组均值向量相等的原假设可以写作：

$$H_0：\boldsymbol{\mu}_1 = \boldsymbol{\mu}_2 = \boldsymbol{\mu}_3 = \boldsymbol{\mu}_4$$

或者写成展开形式：

---

[①] 小腿指数是指胫骨长度和大腿骨长度的比值。因为本例中的数据是概括性的统计量，数据是以合计的方式显示，并且显示的组间变化比原始的 967 个样本数据要小。围绕合计数据的使用，既有支持也有反对（Lubinski & Humphreys，1996；Robinson，1950）。这样的数据更适合我们这里的研究目的。

[②] 奥尔巴克和拉夫在他们的手稿中将温带类合并在了一起。由于教学的原因，在这个单项多元方差分析中，我们保留四个组的分组方式。

$$H_0: \begin{bmatrix} \mu_{11} \\ \mu_{21} \\ \mu_{31} \end{bmatrix} = \begin{bmatrix} \mu_{12} \\ \mu_{22} \\ \mu_{32} \end{bmatrix} = \begin{bmatrix} \mu_{13} \\ \mu_{23} \\ \mu_{33} \end{bmatrix} = \begin{bmatrix} \mu_{14} \\ \mu_{24} \\ \mu_{24} \end{bmatrix}$$

另一种描述这个单分类多元方差分析的方式是判断三个因变量是否存在足够的联合变异能够被群体资格所解释。我们可以利用一种编码设计矩阵的方法来确定 MANOVA 因素的水平，这与代表群体资格的分类变量（定性）相联系。这样公式 2.1 代表的线性模型就可以用来处理这个问题。我们应该选择这样一种编码方法，使得参数估计能识别上面假设中均值间的差异。这样一种解决多元方差分析的方法是很有建设意义的，因为它把与线性模型中回归分析（例如，$R^2$）的有关结果和方差分析经典解法的有关信息（例如，均值差异）相结合。在第 6 章中，我们将对这些等价关系进行更细致的讨论，并且展示多种不同编码设计矩阵的方法来处理组间差异。表 2.3 给出了奥尔巴克和拉夫数据中三种身高反应变量的均值和方差，这些数据已经根据四种地点类别进行了划分。表 2.4 给出了反应变量间的相关系数和总平均值。

**表 2.3　身高的四组单因素多元方差分析的均值（和标准差）**

|  | 平均身高 | 平均下肢长度 | 平均脚指数 |
| --- | --- | --- | --- |
| 组 1 | 153.07 | 48.32 | 81.61 |
| 高纬度北极组 | (4.90) | (0.73) | (1.37) |
| 组 2 | 157.20 | 48.64 | 84.87 |
| 温带：西部组 | (7.43) | (0.82) | (1.28) |
| 组 3 | 161.20 | 49.21 | 85.64 |
| 大平原组 | (6.91) | (0.60) | (1.27) |
| 组 4 | 161.60 | 49.12 | 84.59 |
| 温带：东部组 | (5.84) | (0.71) | (0.96) |

注：$n_1 = 26$，$n_2 = 54$，$n_3 = 14$，$n_4 = 51$。

资料来源：Auerbach & Ruff(2010)，"Stature Estimation Formulae for Indigenous North American Populations"，Table 1，pp.193—194。

表 2.4    身高估计数据中三个反应变量的相关系数

| | 平均身高 | 平均下肢长度 | 平均脚指数 |
|---|---|---|---|
| 平均身高 | 1.000 | | |
| 平均下肢长度 | 0.570 | 1.000 | |
| 平均脚指数 | 0.354 | 0.265 | 1.000 |
| 均　值 | 158.39 | 48.81 | 84.27 |
| 方　差 | 7.12 | 0.80 | 1.74 |

注：均值、标准差和相关系数是基于整个样本 $n = 145$。
资料来源：Auerbach & Ruff(2010)，"Stature Estimation Formulae for Indigenous North American Populations"，Table 2，pp.195—197。

## 例4：一个 2×3 因子多元方差分析——身高数据中性别和地理分组

除了对 75 个考古地点分别进行区域识别外，奥尔巴克和拉夫(2010)还根据骨骼遗迹的性别把数据分为男性和女性样本。因此 70 个有完整数据的考古地点(有五个考古地点没有女性数据)可以被分为男性组($n = 75$)和女性组($n = 70$)。当性别因素与地理因素交叉时，11 个区域可以被分为三类，数据可以用来做一个 2×3 的方差分析。在多个因变量(例如，身高、下肢长度和小腿指数)的因子设计中，多元方差分析主要关注模型中三种影响因素的来源——性别的主要影响、地理位置的主要影响和二者的交互作用。尽管因变量在地理位置上(因子 A)和性别上(因子 B)的差异十分重要，对分析的解读可能依赖于因子 A 与因子 B 的交互作用。因子方差分析的一个重要目的就是判断一个因子导致的向量均值的差异在另一个因子变化时是否保持恒定。这个对于奥尔巴克和拉夫数据的 2×3 分类为第 6 章中因子多元方差分析提供了基础。就如同单因素多元方差分析的例子一样，我们的分析可以通过传统方式去检验均值向量是否存在差异或者利用有预测向量的线性模型去对比各组均值向量的差异。表 2.5 和表 2.6 展示了这个 2(性别) × 3(地理类别)多元方差分析的六个小类的均值和标准差。

**表 2.5　2×3 因子多元方差分析的均值和标准差**

| | | 因子 B | | | | | | | | |
|---|---|---|---|---|---|---|---|---|---|---|
| | | $b_1$ | | | $b_2$ | | | $b_3$ | | |
| | | $Y_1$ | $Y_2$ | $Y_3$ | $Y_1$ | $Y_2$ | $Y_3$ | $Y_1$ | $Y_2$ | $Y_3$ |
| 因子 A | $a_1$ | 156.74 | 45.54 | 81.71 | 164.03 | 49.11 | 85.01 | 167.65 | 49.62 | 85.833 |
| | | (3.41) | (0.60) | (1.13) | (4.55) | (0.66) | (1.10) | (2.10) | (0.43) | (1.60) |
| | $a_2$ | 149.39 | 48.11 | 81.51 | 154.17 | 48.62 | 84.44 | 154.74 | 48.79 | 85.45 |
| | | (3.02) | (0.80) | (1.61) | (5.48) | (0.86) | (1.12) | (1.34) | (0.44) | (9.92) |

注：$Y_1$ = 身高，$Y_2$ = 下肢长，$Y_3$ = 脚指数。Factor A = 性别，Factor B = 地理类别。括号内的是标准差。

**表 2.6　2×3 因子多元方差分析的各小类的样本规模**

| | $b_1$ | $b_2$ | $b_3$ |
|---|---|---|---|
| $a_1$ | $n_{11} = 13$ | $n_{11} = 55$ | $n_{11} = 7$ |
| $a_2$ | $n_{11} = 13$ | $n_{11} = 50$ | $n_{11} = 7$ |

第 **3** 章

广义多元线性模型的参数估计

正如第 1 章中介绍一元线性模型时强调通过一个或多个预测变量对一个标准变量的预测一样,多元线性模型的特点是有多于一个的可以表示为预测变量函数的反应变量。总体的多元线性模型可以写作:

$$\mathbf{Y}_{(n \times p)} = \mathbf{X}_{(n \times q+1)} \mathbf{B}_{(q+1 \times p)} + \mathbf{E}_{(n \times p)} \qquad [3.1]$$

其中,观测数据矩阵 $\mathbf{Y}$ 的行对应着 $p$ 个被解释变量。如果 $p = 1$,那么模型就简化为公式 1.3 中的一元模型。$(n \times q+1)$ 设计矩阵 $\mathbf{X}$ 的列就是预测变量的观测值,其中 $X_0 \equiv 1$。设计矩阵的特征不受一元与多元之间区别的影响。多元模型的误差矩阵,$\mathbf{E} = \mathbf{Y} - \mathbf{XB}$(每一列对应一个反应变量)通过减法获得,同时这些误差可以在未知的回归系数矩阵 $(q+1 \times p)$ 被估计出来后进行评估。和以前一样,$n$ 代表模型的样本量。

当模型只包含一个标准变量时,公式 1.3 中模型参数的最小二乘估计为 $\hat{\boldsymbol{\beta}} = (\mathbf{X}'\mathbf{X})^{-1}(\mathbf{X}'\mathbf{y})$。在一元模型中,由预测变量的最优线性组合估计出的回归系数是一个由系数组成的向量 $\hat{\boldsymbol{\beta}}' = (\hat{\beta}_0, \hat{\beta}_1, \cdots, \hat{\beta}_q)$。通过最小二乘法估计多元情况下公式 3.1 中的参数就是对一元情况的一个直接推广。结果是得到一个 $(q+1 \times p)$ 估计参数矩阵 $\hat{\mathbf{B}}$,其维数的增加是

为了与 **Y** 中的多个反应变量相对应。

多元模型中参数的最小二乘估计使得公式 3.1 中误差平方和 $\mathbf{E}'\mathbf{E}$ 最小。多元模型误差的和、平方、交叉乘积（$SSCP_{ERROR}$）矩阵（$p \times p$）为：

$$\mathbf{E}'\mathbf{E}_{(p \times p)} = (\mathbf{Y} - \mathbf{XB})'(\mathbf{Y} - \mathbf{XB}) \qquad [3.2]$$

通过乘法运算，并且注意 $\mathbf{B}'\mathbf{X}'\mathbf{Y} = \mathbf{B}'\mathbf{X}'\mathbf{XB}$，上式的结果可以简化为：

$$\mathbf{E}'\mathbf{E}_{(p \times p)} = \mathbf{Y}'\mathbf{Y} - \mathbf{B}'\mathbf{X}'\mathbf{Y} \qquad [3.3]$$

最小二乘准则是选择同时使得 $p$ 个解释变量的误差平方和最小的估计量。这些误差平方和包含在公式 3.3 中的主对角线上。矩阵 $\mathbf{E}'\mathbf{E}$ 的迹 $[Tr(\mathbf{E}'\mathbf{E})]$——所有误差平方和的和——则是需要被最小化的数量。对矩阵 $\mathbf{E}'\mathbf{E}$ 求偏导，让这个结果等于 0，然后用最小二乘估计量 $\hat{\mathbf{B}}$ 代替 $\mathbf{B}$，再解标准方程，我们可以得到多元模型中参数的最小二乘估计为：[1]

$$\hat{\mathbf{B}} = (\mathbf{X}'\mathbf{X})^{-1}\mathbf{X}'\mathbf{Y} \qquad [3.4]$$

多元模型估计出来的回归系数矩阵中的列与 $p$ 个反应变量向对应，矩阵的行对应着 $q+1$ 个预测变量，因此矩阵可以写成如下形式：

$$\hat{\mathbf{B}}_{(q+1 \times p)} = \begin{bmatrix} \hat{\beta}_{01} & \hat{\beta}_{02} & \cdots & \hat{\beta}_{0p} \\ \hat{\beta}_{11} & \hat{\beta}_{12} & \cdots & \hat{\beta}_{1p} \\ \vdots & \vdots & \ddots & \vdots \\ \hat{\beta}_{q1} & \hat{\beta}_{q2} & \cdots & \hat{\beta}_{qp} \end{bmatrix}$$

---

① 公式 3.4 的求导细节请参阅 Rencher，1998：280—282。

$\hat{\mathbf{B}}$ 中的列向量是一系列的一元模型。分别估计 $p$ 个一元模型，然后把估计出来的 $p$ 个向量汇总到一个矩阵，也能得到相同的结果。

把公式 3.1 中的 $\mathbf{B}$ 用 $\hat{\mathbf{B}}$ 代替，$\mathbf{E}$ 用 $\hat{\mathbf{E}}$ 代替，那么我可以写出组成样本多元线性模型的各个矩阵：

$$
\begin{bmatrix}
Y_{11} & Y_{12} & \cdots & X_{1p} \\
Y_{21} & Y_{22} & \cdots & Y_{2p} \\
\vdots & \vdots & \ddots & \vdots \\
Y_{n1} & Y_{n2} & \cdots & Y_{np}
\end{bmatrix}
=
\begin{bmatrix}
1 & X_{11} & X_{12} & \cdots & X_{1q} \\
1 & X_{21} & X_{22} & \cdots & X_{2q} \\
\vdots & \vdots & \vdots & \ddots & \vdots \\
1 & X_{n1} & X_{n2} & \cdots & X_{nq}
\end{bmatrix}
$$

$$
\begin{bmatrix}
\hat{\beta}_{01} & \hat{\beta}_{02} & \cdots & \hat{\beta}_{0p} \\
\hat{\beta}_{11} & \hat{\beta}_{12} & \cdots & \hat{\beta}_{1p} \\
\hat{\beta}_{21} & \hat{\beta}_{22} & \cdots & \hat{\beta}_{2p} \\
\vdots & \vdots & \ddots & \vdots \\
\hat{\beta}_{q1} & \hat{\beta}_{n2} & \cdots & \hat{\beta}_{qp}
\end{bmatrix}
+
\begin{bmatrix}
\hat{\epsilon}_{11} & \hat{\epsilon}_{12} & \cdots & \hat{\epsilon}_{n1} \\
\hat{\epsilon}_{21} & \hat{\epsilon}_{22} & \cdots & \hat{\epsilon}_{n2} \\
\vdots & \vdots & \ddots & \vdots \\
\hat{\epsilon}_{n1} & \hat{\epsilon}_{n1} & \cdots & \hat{\epsilon}_{np}
\end{bmatrix}
$$

其拟合值为 $\hat{\mathbf{Y}} = \mathbf{X}\hat{\mathbf{B}}$，拟合模型估计出的误差为 $\hat{\mathbf{E}} = \mathbf{Y} - \hat{\mathbf{Y}} = \mathbf{Y} - \mathbf{X}\hat{\mathbf{B}}$。

我们假定 $\mathbf{Y}$ 中反应变量和 $\hat{\mathbf{E}}$ 中估计出的多元模型的误差都是服从潜在多元概率分布的随机变量，而 $\mathbf{X}$ 的值和 $\mathbf{B}$ 中的系数则认为是固定的常数。在计算最小二乘估计量 $\hat{\mathbf{B}}$ 时，我们不需要任何假设。但是如果某些假设满足，那么参数的最小二乘估计量就是总体参数的一致最优无偏估计（BLUE）。第 5 章中，我们在证明多元假设检验统计量的有效性时也需要一些假设。这些假设帮助我们确保估计量是无偏的，也就是说 $E(\hat{\mathbf{B}}) = \mathbf{B}$，同时在所用可能获得的线性估计量中拥有最小的样本方差。一共有四条这样的假设：线性、同方差、独立和多元正态性,这些假定和一元模型中的假定相类似。

**线性**:假设模型 $\mathbf{Y} = \mathbf{XB} + \mathbf{E}$ 对参数是线性且满足期望 $E(\mathbf{Y}) = \mathbf{XB}$,意味着模型误差的均值 $E(\mathbf{E}) = \mathbf{0}$。满足这样的特点才能认为模型是正确的并且没有重要的解释变量遗漏的情况。如果有其他的重要的解释变量没有被引入到模型中,那么它们的方差将被包括在误差中,则误差的期望将不再是 $\mathbf{0}$。

**恒定的方差**:在现行模型中,我们假定各个样本的方差和协方差为常数。这个假设可以分为两部分进行描述。多元模型中任意一个行向量都是一个样本, $\mathbf{y}_i = \mathbf{x}_i \mathbf{B} + \boldsymbol{\epsilon}_i$。恒定方差假设要求一个样本 $\mathbf{y}_i$(或者 $\boldsymbol{\epsilon}_i$)的 $p$ 个方差对于所有的反应变量都是恒定的。此外,我们还假设 $n$ 个样本的 $p$ 个方差也都相等,因此拥有相同的恒定方差结构。

**独立性**:我们假定每个样本的反应变量(和误差)都是相互独立的。这个协方差恒定的条件要求 $p$ 个反应变量中的第 $i$ 个和第 $j$ 个观测值的协方差为0(对任意的 $i \neq j$)。也就是说,任意样本的反应变量都与其余样本都不相关。和方差一样,我们假定样本间的协方差也恒定。

同方差和独立性的假设可以归总到一个 $p \times p$ 的矩阵 $\boldsymbol{\Sigma}$。对于所有样本方差和协方差(0)都恒定。如果在总体中这两个假设成立,那么 $\boldsymbol{\Sigma}$ 有以下的通式:

$$\boldsymbol{\Sigma}_{(p \times p)} = \begin{bmatrix} \sigma_1^2 & \sigma_{12} & \cdots & \sigma_{1p} \\ \sigma_{21} & \sigma_2^2 & \cdots & \sigma_{2p} \\ \vdots & \vdots & \ddots & \vdots \\ \sigma_{p1} & \sigma_{p2} & \cdots & \sigma_p^2 \end{bmatrix} = \begin{bmatrix} \sigma_1^2 & 0 & \cdots & 0 \\ 0 & \sigma_2^2 & \cdots & 0 \\ \vdots & \vdots & \ddots & \vdots \\ 0 & 0 & 0 & \sigma_p^2 \end{bmatrix}$$

**多元正态性**：多元正态性的假设证明了用于检验关于 **B** 中元素假设检验的多元检验统计量的有效性。多元分析中的检验统计量必须依赖于某些潜在的概率分布。在多元领域，多元正态分布是最常见的分布，是假设检验的基础。为了使得多元假设检验统计量有效，我们假设数据矩阵 **Y** 的每一个行向量 $\mathbf{y}_i$ 都服从均值为 **XB**、方差协方差矩阵为 **Σ** 的多元正态分布：

$$\mathbf{y}_i \sim N_p(\mathbf{XB}, \mathbf{\Sigma}) \qquad [3.5]$$

因为 $\mathbf{y}_i$ 的分布同样适用于 $\boldsymbol{\epsilon}_i$，均值为 0，方差协方差矩阵为 **Σ** 的多元正态分布同样适用于模型的误差：

$$\boldsymbol{\epsilon}_i \sim N_p(\mathbf{0}, \mathbf{\Sigma}) \qquad [3.6]$$

**Σ** 的一个无偏估计是用估计出的参数 $\hat{\mathbf{B}}$ 代入公式 3.3，然后把 $SSCP_{误差}$ 转化成一个方差协方差矩阵：

$$\hat{\mathbf{\Sigma}} = \frac{1}{n-q-1}\mathbf{E}'\mathbf{E} \qquad [3.7]$$

对于多元正态分布和其在多元分析中的重要性的进一步讨论，请参阅立冈的研究（Tatsuoka，1992：第 4 章）。多元模型假设检验的方法请参阅史蒂文斯的研究（Stevens，1992：第 6 章）。估计多于一个反应变量的线性模型中的参数，最好还是用一个数值的例子来加以说明。

# 第 1 节 ┃ 例 1：性格特征与成功的工作申请

　　我们这里继续使用性格数据。这组数据包括 $p=4$ 个反应变量，用来衡量在工作申请中的成功程度：背景准备、社交准备、第二轮面试邀请和工作录取。这些在申请中获得成功的标记可以表示一个关于截距的函数（单位向量 $X_0 \equiv 1$）和三个解释变量：第 2 章中的神经质、外向和责任心。心理学家认为这些性格维度可以体现一个人的忍耐力，它能帮助人掌控自己的行为。而且这些性格维度可能可以解释为什么这三个因素能有效决定对求职面试过程的准备、过程中的行为以及是否取得成功。

　　这组多元数据 $\mathbf{Y}_{(n \times p)} = [\mathbf{y}_1, \mathbf{y}_2, \mathbf{y}_3, \mathbf{y}_4]$ 有 $p=4$ 个反应变量，是在整个实验过程中搜集的。为了解释这组多元数据中被解释变量作为 $q=3$ 个解释变量变化的函数时的共同变化，我们需要对模型的参数做出估计。我们求解公式 3.4 中的 $\hat{\mathbf{B}}$ 来估计模型设定的参数。数据有 $n=99$ 个观测值，所以数据矩阵 $\mathbf{Y}_{(n \times p)}$ 的阶数为 $99 \times 4$，由四个连续分布的反应变量组成。设计矩阵 $\mathbf{X}_{(n \times q+1)}$ 的阶数为 $99 \times 4$，它的列由截距项 $X_0 \equiv 1$ 和三个度量性格的解释变量组成。这个例子的描述统计量和相关系数矩阵在表 2.1 中列出。我们的分析通常从

给出数据矩阵 **Y** 和 **X** 的通式开始：

$$\mathbf{Y}_{(99\times4)} = \begin{bmatrix} Y_{11} & Y_{12} & Y_{13} & Y_{14} \\ Y_{21} & Y_{22} & Y_{23} & Y_{24} \\ Y_{31} & Y_{32} & Y_{33} & Y_{34} \\ \vdots & \vdots & \vdots & \vdots \\ Y_{991} & Y_{992} & Y_{993} & Y_{994} \end{bmatrix} = \begin{bmatrix} 18 & 13 & 1 & 1 \\ 13 & 12 & 1 & 1 \\ 11 & 5 & 2 & 0 \\ \vdots & \vdots & \vdots & \vdots \\ 12 & 14 & 2 & 1 \end{bmatrix}$$

$$\mathbf{X}_{(99\times4)} = \begin{bmatrix} 1 & X_{11} & X_{12} & X_{13} \\ 1 & X_{21} & X_{22} & X_{23} \\ 1 & X_{31} & X_{11} & X_{11} \\ \vdots & \vdots & \vdots & \vdots \\ 1 & X_{991} & X_{992} & X_{993} \end{bmatrix} = \begin{bmatrix} 1 & 25 & 34 & 44 \\ 1 & 29 & 34 & 40 \\ 1 & 19 & 35 & 35 \\ \vdots & \vdots & \vdots & \vdots \\ 1 & 25 & 42 & 42 \end{bmatrix}$$

三个解释变量和四个标准变量的关系见图 3.1，这张图与表 2.1 中的零阶相关系数相对应。

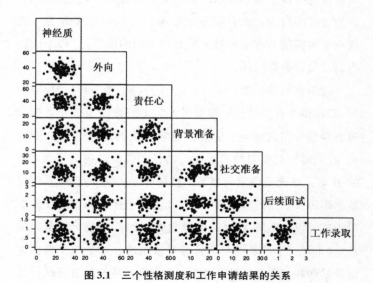

图 3.1　三个性格测度和工作申请结果的关系

根据公式 3.4,参数矩阵 $\mathbf{B}_{(q+1 \times p)}$ 的估计值在本例中是个 $4 \times 4$ 的矩阵,可以通过评价未修正的预测变量的 SSCP(平方和和交叉乘积[sums of squares and cross products])矩阵 $\mathbf{X}'\mathbf{X}_{(4 \times 4)}$ 和解释变量与反应变量间的 SCP(交叉乘积的求和[sums of cross products])矩阵[①]$\mathbf{X}'\mathbf{Y}_{(4 \times 4)}$ 获得。计算本例中的这些矩阵:

$$
\mathbf{X}'\mathbf{X} = \begin{bmatrix} 1 & 1 & 1 & \cdots & 1 \\ X_{11} & X_{21} & X_{31} & \cdots & X_{991} \\ X_{12} & X_{22} & X_{32} & \cdots & X_{992} \\ X_{13} & X_{23} & X_{33} & \cdots & X_{993} \end{bmatrix} \begin{bmatrix} 1 & X_{11} & X_{12} & X_{13} \\ 1 & X_{21} & X_{22} & X_{23} \\ 1 & X_{31} & X_{11} & X_{11} \\ \vdots & \vdots & \vdots & \vdots \\ 1 & X_{991} & X_{992} & X_{993} \end{bmatrix}
$$

$$
= \begin{bmatrix} 99.00 & 2\,536.38 & 3\,764.97 & 3\,959.01 \\ 2\,536.38 & 69\,922.24 & 96\,041.05 & 151\,721.51 \\ 3\,764.97 & 96\,041.05 & 14\,679.81 & 151\,721.51 \\ 3\,959.01 & 100\,597.51 & 151\,721.51 & 161\,825.33 \end{bmatrix}
$$

以及

$$
\mathbf{X}'\mathbf{Y} = \begin{bmatrix} 1 & 1 & 1 & \cdots & 1 \\ X_{11} & X_{21} & X_{31} & \cdots & X_{991} \\ X_{12} & X_{22} & X_{32} & \cdots & X_{992} \\ X_{13} & X_{23} & X_{33} & \cdots & X_{993} \end{bmatrix} \begin{bmatrix} Y_{11} & Y_{12} & Y_{13} & Y_{14} \\ Y_{21} & Y_{22} & Y_{23} & Y_{24} \\ Y_{31} & Y_{32} & Y_{33} & Y_{34} \\ \vdots & \vdots & \vdots & \vdots \\ Y_{991} & Y_{992} & Y_{993} & Y_{994} \end{bmatrix}
$$

---

① 未修正的平方和和交叉乘积是基于对矩阵 $\mathbf{Y}$ 和 $\mathbf{X}$ 中的变量的原始数据进行求和和平方。在后面的章节中,运用均值修正的平方和和交叉乘积(SSCP)矩阵会更加方便。修正后,该矩阵可以更加适合多种统计的应用。

$$= \begin{bmatrix} 1\,320.66 & 1\,177.11 & 48.51 & 37.62 \\ 33\,433.97 & 29\,845.70 & 1\,227.17 & 912.68 \\ 50\,127.80 & 45\,878.22 & 1\,916.28 & 1\,500.66 \\ 53\,465.10 & 47\,714.69 & 2\,040.13 & 1\,514.68 \end{bmatrix}$$

对 $\mathbf{X'Y}$ 右乘 $\mathbf{X'X}$ 的逆就可以得到模型参数的估计值，

$$\hat{\mathbf{B}} = (\mathbf{X'X})^{-1}\mathbf{X'Y} =$$

$$\begin{bmatrix} 0.939\,12 & -0.007\,65 & -0.008\,2 & -0.010\,50 \\ -0.007\,65 & 0.000\,21 & 0.000\,01 & 0.000\,05 \\ -0.008\,23 & 0.000\,01 & 0.000\,32 & -0.000\,10 \\ -0.010\,50 & 0.000\,05 & -0.000\,10 & 0.000\,33 \end{bmatrix}$$

$$\begin{bmatrix} 1\,320.66 & 1\,177.11 & 48.51 & 37.62 \\ 33\,433.97 & 29\,845.70 & 1\,227.17 & 912.68 \\ 50\,127.80 & 45\,878.22 & 1\,916.28 & 1\,500.66 \\ 53\,465.10 & 47\,714.69 & 2\,040.13 & 1\,514.68 \end{bmatrix}$$

性格数据的估计结果为：

$$\hat{\mathbf{B}}_{(4\times4)} = \begin{matrix} & Y_1 & Y_2 & Y_3 & Y_4 \\ X_0 \\ X_1 \\ X_2 \\ X_3 \end{matrix} \begin{bmatrix} \hat{\beta}_{01} & \hat{\beta}_{02} & \hat{\beta}_{03} & \hat{\beta}_{04} \\ \hat{\beta}_{11} & \hat{\beta}_{12} & \hat{\beta}_{13} & \hat{\beta}_{14} \\ \hat{\beta}_{21} & \hat{\beta}_{22} & \hat{\beta}_{23} & \hat{\beta}_{24} \\ \hat{\beta}_{31} & \hat{\beta}_{32} & \hat{\beta}_{33} & \hat{\beta}_{34} \end{bmatrix}$$

$$= \begin{bmatrix} 10.361 & -1.626 & -1.031 & 0.088 \\ -0.055 & -0.025 & 0.002 & -0.010 \\ -0.102 & 0.285 & 0.012 & 0.021 \\ 0.207 & 0.083 & 0.025 & -0.006 \end{bmatrix}$$

$\hat{\mathbf{B}}$ 的四列是 $X_0$，$X_1$，$X_2$ 和 $X_3$ 回归系数的估计值，这

些估计值使得多元模型能最好地预测 $Y_1$，$Y_2$，$Y_3$ 和 $Y_4$ 的值。模型解的矩阵简洁且有效，但求解的过程不过是分别将 $Y_1$，$Y_2$，$Y_3$，$Y_4$ 和单位向量与三个解释变量进行回归从而得到的系数。对多元模型中系数的解释，就类似于把对一元线性模型系数的解释分别作用到每个反应变量。每个 $\hat{\mathbf{B}}$ 中的列向量就是对一个被解释变量的一元线性回归的完整的解。在本例中，背景准备作为解释变量的模型是：

$$\hat{Y}_{背景准备} = 10.361 - 0.055(神经质) \\ -0.102(外向) + 0.207(责任心)$$

在这个模型里，神经质和外向与背景准备负相关，责任心与背景准备正相关，且系数为三者中最大。相反，当被解释变量为后续面试数目时，

$$\hat{Y}_{后续面试} = -1.031 + 0.002(神经质) \\ + 0.012(外向) + 0.025(责任心)$$

神经质、外向和责任心都与收到后续面试的数目正相关。责任心的系数为三者中最大。类似的对模型的解释也可以应用在被解释变量为社交准备和收到录取的数目时，

$$\hat{Y}_{社交准备} = -1.626 + 0.025(神经质) \\ + 0.285(外向) + 0.083(责任心)$$

在这个模型中，外向对结果的影响最大。被解释变量为收到录取数目时，

$$\hat{Y}_{录取} = 0.088 - 0.010(神经质) \\ + 0.021(外向) - 0.006(责任心)$$

其中，外向的系数为三者中最大。

　　通常对未标准化的回归系数的解释适用于每一个向量。例如,第 $j$ 个预测变量增加一个单位伴随着第 $k$ 个标准变量增加 $\hat{\beta}_{kj}$ 个单位。多元线性模型的系数就和组成它的每个一元模型一样,会为任意解释变量间的关系和模型中其余解释变量而做出调整。

　　尽管一个人可以从某一被解释变量[①]的未标准化的系数中大致了解各个解释变量的相对贡献,但是很难对某一解释变量在所有反应变量中的作用进行比较。因为就如同表 2.1 中标准差的差异一样,**Y** 矩阵中的变量的测量尺度是不可比较的。用标准得分的形式估计模型可以缓解这一问题,因为所有估计出来的参数采取同一度量标准。[②]

---

　　① 神经质、外向和责任心的标准差(表 2.1)是差不多相等的。因此,关于回归系数的比较性的结论在任意反应变量间都是有效的。对于本例中具有不同度量标准的反应变量,反面也是成立的。

　　② 本章中对于未标准化和标准化的回归系数的另一种解释同样适用于多元多重回归问题。

# 第 2 节 ｜ 用标准得分的形式估计多元线性模型中的参数

　　和一元模型一样，在分析多元数据时可以采用不同的度量标准。用标准得分的形式估计提供了第二种模型解释的框架，它绕开了因为变量 $X$ 和 $Y$ 的单位不同导致的解释未标准化系数这个问题。等价于公式 3.1，用标准得分形式表示的模型可以根据多元模型中的变量 $X$ 和 $Y$ 的相关系数矩阵解出：

$$\mathbf{Z}_Y = \mathbf{Z}_X \mathbf{B}^* + \mathbf{E}^* \qquad [3.8]$$

其中，$\mathbf{Z}_Y$ 和 $\mathbf{Z}_X$ 是标准化后反应变量和解释变量的矩阵，标准化后的变量均值为 0，方差为 1。$\mathbf{B}^*$ 是标准化后的回归系数矩阵，$\mathbf{E}^*$ 是标准化后的预测的误差矩阵。公式 3.8 中的平方和与交叉乘积可以写作：

$$\mathbf{E}^{*\prime}\mathbf{E}^* = (\mathbf{Z}_Y - \mathbf{Z}_X\mathbf{B}^*)'(\mathbf{Z}_Y - \mathbf{Z}_X\mathbf{B}^*)$$
$$= \mathbf{Z}_Y'\mathbf{Z}_Y - \mathbf{B}^{*\prime}\mathbf{Z}_X'\mathbf{Z}_Y \qquad [3.9]$$

用样本估计量 $\hat{\mathbf{B}}^*$ 代替公式 3.9 中的总体参数 $\mathbf{B}^*$，然后对 $\mathbf{E}^{*\prime}\mathbf{E}^*$ 的迹求偏导（参阅 Timm, 1975:308—311）并设置这个偏导数为 0，这样就能使得 $Tr(\mathbf{E}^{*\prime}\mathbf{E}^*)$ 取到最小值。解出标准方程就能得到标准得分形式参数的最小二乘估计：

$$\hat{\mathbf{B}}^* = (\mathbf{Z}_X' \mathbf{Z}_X)^{-1} \mathbf{Z}_X' \mathbf{Z}_Y \qquad [3.10]$$

公式 3.10 的参数估计可以仅仅通过参考相关系数矩阵。这些矩阵隐含着标准得分的解。我们定义样本的变量间相关系数矩阵为标准化的 SSCP 矩阵除以 $n-1$。因此，$\mathbf{R}_{YY} = \dfrac{1}{n-1}\mathbf{Z}_Y'\mathbf{Z}_Y$，$\mathbf{R}_{XX} = \dfrac{1}{n-1}\mathbf{Z}_X'\mathbf{Z}_X$，$\mathbf{R}_{YX} = \dfrac{1}{n-1}\mathbf{Z}_Y'\mathbf{Z}_X$，$\mathbf{R}_{XY} = \mathbf{R}_{YX}' = \dfrac{1}{n-1}\mathbf{Z}_X'\mathbf{Z}_Y$。这显示出标准得分形式的模型参数可以很方便地通过下面的方法获得：

$$\hat{\mathbf{B}}^* = \mathbf{R}_{XX}^{-1} \mathbf{R}_{XY} \qquad [3.11]$$

其中，$\mathbf{R}_{XX}^{-1}$ $X$ 变量的相关系数矩阵的逆。

对于性格的示例数据，四个相关系数矩阵 $\mathbf{R}_{YY}$，$\mathbf{R}_{YX}$，$\mathbf{R}_{XX}$ 和 $\mathbf{R}_{XY}$ 分别为：

$$\mathbf{R}_{YY} = \begin{bmatrix} 1.00 & 0.41 & 0.24 & -0.14 \\ 0.41 & 1.00 & 0.35 & 0.20 \\ 0.24 & 0.35 & 1.00 & 0.42 \\ -0.14 & 0.20 & 0.42 & 1.00 \end{bmatrix},$$

$$\mathbf{R}_{YX} = \begin{bmatrix} -0.21 & 0.34 & 0.05 \\ -0.05 & 0.27 & 0.38 \\ -0.09 & 0.38 & 0.22 \\ -0.14 & -0.04 & 0.27 \end{bmatrix},$$

$$\mathbf{R}_{XX} = \begin{bmatrix} 1.00 & -0.10 & -0.20 \\ -0.10 & 1.00 & 0.33 \\ -0.20 & 0.33 & 1.00 \end{bmatrix},$$

$$\mathbf{R}_{XY} = \begin{bmatrix} -0.21 & -0.05 & -0.09 & -0.14 \\ 0.34 & 0.27 & 0.38 & -0.04 \\ 0.05 & 0.38 & 0.22 & 0.27 \end{bmatrix}$$

应用公式 3.11，$q \times p$ 阶的标准化的回归系数矩阵为：

$$\hat{\mathbf{B}}^* = \mathbf{R}_{XX}^{-1} \mathbf{R}_{XY} = \begin{bmatrix} 1.00 & -0.10 & -0.20 \\ -0.10 & 1.00 & 0.33 \\ -0.20 & 0.33 & 1.00 \end{bmatrix}^{-1}$$

$$\begin{bmatrix} -0.21 & -0.05 & -0.09 & -0.14 \\ 0.34 & 0.27 & 0.38 & -0.04 \\ 0.05 & 0.38 & 0.22 & 0.27 \end{bmatrix}$$

$$= \begin{bmatrix} -0.095 & -0.036 & 0.033 & -0.196 \\ -0.148 & 0.344 & 0.164 & 0.356 \\ 0.300 & 0.099 & 0.333 & -0.106 \end{bmatrix}$$

$$= \begin{bmatrix} \hat{\beta}_{11} & \hat{\beta}_{12} & \hat{\beta}_{13} & \hat{\beta}_{14} \\ \hat{\beta}_{21} & \hat{\beta}_{22} & \hat{\beta}_{23} & \hat{\beta}_{24} \\ \hat{\beta}_{31} & \hat{\beta}_{32} & \hat{\beta}_{33} & \hat{\beta}_{34} \end{bmatrix}$$

$\hat{\mathbf{B}}^*$ 中包含的回归系数与 $Y_1$，$Y_2$，$Y_3$ 和 $Y_4$ 单独作为一元模型拟合的标准化回归系数一样。因此，对这些系数的解释也与一元估计时一样：每个系数代表当 $X_j$ 每变化一个标准差时，$Y$ 变化 $\hat{\beta}_j$ 个标准差。尽管有些关于解释标准化系数的问题（Kim & Ferree，1981）需牢记于心，但某些有用且深刻的结论可以通过检查 $\hat{\mathbf{B}}^*$ 的行和列获得。这个 $p = 4$ 的多元问题中的被解释变量也同样被标准化了。列与列之间（反应变量之间）系数的比较可以和列内系数的比较进行同样的解释。例如，神经质，其特点为担忧、焦虑、敌意和压抑等症状,对收到录取数量有最大的负面影响(-0.196)。相反,外向,其特点为合群、善于社交、热心和情绪积极等,对社交准备(0.344)和收到录取的数目(0.356)有很强的正面作用。还有责任心,其主要特征是胜任、有序、自律和责任感,对背景准备的影响(0.300)和收到后续面试的影响(0.333)远高于它对收到录取数目的影响。各个性格特征对求职面试准备和求职面试的成功的不同影响看起来存在一个逻辑上可以识别的模式。这些作用在统计上的显著性是接下来的章节需要讨论的问题。

# 第 3 节 | 例 2：多氯联苯——心血管疾病的风险因素：认知功能数据

表 2.2 中的 PCB 数据提供了多元多重回归模型中参数估计的第二个例子。我们将用这些数据拟合两个模型——基于原始数据的模型 $\mathbf{Y} = \mathbf{XB} + \mathbf{E}$ 和基于标准化度量的模型 $\mathbf{Z}_Y = \mathbf{Z}_X \mathbf{B}^* + \mathbf{E}$。对于这两个模型，我们分别用公式 3.4 和公式 3.11 对模型进行参数估计。

在表 2.2 中，这个多元模型的数据包括六个反应变量，搜集了 262 个样本后得到数据矩阵 $\mathbf{Y}_{(262 \times 6)}$，其中列向量是对记忆函数（瞬时和延迟视觉记忆）、认知弹性（Stroop 字词和颜色）和两种心血管疾病的风险因素（胆固醇和三酸甘油酯的血清脂质）的度量。设计矩阵是一个 $262 \times 3 + 1$ 阶的矩阵 $\mathbf{X}_{(262 \times 3 + 1)}$，其中包含单位向量和年龄、性别和 PCB（对数变形）的观测值。数据矩阵的形式如下：

$$\mathbf{Y}_{(262 \times 6)} = \begin{bmatrix} Y_{11} & Y_{12} & Y_{13} & Y_{14} & Y_{15} & Y_{16} \\ Y_{21} & Y_{22} & Y_{23} & Y_{24} & Y_{15} & Y_{16} \\ Y_{31} & Y_{32} & Y_{33} & Y_{34} & Y_{15} & Y_{16} \\ \vdots & \vdots & \vdots & \vdots & \vdots & \vdots \\ Y_{2\,621} & Y_{2\,622} & Y_{2\,623} & Y_{2\,624} & Y_{2\,625} & Y_{2\,626} \end{bmatrix}$$

$$
=\begin{bmatrix} 14 & 13 & 106 & 66 & 2.2 & 1.9 \\ 13 & 12 & 81 & 73 & 2.1 & 1.7 \\ 9 & 9 & 112 & 87 & 2.2 & 1.8 \\ \vdots & \vdots & \vdots & \vdots & \vdots & \vdots \\ 5 & 5 & 6 & 6 & 2.3 & 2.3 \end{bmatrix}
$$

$$
\mathbf{X}_{(262\times4)}=\begin{bmatrix} 1 & X_{11} & X_{12} & X_{13} \\ 1 & X_{21} & X_{22} & X_{23} \\ 1 & X_{31} & X_{11} & X_{11} \\ \vdots & \vdots & \vdots & \vdots \\ 1 & X_{2\,621} & X_{2\,622} & X_{2\,623} \end{bmatrix}
$$

$$
=\begin{bmatrix} 1 & 25 & 1 & -0.51 \\ 1 & 20 & 1 & -0.48 \\ 1 & 21 & 1 & -0.48 \\ \vdots & \vdots & \vdots & \vdots \\ 1 & 58 & 0 & 1.40 \end{bmatrix}
$$

图 3.2 和图 3.3 给出了解释变量和反应变量的 18 个二元关系的方向和强度的视觉感受。

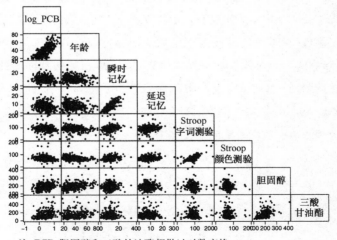

注：PCB、胆固醇和三酸甘油酯都做过对数变换。

**图 3.2  PCB 和年龄与记忆、认知弹性和血清脂质的关系**

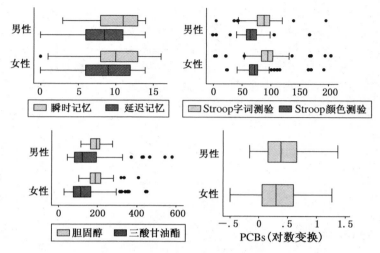

图 3.3　性别和记忆、认知弹性和血清脂质的关系

审视图 3.3 中的箱线图可以发现，性别看起来不是模型中重要的解释变量。各个被解释变量的均值差异并不明显。相反，正如明显的非零斜率和图 3.2 中可能的回归直线周围的数据点构成的椭圆形所反映的，PCB 和年龄与大部分反应变量都有很强的非零关系。对于不同的反应变量，解释变量的相对重要性是我们的研究兴趣之一。评价这些关系的第一步是参数估计。评价 PCB 环境对反应变量的影响的假设只有在对年龄和性别调整后才能有最好的评估，因为我们知道年龄、性别各自都对反应变量有影响，也与不同程度的 PCB 暴露显著相关。图 3.2 中的二元图并没有清晰反映这些解释变量可能造成的混乱。$\hat{\mathbf{B}}$ 中的估计系数是解释变量对六个标准变量的偏回归系数，其中每个解释变量都对模型的其他解释变量做出了调整。对于 PCB 数据，它中间的未修正的 SSCP 矩阵为：

$$\mathbf{Y'Y} = \begin{bmatrix} 28\,651.00 & 24\,716.00 & 243\,400.00 & 185\,766.00 & 5\,905.17 & 5\,395.14 \\ 24\,716.00 & 22\,651.00 & 211\,378.00 & 161\,544.00 & 5\,097.12 & 4\,650.31 \\ 243\,400.00 & 211\,378.00 & 2\,366\,745.00 & 1\,784\,737.00 & 54\,736.00 & 50\,056.88 \\ 185\,766.00 & 161\,544.00 & 1\,784\,737.00 & 1\,396\,401.00 & 41\,813.97 & 38\,208.99 \\ 5\,905.17 & 5\,097.12 & 54\,736.00 & 41\,813.97 & 1\,356.55 & 1\,242.34 \\ 5\,395.14 & 4\,650.31 & 50\,056.88 & 38\,208.99 & 1\,242.34 & 1\,149.77 \end{bmatrix},$$

$$\mathbf{X'X} = \begin{bmatrix} 262.00 & 9\,927.00 & 176.00 & 96.90 \\ 9\,927.00 & 423\,451.00 & 6\,747.00 & 4\,632.76 \\ 176.00 & 6\,747.00 & 176.00 & 59.11 \\ 96.90 & 4\,632.76 & 59.11 & 72.40 \end{bmatrix},$$

$$\mathbf{X'Y} = \begin{bmatrix} 2\,601.00 & 2\,247.00 & 24\,099.00 & 18\,419.00 & 595.71 & 544.96 \\ 94\,076.00 & 80\,407.00 & 896\,310.00 & 679\,892.00 & 22\,683.54 & 20\,935.20 \\ 1\,730.00 & 1\,524.00 & 16\,617.00 & 12\,704.00 & 400.19 & 362.97 \\ 844.86 & 700.03 & 8\,515.96 & 6\,412.51 & 223.61 & 210.97 \end{bmatrix},$$

$$(\mathbf{X'X})^{-1} = \begin{bmatrix} 0.046\,96 & -0.001\,19 & -0.007\,94 & 0.019\,93 \\ -0.001\,19 & 0.000\,05 & -0.000\,20 & -0.001\,28 \\ -0.007\,94 & -0.000\,20 & 0.018\,43 & 0.008\,19 \\ 0.019\,93 & -0.001\,28 & 0.008\,19 & 0.062\,34 \end{bmatrix}$$

根据这些中间结果,公式 3.4 中未准化的回归系数为:

$$\hat{\mathbf{B}}_{(4\times6)} = \begin{bmatrix} 13.065 & 11.489 & 100.679 & 81.158 & 2.205 & 1.950 \\ -0.059 & -0.060 & -0.373 & -0.407 & 0.001 & 0.002 \\ -0.396 & 0.127 & 70.947 & 60.367 & 0.005 & -0.037 \\ -1.715 & -1.993 & 0.248 & 0.823 & 0.061 & 0.194 \end{bmatrix}$$

$\mathbf{Y}$ 中变量的样本预测值可以通过 $\hat{\mathbf{Y}} = \mathbf{X}\hat{\mathbf{B}}$ 计算得到,预测误差的估计值为 $\hat{\mathbf{E}} = \mathbf{Y} - \hat{\mathbf{Y}}$。$\hat{\mathbf{B}}_{(4\times6)}$ 中每一列包含了六个被解释变量的估计的回归方程中的其中一个。例如,瞬时视觉记忆($\hat{\mathbf{B}}$ 的第一列)和对数变形的胆固醇变量($\hat{\mathbf{B}}$ 的第六列)的拟合模型为:

$$\hat{Y}_{\text{瞬时视觉记忆}} = 13.07 - 0.059(\text{年龄}) - 0.396(\text{性别})$$
$$- 1.715(\text{PCBs 的对数})$$

$$\hat{Y}_{\text{胆固醇变量的对数}} = 2.21 + 0.001(\text{年龄}) + 0.005(\text{性别})$$
$$+ 0.061(\text{PCBs 的对数})$$

对系数通常的解释适用于 $\hat{\mathbf{B}}$ 的每一列。年龄每增加一岁,就意味着瞬时记忆下降 0.059 个单位(在其范围内约下降 0.4%)。男性的平均记忆比女性低 0.396 个单位。而且 PCB 每增加 $\log_{10}$ 个单位,就会导致记忆下降 1.715 个单位(在其范围内约下降 11%)。类似地,年龄每增加一岁,胆固醇增加 0.001 个 $\log_{10}$ 单位(大约是其范围的 0.2%)。男性的平均胆固醇比女性高出 0.005 个 $\log_{10}$ 单位。而且身体负荷的 PCB 每增加 $\log_{10}$ 单位,胆固醇就会增加 0.061 个 $\log_{10}$ 单位(大约是其范围的 10%)。类似的解释适用于其余四个反应变量。

就和在前一个例子中讨论的原因一样,我们很难评价各个反应变量间解释变量的相对重要性,或者一个反应变量内各个解释变量的相对影响。因为 $\hat{\mathbf{B}}$ 中同一行、同一列上的元素不一定有相同的度量单位,因此很难直接比较。[①]另一种用于评价预测变量的相对重要性的方法就是用估计标准得分形式下模型的参数,这种方法回避了度量单位不一致时的难题。PCB 数据的模型标准化参数可以通过表 2.2 中给出的相关系数估计出来。通过 $\mathbf{R}_{XX}$ 我们可以计算 $\mathbf{R}_{XX}^{-1}$:

$$\mathbf{R}_{XX}^{-1} = \begin{bmatrix} 2.245\,86 & -0.325\,74 & -1.683\,66 \\ -0.325\,74 & 1.064\,48 & 0.376\,60 \\ -1.683\,66 & 0.376\,60 & 2.279\,42 \end{bmatrix}$$

①　把变量转换成以 $\log_{10}$ 使得观测样本的分布更加对称,同时也使得解释为标准化系数变得更加复杂。

利用表 2.2 中的 $3 \times 6$ 阶矩阵 $\mathbf{R}_{XY}$,

$$\mathbf{R}_{XY} = \begin{bmatrix} 0.387 & -0.347 & -0.199 & -0.259 & 0.359 & 0.327 \\ -0.043 & 0.033 & 0.146 & 0.137 & 0.001 & -0.102 \\ -0.364 & -0.373 & -0.169 & -0.207 & 0.378 & 0.387 \end{bmatrix}$$

和公式 3.11,得到 PCB 数据的标准化参数估计值为:

$$\hat{\mathbf{B}}^* = \begin{bmatrix} -0.241 & -0.223 & -0.209 & -0.278 & 0.170 & 0.118 \\ -0.057 & 0.017 & 0.156 & 0.152 & 0.026 & -0.069 \\ -0.195 & -0.207 & 0.004 & 0.016 & 0.257 & 0.292 \end{bmatrix}$$

标准化系数是基于均值为 0、方差为 1 的参数,从而使得在原始数据下不能完成的系数间相对强度和相对重要性的解释成为可能。检查 $\hat{\mathbf{B}}^*$ 的第一行可以发现年龄对记忆(瞬时和延迟)和认知弹性(Stroop 颜色和词汇测验)的影响差不多,对胆固醇和三酸甘油酯这两种心血管疾病风险因素的影响较轻微。性别对认知弹性的影响要大于对记忆和 CVD 风险因素的影响。最后,对性别和年龄调整后 PCB 的作用对记忆和 CVD 风险因素的影响明显大于对认知弹性的影响。

对列与列之间比较的解释可以显示出变量关系的整体模式。年龄和暴露于 PCB 对记忆和 CVD 风险因素变量的影响差不多。但较之性别,前两者的影响更大,然而年龄和性别对认知弹性更重要。接下来的章节,我们的兴趣就是正式评价这些差异和模式是否在统计上显著。

# 第 4 节 | 对多元线性模型分析的电脑程序的一个说明

　　多元线性模型的计算是相当复杂的，因此没有电脑程序的帮助是不可能完成的。多元分析可以使用的电脑程序来自许多的商业供应商和免费软件的提供者。本章中提到的分析可以用 SPSS(MANOVA 和 GLM)，SAS(PROC REG，PROC GLM 和 PROC CANON) 和 STATA(MANOVA 和 CANON)处理。对于大部分的多元分析，上述软件都会给出类似的结果，在这里我们就不重复特定的电脑代码了。[①]对于那些具有独特的计算方式并且只能通过一种软件包计算的，文中将会给出说明。

---

① 　文中例子的 SPSS，SAS 和 STATA 的电脑代码可以查阅 www.sage.com/haase/computercode。

# 第 5 节 ┃ **本章小结与回顾**

在进行多元广义线性模型分析时,一旦选择和识别了模型,下一步就是总体回归系数的参数估计。这些样本估计可以让我们开始理解这些预测变量如何独特地、共同地在大小和方向上影响反应变量。但是,参数估计只是我们分析过程的第一步。在上面两个有着大量标准化和未标准化的参数估计的例子中,我们很容易迷失,只见树木不见森林。我们可以首先看出多元分析在总结 **Y** 内变量关系、**X** 内变量关系、**Y** 与 **X** 之间关系,和大量信息的假设检验时十分有用。一个对各组变量间关系的完整的分析开始于模型的识别和参数估计。多元分析的下一步关注估计模型中解释变量与反应变量关联的程度。针对这一目的,我们定义了联系强度的多元测度 $R_m^2$,其作用和一元测度 $R^2$ 相类似。从一元回归分析中进行推广,我们将把反应变量 **Y** 的共同变异分解成两个组成部分——模型和误差,然后评估 **Y** 的共同变异有多大程度可以被 **X** 中所有解释变量,或者 **X** 中解释变量的子集的共同变异所解释。在第 4 章中,我们将介绍多元平方和的分解方法、交叉乘积矩阵,并定义四种关联强度的多元测量。

# 多元 SSCP 分解、关联强度的测量和检验统计量

　　在一元线性模型分析中，$R^2_{Y \cdot X_1 X_2 \cdots X_q}$ 的值是一个基本统计量。它用于评价反应变量 $Y$ 的变化有多少可以被解释变量 $X_1$，$X_2$，$\cdots$，$X_q$ 所解释。$R^2_{Y \cdot X_1 X_2 \cdots X_q}$ 的值是一个对解释变量与反应变量间关系强度的很有用的数值总结。它被定义为模型平方和与 $Y$ 的总平方和之间的比值。这个比值是基于把总平方和进行分解：一部分来自模型，一部分来自误差。度量关联强度的最常见的形式是用以下的比率来表示：

$$R^2_{Y \cdot X_1 X_2 \cdots X_q} = \frac{SS_{模型}}{SS_{总体}} = 1 - \frac{SS_{残差}}{SS_{总体}} \qquad [4.1]$$

这个等式是基于把 $SS_{总平方和}$ 分成两个部分：

$$SS_{总体} = SS_{模型} + SS_{误差}$$

　　多元广义线性模型的关联强度的测度就是对一元情况下 $R^2$ 的一个推广。它是基于对多元平方和以及交叉乘积矩阵（SSCP）的分解，把整体分为模型和误差两个部分。SSCP 矩阵的多元分解服从相同的模式：

$$SSCP_{总体} = SSCP_{模型} + SSCP_{误差}$$

分解后的 SSCP 矩阵可以得到 $\dfrac{SSCP_{模型}}{SSCP_{总体}}$ 这一比率，作为标量来计算多元关联强度的测度 $R_m^2$。它承载的概念意义与一元的情况相同(也就是说 $0 < R_m^2 < 1.00$)。多元 $R_m^2$ 的定义很复杂,因为多元分析常用的关联强度有四种不同的度量。[①]这四种版本的 $R_m^2$ 都分别与各自的多元检验统计量紧密相连,就如同一元 $R^2$ 与 $F$ 统计量紧密相连一样。在接下来的一节里,我们将完成以下工作:(1)把均值修正后的 SSCP$_{总体}$ 矩阵分解成 SSCP$_{模型}$ 和 SSCP$_{残差}$ 两部分;(2)定义四种常用的 $R_m^2$ 的度量。

---

①　$R_m^2$ 的四种度量和其相关联的统计量包括 Wilks' $\Lambda$, Pillai 迹, Hotelling 迹 T 和 Roy 最大特征根。他们在计算分解的 SSCP 矩阵时的计算方法有很大区别。奥尔森(Olson, 1974, 1976)给出了这四种度量的相对优点和相对缺点的一个全面的回顾。克拉默和尼斯旺德(Cramer & Nicewander, 1979)回顾了这四种和其他的关联强度的度量。

# 第 1 节 | 在多元广义线性模型中 SSCP 的分解

## 均值修正后的 SSCP 矩阵的分解

在多元模型 $\mathbf{Y} = \mathbf{XB} + \mathbf{E}$ 中，$\mathbf{Y}$ 中反应变量和 $\mathbf{X}$ 中解释变量的关联强度的度量依赖于对平方和与交叉乘积矩阵的划分，把 $\text{SSCP}_{总体} = \mathbf{Y'Y}$ 分成模型和误差的 SSCP 矩阵。定义在公式 3.7 中的模型的 SSCP 矩阵可以通过从 $\mathbf{Y'Y}$ 减去 $\text{SSCP}_{误差}$ 获得。这样我们得到 SSCP 矩阵的多元就分解为：

$$\mathbf{Y'Y} = \hat{\mathbf{B}}'\mathbf{X'Y} + (\mathbf{Y'Y} - \hat{\mathbf{B}}'\mathbf{X'Y}) \qquad [4.2]$$

公式 4.2 的分解是未修正的原始得分形式，它适用于公式 3.4 中模型的参数估计。为了定义多元关联强度的测度和模型的假设检验，分解均值修正（中心）形式的 SSCP 矩阵会更加方便。一个变量 $Y$ 的均值修正的平方和为 $SS_Y = \sum Y^2 - \frac{1}{n}(\sum Y)^2$，其中 $\frac{1}{n}(\sum Y)^2 = n\bar{Y}^2$ 是对于未修正原始得分 $\sum Y^2$ 的均值修正因子。通过类比，一个未修正的原始得分的 SSCP 矩阵 $\mathbf{Y}$ 的修正因子为 $n\bar{\mathbf{Y}}'\bar{\mathbf{Y}}$，其中 $\mathbf{Y}$ 是一个 $n \times p$ 矩阵,它包含 $p$ 列反应变量的均值。[①]从公式 4.2 的两边同时减去这个修正因子,就把中心修正的 $SSCP_{总体}$ 分解成其组成成分,

$$(\mathbf{Y}'\mathbf{Y} - n\overline{\mathbf{Y}}'\overline{\mathbf{Y}}) = (\hat{\mathbf{B}}'\mathbf{X}'\mathbf{Y} - n\overline{\mathbf{Y}}'\overline{\mathbf{Y}}) + (\mathbf{Y}'\mathbf{Y} - \hat{\mathbf{B}}'\mathbf{X}'\mathbf{Y})$$

$$SSCP_{总体} = SSCP_{模型} + SSCP_{误差} \qquad [4.3]$$

$$\mathbf{Q}_T = \mathbf{Q}_F + \mathbf{Q}_E$$

我们把总体和误差的 SSCP 矩阵分别表示为 $\mathbf{Q}_T$ 和 $\mathbf{Q}_E$。而且在任何问题下,我们用 $\mathbf{Q}_F$ 完整模型的 SSCP 矩阵,包括解释变量的整个集合。在后面的段落中,我们将用 $\mathbf{Q}_R$ 表示限制模型的 SSCP 矩阵,它是基于预测变量的一个子集。同时我们将用 $\mathbf{Q}_H$ 来定与某特定假设相联系的 SSCP 矩阵,通常被算作完整模型和限制模型之间的差异。

公式 4.3 的中心修正的 SSCP 矩阵也可以通过中心修正的数据矩阵获得:要么通过中心化 $\mathbf{X}$ 和 $\mathbf{Y}$ 的数据,要么通过对原始得分数据的 SSCP 矩阵使用适当的修正因子。解释变量内的 SSCP 矩阵、反应变量内的 SSCP 矩阵和解释变量和反应变量间的 SCP 矩阵可以写作:

$$\mathbf{S}_{YY} = (\mathbf{Y}'\mathbf{Y} - n\overline{\mathbf{Y}}'\overline{\mathbf{Y}})$$

$$\mathbf{S}_{YX} = (\mathbf{Y}'\mathbf{X} - n\overline{\mathbf{Y}}'\overline{\mathbf{X}})$$

$$\mathbf{S}_{XY} = (\mathbf{X}'\mathbf{Y} - n\overline{\mathbf{X}}'\overline{\mathbf{Y}})$$

---

　　① 修正因子 $n\overline{\mathbf{Y}}'\overline{\mathbf{Y}}$ 是对于模型截距项的 SSCP 矩阵。关联强度的测度和对解释变量的假设检验都是基于均值修正的 SSCP 矩阵。这个矩阵把截距项移出了检验。排除截距项,模型中的 SSCP 会导致一个限制截距项为 0 的假设检验。对回归模型中截距项的检验是可行的,但是我们很少对这个有兴趣。因为其余的预测变量,SSCP 矩阵为了截距项和为了额外的 SSCP 的独立的分区在伦彻(Rencher, 1998:290)以及德雷珀和史密斯(Draper & Smith, 1998:130—131)的研究中有讲解。

$$S_{XX} = (\mathbf{X}'\mathbf{X} - n\overline{\mathbf{X}}'\overline{\mathbf{X}}) \tag{4.4}$$

多元分析的四个模块(其中 $S_{YY} = \mathbf{Q}_T$)往往存在于一个分解矩阵 $S$ 中,这个分解矩阵包含所有可能的平方和与交叉乘积。该矩阵的阶数为 $(p+q \times p+q)$,

$$S_{(p+q \times p+q)} = \begin{bmatrix} S_{YY_{(p \times p)}} & S_{YX_{(p \times q)}} \\ S_{XY_{(q \times p)}} & S_{XX_{(q \times q)}} \end{bmatrix} \tag{4.5}$$

因为这些矩阵被中心化了,因此预测变量的参数的最小二乘估计(排除了截距项的行向量[①])可以写成:

$$\hat{\mathbf{B}}_{c_{(q \times p)}} = S_{XX}^{-1} S_{XY} \tag{4.6}$$

除了 $p$ 个对 $X_0$ 的参数估计外,这个估计量给出了与公式 3.4 中 $q$ 个预测变量相同的参数估计。

把均值修正的总体 SSCP 矩阵分解成模型和误差的 SSCP 矩阵等价于公式 4.3 中的分解,可以写成另一种形式:

$$\mathbf{S}_{YY} = \hat{\mathbf{B}}_c \mathbf{S}_{XY} + (\mathbf{S}_{YY} - \hat{\mathbf{B}}_c \mathbf{S}_{XY})$$
$$\mathbf{S}_{YY} = \mathbf{S}_{YX} \mathbf{S}_{XX}^{-1} \mathbf{S}_{XY} + (\mathbf{S}_{YY} - \mathbf{S}_{YX} \mathbf{S}_{XX}^{-1} \mathbf{S}_{XY})$$
$$\mathbf{Q}_T = \mathbf{Q}_F + \mathbf{Q}_E \tag{4.7}$$

把 $\hat{\mathbf{B}}_c = \mathbf{S}_{XX}^{-1} \mathbf{S}_{XY}$ 代入公式 4.7 的第二行,把 $\mathbf{Q}_T$ 分解成 $\mathbf{Q}_F + \mathbf{Q}_E$ 也可以被表达成变量 $\mathbf{X}$ 和 $\mathbf{Y}$ 的均值修正的平方和与交叉乘积的函数。其结果等价于公式 4.3 中给出的分解。

## 为了标准得分的 SSCP 矩阵分块

另一种线性模型的平方和与交叉乘积的有效分解可以

---

① 截距项的行向量 $\hat{\boldsymbol{\beta}}_{0k} = [\hat{\beta}_{01}, \hat{\beta}_{02}, \cdots, \hat{\beta}_{0k}]$ 可以通过 $\overline{\mathbf{Y}} - \hat{\mathbf{B}}_c \overline{\mathbf{X}}$ 恢复。

由标准得分给出。模型 $\mathbf{Z}_Y = \mathbf{Z}_X \mathbf{B}^* + \mathbf{E}$ 的 SSCP$_{总体}$ 定义为 $\mathbf{Z}'_Y \mathbf{Z}_Y$。而且从公式 3.9 中可以得到 SSCP$_{误差}$ 为 $\mathbf{Z}'_Y \mathbf{Z}_Y - \mathbf{B}^{*'} \mathbf{Z}'_X \mathbf{Z}_Y$。通过减法,SSCP$_{模型}$ 为 $\mathbf{B}^{*'} \mathbf{Z}'_X \mathbf{Z}_Y$。在标准得分形式下,向量 $Y$ 和 $X$ 的二元相关系数为 $r_{YX} = \dfrac{1}{n-1} \mathbf{Z}'_Y \mathbf{Z}_X$。那么 $\mathbf{Y}$ 和 $\mathbf{X}$ 的 $p \times q$ 阶的相关系数矩阵可以写成 $\mathbf{R}_{YX} = \dfrac{1}{n-1} \mathbf{Z}'_Y \mathbf{Z}_X$。

类似地,其他的相关系数矩阵可以写成 $\mathbf{R}_{YY} = \dfrac{1}{n-1} \mathbf{Z}'_Y \mathbf{Z}_Y$,$\mathbf{R}_{XX} = \dfrac{1}{n-1} \mathbf{Z}'_X \mathbf{Z}_X$ 和 $\mathbf{R}_{XY} = \dfrac{1}{n-1} \mathbf{Z}'_X \mathbf{Z}_Y$。这些可以用一个有四个象限的 $p+q \times p+q$ 阶的矩阵来表示。每个象限由变量内和变量间的相关系数子矩阵来定义:

$$\mathbf{R}_{(p+q \times p+q)} = \begin{bmatrix} \mathbf{R}_{YY_{(p \times p)}} & \mathbf{R}_{YX_{(p \times q)}} \\ \mathbf{R}_{XY_{(q \times p)}} & \mathbf{R}_{XX_{(q \times q)}} \end{bmatrix} \qquad [4.8]$$

根据从相关系数矩阵中估计出的标准化回归系数 $\hat{\mathbf{B}}^* = \mathbf{R}_{XX}^{-1} \mathbf{R}_{XY}$,标准得分形式的 SSCP 矩阵分解可以通过公式 4.8 得到,

$$\mathbf{Z}'_Y \mathbf{Z}_Y = \hat{\mathbf{B}}^{*'} \mathbf{Z}'_X \mathbf{Z}_Y + (\mathbf{Z}'_Y \mathbf{Z}_Y - \hat{\mathbf{B}}^{*'} \mathbf{Z}'_X \mathbf{Z}_Y)$$

$$\mathbf{R}_{YY} = \hat{\mathbf{B}}^{*'} \mathbf{R}_{XY} + (\mathbf{R}_{YY} - \hat{\mathbf{B}}^{*'} \mathbf{R}_{XY})$$

$$\mathbf{R}_{YY} = \mathbf{R}_{YX} \mathbf{R}_{XX}^{-1} \mathbf{R}_{XY} + (\mathbf{R}_{YY} - \mathbf{R}_{YX} \mathbf{R}_{XX}^{-1} \mathbf{R}_{XY})$$

$$\mathbf{Q}_T^* = \mathbf{Q}_F^* + \mathbf{Q}_E^* \qquad [4.9]$$

## SSCP 矩阵分解的元素

通过公式 4.7,$(p \times p)$ SSCP$_{总体}$ 矩阵根据 $\mathbf{Q}_T = \mathbf{Q}_F + \mathbf{Q}_E$

分成模型和误差的 SSCP 矩阵。对于一个 $p$ 个变量的问题，其中的符号将包含下面分解的展开形式中的所有元素，

$$
\begin{bmatrix}
SS_{总体Y_1} & SCP_{总体Y_2Y_2} & \cdots & SCP_{总体Y_1Y_p} \\
SCP_{总体Y_2Y_1} & SS_{总体Y_2} & \cdots & SCP_{总体Y_1Y_2} \\
\vdots & \vdots & \ddots & \vdots \\
SCP_{总体Y_pY_1} & SCP_{总体Y_pY_2} & \cdots & SS_{总体Y_p}
\end{bmatrix} =
$$

$$
\begin{bmatrix}
SS_{模型Y_1} & SCP_{模型Y_1Y_2} & \cdots & SCP_{模型Y_1Y_p} \\
SCP_{模型Y_2Y_1} & SS_{模型Y_2} & \cdots & SCP_{模型Y_2Y_p} \\
\vdots & \vdots & \ddots & \vdots \\
SCP_{模型Y_pY_1} & SCP_{模型Y_pY_2} & \cdots & SS_{模型Y_p}
\end{bmatrix} +
$$

$$
\begin{bmatrix}
SS_{误差Y_1} & SCP_{误差Y_1Y_2} & \cdots & SCP_{误差Y_1Y_p} \\
SCP_{误差Y_2Y_1} & SS_{误差Y_2} & \cdots & SCP_{误差Y_2Y_p} \\
\vdots & \vdots & \ddots & \vdots \\
SCP_{误差Y_pY_1} & SCP_{误差Y_pY_2} & \cdots & SS_{误差Y_p}
\end{bmatrix}
$$

定义 $R^2_{Y_k \cdot X_1X_2\cdots X_q}$ 的单一值所必需的数值可以通过这些分解矩阵的主对角线重新得到。对于模型中 $p$ 个反应变量的任意一个，$Y$ 的方差被 $X_1$，$X_2$，$\cdots$，$X_q$ 解释的部分可以通过比率 $\dfrac{SS_{模型}}{SS_{总体}}$ 来表示。按元素划分主对角线 $\mathbf{Q}_F$ 上（$Y_1$，$Y_2$，$\cdots$，$Y_p$ 一元模型平方和）的值乘上 $\mathbf{Q}_T$ 主对角线上相应的元素（$Y_1$，$Y_2$，$\cdots$，$Y_p$ 的一元总平方和）得到相应的一元完整模型的 $R^2_{Y_1 \cdot X_1X_2\cdots X_q}$，$R^2_{Y_2 \cdot X_1X_2\cdots X_q}$，$\cdots$，$R^2_{Y_p \cdot X_1X_2\cdots X_q}$。这些以及接下来的一元结果都是对多元线性模型进行矩阵形式的求解而得到的。

## 标准得分形式的 SSCP 分块矩阵的元素

通过公式 4.9 把标准得分形式的 SSCP 矩阵分块是一种更直接的、得到一元数值的方式。$\mathbf{Q}_T^* = \mathbf{Q}_F^* + \mathbf{Q}_E^*$ 符号划分可以写成：

$$
\begin{bmatrix}
1.00 & R_{Y_1Y_2} & \cdots & R_{Y_1Y_p} \\
R_{Y_1Y_2} & 1.00 & \cdots & R_{Y_2Y_p} \\
\vdots & \vdots & \ddots & \vdots \\
R_{Y_pY_1} & R_{Y_pY_2} & \cdots & 1.00
\end{bmatrix}
$$

$$
=
\begin{bmatrix}
R^2_{Y_1 \cdot X_1X_2\cdots X_q} & & & \\
& R^2_{Y_2 \cdot X_1X_2\cdots X_q} & & \\
& & \ddots & \\
& & & R^2_{Y_p \cdot X_1X_2\cdots X_q}
\end{bmatrix}
$$

$$
+
\begin{bmatrix}
1 - R^2_{Y_1 \cdot X_1X_2\cdots X_q} & & & \\
& 1 - R^2_{Y_1 \cdot X_1X_2\cdots X_q} & & \\
& & \ddots & \vdots \\
& & & 1 - R^2_{Y_1 \cdot X_1X_2\cdots X_q}
\end{bmatrix}
$$

$\mathbf{Q}_T^*$，$\mathbf{Q}_F^*$ 和 $\mathbf{Q}_E^*$ 的主对角线元素包含有用的信息。$\mathbf{Q}_T^*$ 是反应变量的相关系数矩阵 $\mathbf{R}_{YY}$，它为 $p$ 个反应变量是否存在多重共线性提供了信息。如果存在，我们需要在接下来的分析中做出调整。对于每个反应变量的一元 $R^2$ 出现在 $\mathbf{Q}_F^*$ 的主对角线上。而 $Y$ 的变化不能被 $q$ 个预测变量解释的部分 $(1 - R^2)$ 出现在 $\mathbf{Q}_E^*$ 的主对角线上。

斯图尔特和拉夫（Stewart & Love，1968）提出了冗余指数($R^2_{dYX}$，$R^2_{dXY}$)作为一种 **Y** 和 **X** 之间多元关联强度的度量。它是 $\mathbf{Q}^*_F$ 主对角线元素的一个函数。冗余指数估计了一组变量的方差能用另一组变量方差解释的比例。这个度量是不对称的，即 $R^2_{dYX} = R^2_{dXY}$ 只有在 $p = q$ 的条件下成立。**Y** 的方差可以被 **X** 预测的冗余指数可以写作 $\mathbf{Q}^*_F$ 主对角线元素的函数(Thompson，1984：25—30)：

$$R^2_{dYX} = \frac{1}{p} Tr \left[ \mathbf{Q}^*_F \right] = \frac{1}{p} \sum R^2_{Y_k \cdot X_1 X_2 \cdots X_q} \qquad [4.10]$$

**X** 的方差可以被 **Y** 预测的部分可以通过将标准化的回归模型转化为 $\mathbf{Z}_X = \mathbf{B}^* \mathbf{Z}_Y + \mathbf{E}$，然后分解 SSCP 矩阵而得到：

$$R^2_{dXY} = \frac{1}{q} Tr \left[ \mathbf{Q}^*_F \right] = \sum R^2_{X_j \cdot Y_1 Y_2 \cdots Y_p} \qquad [4.11]$$

冗余指数并不是一个真实的多元指数，因为它仅仅是一元 $R^2$ 的平均值。因此，$R^2_{dYX}$ 或者 $R^2_{dXY}$ 都将高估一组变量能从对立组变量预测的共同变化的比例。这种高估的原因来自无法调整 **Y** 中变量的多重共线性。但是移除反应变量中的冗余变量是多元分析的重要特点。[①]这个问题从视觉上可以表示为图 4.1 中的维恩图，它说明了什么是反应变量间的多重共线性，这是我们在实际中经常遇到的一种情况。

多元分析的一个重要目的就是调整反应变量间的重叠(图 4.1 中 a、b、c 区域)，正如预测变量间的多重共线性同样需要被处理一样。$\mathbf{Q}^*_T$ 对角线以外的元素是变量 $Y$ 之间的相关系数。而且这些元素可以给出多重共线性程度和需要多

---

① 冗余指数已经为对 $X$ 变量间的共线性做出了调整。这些共线性是作为 $p$ 个一元 $R^2$ 的解的一部分。

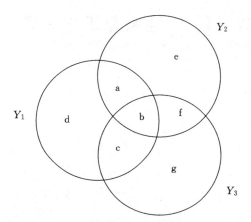

**图 4.1 反应变量重叠的维恩图**

大程度调整的提示。不管 $Y_1$，$Y_2$，…，$Y_p$ 之间的重合程度如何，在尝试合理测量 $Y$ 变量集合的共同变化时，重叠部分的计算不能超过一次。我们将在后一节中讨论另一种调整多重共线性的方法。但是现在我们已经可以说多元线性分析的一个重要优势是可以对解释变量和反应变量的冗余方差做出调整。冗余指数是对一元 $R^2$ 未调整的平均，而在实践中经常会高估 **Y** 和 **X**[①] 之间的共同变化。本章后面会介绍共线性调整后对称的多元关联强度的度量。在讨论之前，我们用表 2.1 中性格数据的例子和表 2.2 中的 PCB 数据来演示 SSCP 矩阵的分解。

———————

① $R^2_{dYX}$ 或 $R^2_{dXY}$ 的值能正确估计多元关系仅当 **Y** 和 **X** 中的变量在各自的集合内相互正交。

# 第 2 节 | 例 1：性格与工作申请

评价 $p=4$ 的一组多元工作面试变量(背景准备、社交准备、后续面试和工作录取)和 $q=3$ 的性格变量(神经质、外向和责任感)之间的关系，需要把工作面试变量中的共同变化分成模型和误差这两种方差来源。通过公式 4.3，表 2.1 中性格数据的 $4\times 4$ 阶 SSCP 矩阵的分解可以归纳在表 4.1 中。

表 4.1　性格数据的 $4\times 4$ 阶 SSCP 矩阵的分块

| 模型 SSCP | $\mathbf{Q}_F =$ | $\begin{bmatrix} 166.727 & 36.425 & 14.292 & -2.200 \\ 36.425 & 378.341 & 29.068 & 22.087 \\ 14.292 & 29.068 & 3.352 & 1.008 \\ -2.200 & 22.087 & 1.008 & 1.881 \end{bmatrix}$ |
|---|---|---|
| 误差 SSCP | $\mathbf{Q}_E =$ | $\begin{bmatrix} 1\,496.764 & 808.080 & 22.046 & -17.584 \\ 808.080 & 2\,052.098 & 47.799 & 18.908 \\ 22.046 & 47.799 & 16.493 & 5.320 \\ -17.584 & 18.908 & 5.320 & 10.124 \end{bmatrix}$ |
| 总体 SSCP | $\mathbf{Q}_T =$ | $\begin{bmatrix} 1\,663.491 & 844.504 & 36.338 & -19.784 \\ 844.504 & 2\,430.439 & 76.866 & 40.995 \\ 36.338 & 76.866 & 19.845 & 6.328 \\ -19.784 & 40.995 & 6.328 & 12.005 \end{bmatrix}$ |

表 4.1 中直接有用的信息是模型平方和与总平方的比率在 $\mathbf{Q}_F$ 和 $\mathbf{Q}_T$ 的主对角线上。这些比率可以推出每个反应变量对 $q=4$ 个预测变量的一元完整模型的 $R^2$。这些 $R^2$ 可以

通过计算 $\mathbf{Q}_F$ 和 $\mathbf{Q}_T$ 中主对角线的相应元素的比率 $\dfrac{SS_F}{SS_T}$ 得

到。因此对于 $Y_1$，$R^2_{背景 \cdot X_1 X_2 X_3 X_4} = \dfrac{166.727}{1\,663.491} = 0.10$。而其余

三个反应变量，$R^2_{社交 \cdot X_1 X_2 X_3 X_4} = 0.16$，$R^2_{面试 \cdot X_1 X_2 X_3 X_4} = 0.17$ 以

及 $R^2_{录取 \cdot X_1 X_2 X_3 X_4} = 0.16$。如公式 4.7 中定义的那样，这些值也

可以通过分解标准得分形式的 SSCP 矩阵轻松得到。表 4.2

总结了这些分解矩阵。

**表 4.2　在标准得分形式下性格数据的 4×4 阶 SSCP 矩阵的分块**

模型 SSCP　$\mathbf{Q}_F^* = \mathbf{R}_{YX} \mathbf{R}_{XX}^{-1} \mathbf{R}_{XY} = \begin{bmatrix} 0.100 & 0.018 & 0.079 & -0.016 \\ 0.018 & 0.156 & 0.132 & 0.129 \\ 0.079 & 0.132 & 0.169 & 0.065 \\ -0.016 & 0.129 & 0.065 & 0.157 \end{bmatrix}$

误差 SSCP　$\mathbf{Q}_E^* = \mathbf{R}_{YY} - \mathbf{R}_{YX} \mathbf{R}_{XX}^{-1} \mathbf{R}_{XY} = \begin{bmatrix} 0.900 & 0.402 & 0.121 & -0.124 \\ 0.402 & 0.844 & 0.218 & 0.111 \\ 0.121 & 0.218 & 0.831 & 0.345 \\ -0.124 & 0.111 & 0.345 & 0.843 \end{bmatrix}$

总体 SSCP　$\mathbf{Q}_T^* = \mathbf{R}_{YY} = \begin{bmatrix} 1.000 & 0.420 & 0.200 & -0.140 \\ 0.420 & 1.000 & 0.350 & 0.240 \\ 0.200 & 0.350 & 1.000 & 0.410 \\ -0.140 & 0.240 & 0.410 & 1.000 \end{bmatrix}$

这些一元的 $R^2$ 都出现在 $\mathbf{Q}_F^*$ 的主对角线上并且可以提

供一些有用的解释。单个反应变量的方差有 10％ 到 17％

的部分可以通过性格变量组（神经质、外向和责任感）解释。

尽管这些一元结果能提供一定信息且能用于后续多元评价

的检验，但它们并没有给出一个确切的答案来说明有多少

**Y** 中共同非冗余方差是 **X** 中共同非冗余方差的函数。作为

一个上限，能被 **X** 解释的 **Y** 中共同方差不能超过 $R^2_{dYX} =$

$$\frac{0.100+0.156+0.169+0.157}{4}=0.146。$$这时要求相关系数矩阵 $\mathbf{R}_{YY}$ 是单位矩阵。$\mathbf{Y}$ 中工作申请变量的非正交性如图 4.1 所示,被记录在 $\mathbf{Q}_T^*$ 的非对角线元素上。在定义真正的关联强度的多元度量时,$\mathbf{Q}_E^*$ 和 $\mathbf{Q}_F^*$ 中的非对角线元素将被用于调整这些重叠部分。

# 第 3 节 ｜ **例 2：PCB 数据**

　　多元线性模型的 SSCP 矩阵分解可以用 $p=6$ 个反应变量的 PCB 数据来说明。这六个反应变量用于度量认知功能（瞬时和延迟记忆，以及 Stroop 颜色与字词测验）和心血管疾病风险因素（胆固醇和三酸甘油酯）。这些反应变量由表 2.2 中介绍的年龄、性别和暴露于 PCB（对数变形），这 $q=3$ 个解释变量所决定。PCB 数据中，均值修正的原始得分的 SSCP 矩阵的分解可以通过估计值 $\hat{\mathbf{B}}$ 和公式 4.3 得到。模型、误差和总体 SSCP 矩阵被归纳在表 4.3 中。原始得分的 SSCP 分解矩阵的每个元素本身的解释性价值很有限，但我们在这里还是列出作为之后分析的参考。

　　相反，标准得分形式的分块矩阵中的元素提供的信息更加有用。利用第 3 章中标准得分模型中的估计的参数 $\hat{\mathbf{B}}^*$ 和公式 4.7，表 4.4 总结了在相关性度量下，标准得分形式的 SSCP 分解矩阵。

　　$\mathbf{Q}_F^*$ 的对角线元素包含了六个一元 $R^2$，每个被解释变量由年龄、性别和暴露于 PCB 这三个解释变量所预测。大约 16%—17% 的记忆变量的变化可以由这组解释变量来解释。而大约 6%—9% 的认知弹性的变化和大约 16% 的心血管疾病风险因素的变化可以被年龄、性别和 PCB 身体负荷量这组

**表 4.3　PCB 数据中均值修正的原始得分形式的 6×6 SSCP 矩阵分解**

模型 SSCP　$\mathbf{Q}_F =$

$$
\begin{bmatrix}
0.167 & 0.161 & 0.073 & 0.095 & -0.160 & -0.149 \\
0.161 & 0.161 & 0.082 & 0.103 & -0.158 & -0.155 \\
0.073 & 0.082 & 0.064 & 0.075 & -0.074 & -0.083 \\
0.095 & 0.103 & 0.075 & 0.090 & -0.094 & -0.100 \\
-0.160 & -0.158 & -0.074 & -0.094 & 0.158 & 0.152 \\
-0.149 & -0.155 & -0.083 & -0.100 & 0.152 & 0.158
\end{bmatrix}
$$

误差 SSCP　$\mathbf{Q}_E =$

$$
\begin{bmatrix}
0.833 & 0.618 & 0.129 & 0.076 & 0.046 & 0.079 \\
0.618 & 0.869 & 0.127 & 0.090 & 0.016 & 0.055 \\
0.129 & 0.127 & 0.936 & 0.659 & -0.031 & 0.039 \\
0.076 & 0.090 & 0.659 & 0.910 & -0.049 & 0.021 \\
0.046 & 0.016 & -0.031 & -0.049 & 0.842 & 0.409 \\
0.079 & 0.055 & 0.039 & 0.021 & 0.409 & 0.842
\end{bmatrix}
$$

总体 SSCP　$\mathbf{Q}_T =$

$$
\begin{bmatrix}
1.000 & 0.779 & 0.202 & 0.172 & -0.114 & -0.070 \\
0.779 & 1.000 & 0.209 & 0.193 & -0.142 & -0.100 \\
0.202 & 0.209 & 1.000 & 0.733 & -0.104 & -0.044 \\
0.172 & 0.193 & 0.733 & 1.000 & -0.143 & -0.080 \\
-0.114 & -0.142 & -0.104 & -0.143 & 1.000 & 0.561 \\
-0.070 & -0.100 & -0.044 & -0.080 & 0.561 & 1.000
\end{bmatrix}
$$

**表 4.4　PCB 数据中标准得分形式的 6×6 SSCP 矩阵分解**

$$\mathbf{Q}_F^* = \mathbf{R}_{YX}\,\mathbf{R}_{XX}^{-1}\,\mathbf{R}_{XY}$$

模型 SSCP　$=$

$$
\begin{bmatrix}
0.167 & 0.161 & 0.073 & 0.095 & -0.160 & -0.149 \\
0.161 & 0.161 & 0.082 & 0.103 & -0.158 & -0.155 \\
0.073 & 0.082 & 0.064 & 0.075 & -0.074 & -0.083 \\
0.095 & 0.103 & 0.075 & 0.090 & -0.094 & -0.100 \\
-0.160 & -0.158 & -0.074 & -0.094 & 0.158 & 0.152 \\
-0.149 & -0.155 & -0.083 & -0.100 & 0.152 & 0.158
\end{bmatrix}
$$

$$\mathbf{Q}_E^* = \mathbf{R}_{YY} - \mathbf{R}_{YX}\,\mathbf{R}_{XX}^{-1}\,\mathbf{R}_{XY}$$

误差 SSCP　$=$

$$
\begin{bmatrix}
0.833 & 0.618 & 0.129 & 0.076 & 0.046 & 0.079 \\
0.618 & 0.869 & 0.127 & 0.090 & 0.016 & 0.055 \\
0.129 & 0.127 & 0.936 & 0.659 & -0.031 & 0.039 \\
0.076 & 0.090 & 0.659 & 0.910 & -0.049 & 0.021 \\
0.046 & 0.016 & -0.031 & -0.049 & 0.842 & 0.409 \\
0.079 & 0.055 & 0.039 & 0.021 & 0.409 & 0.842
\end{bmatrix}
$$

$$\mathbf{Q}_T^* = \mathbf{R}_{YY}$$

总体 SSCP　$=$

$$
\begin{bmatrix}
1.000 & 0.779 & 0.202 & 0.172 & -0.114 & -0.070 \\
0.779 & 1.000 & 0.209 & 0.193 & -0.142 & -0.100 \\
0.202 & 0.209 & 1.000 & 0.733 & -0.104 & -0.044 \\
0.172 & 0.193 & 0.733 & 1.000 & -0.143 & -0.080 \\
-0.114 & -0.142 & -0.104 & -0.143 & 1.000 & 0.561 \\
-0.070 & -0.100 & -0.044 & -0.080 & 0.561 & 1.000
\end{bmatrix}
$$

变量来解释。尽管在某些标准下（Cohen，1988），这些被解释的方差所占百分比可以被认为"中等偏上"，但是我们不确定任何效果是否由抽样误差所造成。而且，一元 $R^2$ 的大小并不能很好地反映能被解释方差的多元度量，除非对角线以外的元素 $\mathbf{R}_{YY}$ 都为 0。假设 $\mathbf{R}_{YY} = \mathbf{I}$, $\mathbf{Y}$ 中共同方差能被 $\mathbf{X}$ 解释的上限可以估计为 $R^2_{dYX} = \dfrac{0.167 + 0.161 + 0.064 + 0.090 + 0.158 + 0.158}{6} =$ 0.133。 这些数据中，$\mathbf{Q}^*_T$ 的对角线以外的元素 $= \mathbf{R}_{YY}$ 不为 0，而且在某些情况下显然不是（例如，0.779，0.733，0.561）。这就说明冗余指数会高估 $\mathbf{Y}$ 和 $\mathbf{X}$ 之间的关系。我们将在接下来的章节中介绍关联强度的多元测度。

# 第 4 节 | SSCP 矩阵的进一步分解：全模型、限制模型以及定义 $Q_H$

线性模型中回归系数的假设检验可以被概念化为检验模型识别之间可以被解释方差的比例（Rindskopf，1984）。每个假设相当于对全模型的参数增加了一个限制条件。在全模型上增加了这样一个限制条件就会导致需要估计一个与假设一致的限制模型。每个多元全模型和限制模型都拥有一个独有的模型对数据的拟合优度，也就是多元的关联强度的度量，$R^2_{m_F}$ 和 $R^2_{m_R}$。如果假设错误，那么两个拟合优度的大小就有很大差异。我们可以利用检验统计量来评价这个差异是否在统计上显著。一种假设检验的观点是评价全模型和限制模型的拟合优度差异。每一个模型的拟合优度都是基于对平方和与交叉系数矩阵的一个单独的分解。当应用于多元线性模型时，就是对第 1 章中一元附加平方和方法的一个推广（Draper & Smith，1998：第 6 章）。多元情形下广义的附加平方和方法可以参阅伦彻的相关介绍（Rencher，2002：330—331）。

根据惯例，我们定义初始识别的模型 $\mathbf{Y} = \mathbf{XB} + \mathbf{E}$ 为包含所有感兴趣预测变量的线性模型。和之前的章节一样，我们把该模型的总体 SSCP 矩阵定义为 $\mathbf{Q}_T$。也根据惯例,把由 $\hat{\mathbf{B}}\mathbf{X}'\mathbf{Y} - n\hat{\mathbf{Y}}'\hat{\mathbf{Y}} = \mathbf{Q}_F$ 定义的模型 SSCP 矩阵,指定为全模型的设计矩阵的模型 SSCP 矩阵 $\mathbf{X}$ 的模型 SSCP 矩阵。[①]同时让误差 SSCP 矩阵 $\mathbf{Q}_E = \mathbf{Q}_T - \mathbf{Q}_F$ 定义为全模型的误差 SSCP 矩阵。一旦根据某些实际基础构造出一个假设,该假设暗含的限制就可以施加在全模型的识别中,从而定义**限制模型**。[②]把限制施加在全模型上有从全模型的设计矩阵中删除某些预测变量的效果,然后得到一个限制模型的设计矩阵 $\mathbf{X}_R$。限制模型估计出的参数 $\mathbf{B}_R$,现在可以通过限制模型的设计矩阵获得。而且这些估计出的参数可以用于定义一个与给定假设一致的、新的、简化的模型

$$\mathbf{Y} = \mathbf{X}_R\mathbf{B}_R + \mathbf{E} \qquad [4.12]$$

为了演示全模型对比限制模型的方法,假定一个 $p = 2$,$q = 2 + 1$ 多元线性模型,其全模型的未标准化参数矩阵 $\mathbf{B}$(包括截距和两个解释变量的行向量)为,

$$\mathbf{B} = \begin{bmatrix} \beta_{01} & \beta_{02} \\ \beta_{11} & \beta_{12} \\ \beta_{21} & \beta_{22} \end{bmatrix}$$

一个原假设规定 $\mathbf{X}$ 中大量的预测变量和 $\mathbf{Y}$ 中的反应变量没有任何关系。这个原假设可以表示成 $\mathbf{B}$ 中除了截距项以外的所有的总体回归系数同时为 0。也就是,

---

① 不同的教科书和软件手册会把完整模型标记为整体模型或者完全模型。这些词是同义词,定义的都是数据分析师识别的预测变量的全集。

② 对全模型进行限制可以采取多种不同的形式。现在,我们只考虑删除全模型设计矩阵中预测变量的那些限制条件。

$$H_0 : \begin{bmatrix} \beta_{11} & \beta_{12} \\ \beta_{21} & \beta_{22} \end{bmatrix} = \begin{bmatrix} 0 & 0 \\ 0 & 0 \end{bmatrix}$$

这个假设暗示了一个限制条件被施加在全模型矩阵 $\mathbf{B}$ 中,从而给出公式 4.12 中限制模型的识别的定义:

$$\mathbf{B}_R = \begin{bmatrix} \beta_{01} & \beta_{02} \\ 0 & 0 \\ 0 & 0 \end{bmatrix} = \begin{bmatrix} \beta_{01} & \beta_{02} \end{bmatrix}$$

对全模型施加 $H_0$ 中暗示的限制,我们可以识别一个限制模型的设计矩阵。该矩阵 $\mathbf{X}_R$ 删除了 $X_1$ 和 $X_2$,只包括截距项列向量 $X_0$。

从公式 4.3 可知,全模型的 SSCP 矩阵可以通过 $\mathbf{Q}_F = \hat{\mathbf{B}}' \mathbf{X}' \mathbf{Y} - n \hat{\mathbf{Y}}' \hat{\mathbf{Y}}$ 计算出来。限制模型的参数可以用 $\hat{\mathbf{B}}_R$ 替换公式 4.3 中的 $\mathbf{B}_R$ 估计出来:

$$\hat{\mathbf{B}}_R = (\mathbf{X}'_R \mathbf{X}_R)^{-1} \mathbf{X}'_R \mathbf{Y} \qquad [4.13]$$

而且限制模型的 SSCP 可以通过 $\mathbf{Q}_R = \hat{\mathbf{B}}_R \mathbf{X}'_R \mathbf{Y} - n \hat{\mathbf{Y}}' \hat{\mathbf{Y}}$ 获得。假设的 SSCP 矩阵 $\mathbf{Q}_H$ 可以通过对全模型和限制模型的 SSCP 矩阵作差获得:

$$\mathbf{Q}_H = \mathbf{Q}_F - \mathbf{Q}_R = \hat{\mathbf{B}}' \mathbf{X}' \mathbf{Y} - \hat{\mathbf{B}}_R \mathbf{X}'_R \mathbf{Y} \qquad [4.14]$$

假设的 SSCP 矩阵 $\mathbf{Q}_H$ 定义了从全模型中删除的变量对留在限制模型中的变量的增量影响——在本例子中,仅有截距项保留在 $\mathbf{X}_R$ 中。

可以通过类似的方式建立对于单个预测变量的假设。控制了 $X_2$ 的情况下,检验的假设预测变量 $X_1$ 等于 $0$,可以写成:

$$H_0 : \begin{bmatrix} \beta_{11} & \beta_{12} \end{bmatrix} = \begin{bmatrix} 0 & 0 \end{bmatrix}$$

对全模型施加这个限制意味着限制模型的参数 $B_R$ 为：

$$\mathbf{B}_R = \begin{bmatrix} \beta_{01} & \beta_{02} \\ 0 & 0 \\ \beta_{21} & \beta_{22} \end{bmatrix} = \begin{bmatrix} \beta_{01} & \beta_{02} \\ \beta_{21} & \beta_{22} \end{bmatrix}$$

为了满足矩阵乘法的一致性要求，该限制模型的参数矩阵需要把变量 $X_1$ 从全模型的设计矩阵中删除，从而定义限制模型的设计矩阵 $\mathbf{X}_R$。把参数的最小二乘估计量 $\hat{\mathbf{B}}_R$ 代入公式 4.13 并评价公式 4.14，就定义了假设的 SSCP 矩阵。这个矩阵与假设 $X_1$ 在 $X_2$ 的基础上不增加任何对 $\mathbf{Y}$ 的解释相一致。对这个假设进行检验的过程与之前类似。该假设就是说，全模型中的矩阵 $\mathbf{B}$ 的第三行全部为 0，从而在全模型的设计矩阵中删除变量 $X_2$，进而估计该假设下的 $\mathbf{Q}_R$ 和 $\mathbf{Q}_H$。总之，对多元模型中预测变量的任意子集做假设检验，例如 $X_1$ 和 $X_2$ 对 $X_3$，$X_4$，…，$X_q$ 做出调整的假设可以用上述形式进行建立。其他更复杂的假设也是如此。

附加平方和是基于多元情况下全模型和限制模型的差异。它类似于我们在第 1 章中定义偏相关系数平方和半偏相关系数平方时使用的过程。在多元全模型上设置与不同假设相一致的限制与各种关联强度的测度和它们的显著性检验有关，包括全模型回归的检验（$R^2_{Y \cdot X}$），检验一个预测变量的偏相关和半偏相关作用（$R^2_{Y \cdot X_1 | X_2 X_3 \cdots X_q}$ 和 $R^2_{Y \cdot (X_1 | X_2 X_3 \cdots X_q)}$）[1]，以及

---

[1] 记号 $R^2_{Y \cdot X_1 | X_2 X_3 \cdots X_q}$ 定义了偏相关系数的平方，在这里面，所有 $\mathbf{Y}$ 中变量和 $X_1$ 从直线（|）后剩余的 $X$ 变量中分离出来。半偏相关系数的平方记作 $R^2_{Y \cdot (X_1 | X_2 X_3 \cdots X_q)}$，其中的括号说明只有 $X_1$ 从其余的 $X$ 变量中分离出来。记号 $R^2_{Y \cdot X}$ 指的是全模型，而不对 $\mathbf{Y}$ 或者 $\mathbf{X}$ 做任何分解。双重偏多元相关系数的平方也是可能的（例如，$R^2_{(Y_1 | Y_2 Y_3 \cdots Y_s) \cdot (X_1 | X_2 X_3 \cdots X_q)}$），而且在科恩的研究中（Cohen et al., 2003:613—614）有讨论。

检验一组预测变量的偏相关和半偏相关作用（$R^2_{Y \cdot X_{\text{集合}} | X_{\text{集合} 2}}$ 和 $R^2_{Y(X_{\text{集合} 1} | X_{\text{集合} 2})}$）。为了定义这些度量多元情况下的类似物，我们推广一元情况下这些数量的定义。为了完成推广，我们使用由 $\mathbf{Q}_T$，$\mathbf{Q}_F$，$\mathbf{Q}_R$，$\mathbf{Q}_H$ 和 $\mathbf{Q}_E$ 定义的 SSCP 矩阵。

# 第 5 节 | 一些关联强度的多元测度的概念定义

多元关联强度的定义概念上服从与一元情况下相应概念类似的模式。可以用图 4.2 中的维恩图说明。[①]

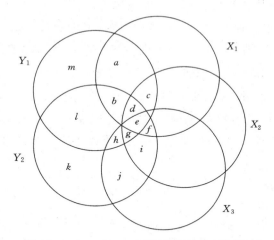

**图 4.2　一个 $p=2$，$q=3$ 多元回归模型的维恩图**

---

① 维恩图是一种非常有用的启发式的图案。它是为了可以把多元变量间的重叠视觉化。这暗含了我们无法准确展示负相关、抑制变量或是增强变量。公式 4.15 到公式 4.18 中的符号都被放在引号内（" "），来强调这些定义是概念性的而不能用于计算。这些公式中所有的数量都是 $p \times p$ 矩阵。我们将要使用额外的方法把矩阵简化为有意义的标量，来作为多元 $R^2$ 的度量。

把多元 $SSCP_{总体}$（$\mathbf{Q}_T$）的图形等价物定义为 $Y_1$ 和 $Y_2$ 边界内所有区域的总和，也就是说，$\mathbf{Q}_T \equiv a+b+c+\cdots+m$。定义 $SSCP_{总体}$ 矩阵中与所有 $X_1$，$X_2$ 和 $X_3$ 重叠区域共有的部分（例如，$\mathbf{Q}_F \equiv a+b+c+\cdots+j$）。再定义 $SSCP_{总体}$ 中不与 $X_1$，$X_2$ 和 $X_3$ 共有的部分为 $\mathbf{Q}_E$。一个完整模型的多元相关系数平方的概念定义可以表示为：

$$\text{“}R^2_{Y\cdot X}\text{”}=\frac{\mathbf{Q}_F}{\mathbf{Q}_T}=\frac{\mathbf{Q}_F}{\mathbf{Q}_E+\mathbf{Q}_F} \qquad [4.15]$$

注意，$\mathbf{Q}_T=\mathbf{Q}_E+\mathbf{Q}_F$。

半偏相关系数的平方的经典定义依赖于把一个或多个 $X$ 变量从其余的 $X$ 变量中分离出来，也依赖于一个半分离 $X$ 的变化与 $\mathbf{Y}$ 中变化的比率的形成。比方说，我们希望分离 $X_1$ 与 $X_1$ 中与 $Y_1$ 或 $Y_2$ 重叠而且能被 $X_2$ 和 $X_3$ 解释的部分，也就是维恩图中的 $c$，$d$，$e$ 的区域。这样的分离使得图 4.2 中的区域 $a$ 和 $b$ 仅仅属于 $X_1$。如果我们把这个分离的作用表示为 $\mathbf{Q}_{(X_1|X_2X_3)}$，多元半偏相关系数的平方在概念上就是 $\mathbf{Y}$ 中变化能被 $X_1$ 对 $X_2$ 和 $X_3$ 做出调整后解释的部分：[1]

$$\text{“}R^2_{Y\cdot(X_1|X_2X_3)}\text{”}=\frac{\mathbf{Q}_{(X_1|X_2X_3)}}{\mathbf{Q}_E+\mathbf{Q}_F} \qquad [4.16]$$

我们之前就指出一个假设的 $SSCP$ 矩阵 $\mathbf{Q}_H$ 是由全模型和限制模型的差异形成的。从图 4.2 上看，全模型等价于 $\mathbf{Q}_F \equiv a+b+c+\cdots+j$。为了隔离 $a$ 和 $b$ 区域，限制模型

---

①　半偏相关系数平方和必须是个标量而且其范围为 $0 \leqslant R^2_{Y\cdot(X_1|X_2X_3\cdots X_q)} \leqslant 1$。公式 4.15 到公式 4.18 给出的定义包括分子和分母中矩阵的定义，而且是严格概念上的定义。把 $R^2_{Y\cdot(X_1|X_2X_3\cdots X_q)}$ 化简为一个标量的计算方法将在接下来的部分介绍。

可以定义为 $\mathbf{Q}_R \equiv c + d + \cdots + j$。从中我们得到二者差异为 $\mathbf{Q}_H = \mathbf{Q}_F - \mathbf{Q}_R = \mathbf{Q}_{(X_1 | X_2 X_3)}$。因此根据 $\mathbf{Q}_H$ 的定义,任意多元半偏相关系数的平方可以写作:

$$"R^2_{\mathbf{Y} \cdot (X_1 | X_2 X_3)}" = \frac{\mathbf{Q}_H}{\mathbf{Q}_F + \mathbf{Q}_E} \qquad [4.17]$$

多元偏相关系数的平方的定义基于在形成被解释方差比率之前,把一个或多个 $X$ 变量和所有的 $Y$ 变量与其余的 $X$ 变量分离开来。把 $X_2$ 和 $X_3$ 与 $\mathbf{Y}$ 分离留下一个改变了的 SSCP 矩阵,其等价于包含区域 $a$, $b$, $k$, $l$ 和 $m$。从 $X_1$ 中分离出 $X_2$ 和 $X_3$ 就留下区域 $a$ 和 $b$,也就是 $\mathbf{Q}_H$。$Y_1$ 和 $Y_2$ 中剩余的区域重组成一个"假的"总体 SSCP 的等价物,也就是区域 $a$, $b$, $k$, $l$ 和 $m$。区域 $k$, $l$ 和 $m$ 代表 $\mathbf{Y}$ 中不能被任何 $\mathbf{X}$ 解释的部分,也就是 $\mathbf{Q}_E$ 的传统定义。因此重组的"总体" SSCP 等价物为 $\mathbf{Q}_H + \mathbf{Q}_E$。因此多元偏相关系数的平方为:

$$"R^2_{(\mathbf{Y} | X_2 X_3) \cdot (X_1 | X_2 X_3)}" = \frac{\mathbf{Q}_H}{\mathbf{Q}_H + \mathbf{Q}_E} \qquad [4.18]$$

根据这些概念上的定义,我们很容易理解 SSCP 矩阵 $\mathbf{Q}_F$, $\mathbf{Q}_R$, $\mathbf{Q}_H$ 和 $\mathbf{Q}_E$ 之间的联系和各种关联强度的测度。不少这种方法已经在多元分析的文献中得到发展。所有这些方法首先都依赖于对平方和和交叉乘积矩阵的分解 $\mathbf{Q}_T = \mathbf{Q}_F + \mathbf{Q}_E$。其次还依赖于对 $\mathbf{Q}_H$ 的定义。$\mathbf{Q}_H$ 来自一个假设和该假设施加在完整模型上的限制条件。[1]

---

① 如果完整模型中所有变量都被检验,那么 $\mathbf{Q}_F = \mathbf{Q}_H$ 而且公式 4.17 和公式 4.18 将得到相同的结论。相反,如果只有一个或部分预测变量涉及假设检验,则 $\mathbf{Q}_F \neq \mathbf{Q}_H$。那么,偏相关系数的平方和半偏相关系数的平方之间的区别在于关联强度度量的分布,如公式 4.17 和公式 4.18 所示。所有用于多元分析的商业软件都自动将公式 4.18 中偏相关系数的平方的定义设为默认值。

## 第 6 节 ｜ 一个不对称的 $R^2$ 的多元测度——Hooper 迹相关系数平方

　　我们有很多种方式定义多元反应变量组（**Y**）的方差与一组（部分或者全部）解释变量方差（**X**）共享的部分。这些定义通常与一个相应的多元检验统计量的特定形式的算法相联系（Cramer & Nicewander，1979；Hooper，1959）。其中的四种度量有共同的用途，我们会在后面的章节进行讨论。每一种多元关联强度的度量都最好理解为公式 1.16 中一元 $R^2$ 的某种形式的推广。第一个广义度量的近似值是模型 SSCP 矩阵与总体 SSCP 矩阵的比率：

$$``R^2_{\mathbf{Y \cdot x}}" = \frac{SSCP_{模型}}{SSCP_{总体}} = \mathbf{Q}^{*-1}_T \mathbf{Q}^*_F \qquad [4.19]$$

它可以被写成原始得分形式，或者公式 4.19 中的标准得分的形式。[①]通过分解公式 4.9 中标准得分的 SSCP 矩阵，同时回忆 $\mathbf{Q}^*_T = \mathbf{R}_{YY}$ 和 $\mathbf{Q}_F = \hat{\mathbf{B}}^{*'} \mathbf{R}_{XY} = \mathbf{R}_{YX} \mathbf{R}^{-1}_{XX} \mathbf{R}_{XY}$，这样公式 4.19 中的比率可以写成四个相关系数矩阵的一个 $p \times p$ 四部分

---

　　① 　$R^2$ 的多元度量的值在变量变形时保持不变。原始得分和标准得分的解产生相同的结果。

乘积:

$$\mathbf{R}_{YY}^{-1}\mathbf{R}_{YX}\mathbf{R}_{XX}^{-1}\mathbf{R}_{XY} \qquad [4.20]$$

把这个数值分解成一个关联强度的标量测度可以通过检查一个二元相关系数、一个多重相关系数和一个 $p$ 变量多元相关系数的性质获得。现在我们假设一个 $p=1$ 和 $q=1$ 的二元回归模型,其中 $\mathbf{R}_{YY}^{-1}=r_{YY}^{-1}=1$,$\mathbf{R}_{XX}^{-1}=r_{XX}^{-1}=1$ 还有 $r_{YX}=r_{XY}$。在这样的条件下,公式 4.21 简化为 $r_{YX}^{2}$,$Y$ 的方差能被 $X$ 解释的比例。再进一步考虑 $p=1$ 和 $q>1$ 的一个一元多重回归模型,其中 $\mathbf{R}_{YY}^{-1}=r_{YY}^{-1}=1$,$\hat{\mathbf{B}}^{*}=\mathbf{R}_{XX}^{-1}\mathbf{r}_{XY}$。那么公式 4.20 定义了 $R_{Y \cdot X_1 X_2 \cdots X_q}^{2} = \mathbf{r}_{YY}^{-1}\mathbf{r}_{YX}\mathbf{R}_{XX}^{-1}\mathbf{r}_{XY}$,也就是 $Y$ 中方差能被 $X_1$,$X_2$,$\cdots$,$X_q$ 解释的比例。

对于反应变量个数 $p>1$ 和解释变量个数 $q \geqslant 1$ 的问题,公式 4.20 是对 $\mathbf{Y}$ 中方差能被 $\mathbf{X}$ 解释的比例的多元推广的第一步逼近。但是这个数值本身只是一个 $(p \times p)$ 阶的矩阵,而不是在 0 到 1 之间的标量测度。胡珀(Hooper,1959)给出了一种解决方案,就是计算公式 4.21 中矩阵迹的算术平均值。Hooper 迹相关系数的指数 $\bar{r}^{2}$ 为:

$$\bar{r}^{2} = \frac{1}{p} Tr \left[ \mathbf{R}_{YY}^{-1}\mathbf{R}_{YX}\mathbf{R}_{XX}^{-1}\mathbf{R}_{XY} \right] \qquad [4.21]$$

$\bar{r}^{2}$ 的值在计算上等于图 4.2 中 $\dfrac{(a+b+\cdots+j)}{(a+b+\cdots+j+\cdots+m)}$ 的比率。而且公式 4.15 在区间 [0 1] 范围内,它可以被解释为 $Y$ 中共同非冗余的方差(也就是 Hooper 广义方差)可以被 $X$ 中共同非冗余方差解释的比例。通过一个人为的例子,我们对 $\bar{r}^{2}$ 的意义有了更深刻的理解。考虑这样一种情况:$\mathbf{Y}$ 中变量两两正交($\mathbf{R}_{YY}=\mathbf{I}$)。在这样的情况下,$\mathbf{R}_{YY}^{-1}\mathbf{R}_{YX}\mathbf{R}_{XX}^{-1}\mathbf{R}_{XY}$

的迹由符号可以表示为：

$$\begin{bmatrix} 1 & 0 \\ 0 & 1 \end{bmatrix} \begin{bmatrix} r_{Y_1 X_1} & r_{Y_1 X_2} \\ r_{Y_2 X_1} & r_{Y_2 X_2} \end{bmatrix} \begin{bmatrix} \dfrac{1}{1-r_{X_1 X_2}^2} & \dfrac{-r_{X_1 X_2}}{1-r_{X_1 X_2}^2} \\ \dfrac{1-r_{X_1 X_2}}{1-r_{X_1 X_2}^2} & \dfrac{1}{1-r_{X_1 X_2}^2} \end{bmatrix} \begin{bmatrix} r_{Y_1 X_1} & r_{Y_2 X_1} \\ r_{Y_1 X_2} & r_{Y_2 X_2} \end{bmatrix}$$

$$[4.22]$$

进行乘法运算可得：

$$\begin{bmatrix} \dfrac{r_{Y_{Y_1 \cdot X_1}}^2 + r_{Y_{Y_1 \cdot X_1}}^2 - 2r_{Y_1 X_1} r_{Y_1 X_2} r_{X_1 X_2}}{1-r_{X_1 X_2}^2} & \\ & \dfrac{r_{Y_{Y_2 \cdot X_1}}^2 + r_{Y_{Y_2 \cdot X_1}}^2 - 2r_{Y_2 X_1} r_{Y_2 X_2} r_{X_1 X_2}}{1-r_{X_1 X_2}^2} \end{bmatrix}$$

$$= \begin{bmatrix} R_{Y_1 \cdot X_1 X_2}^2 & \\ & R_{Y_2 \cdot X_1 X_2}^2 \end{bmatrix}$$

对 $p=2$ 的公式 4.22 中的迹求算术平均值，我们得到 Hooper 指数为：

$$\bar{r}^2 = \frac{1}{2}(R_{Y_1 \cdot X_1 X_2}^2 + R_{Y_2 \cdot X_1 X_2}^2) \qquad [4.23]$$

假设 $Y$ 中变量正交，Hooper's $\bar{r}^2$ 因此是 $Y$ 中每个正交的变量与 $X$ 的相关系数的平方的算数平均值。尽管在这个简单的例子中不是那么明显，公式 4.21 中 $\mathbf{R}_{YY}^{-1}$ 和 $\mathbf{R}_{XX}^{-1}$ 的目的是对 $Y$ 和 $X$ 中的变量做出调整。在之后的章节中，我们将给出对调整多元线性模型中变量 $Y$ 的冗余的类似方法进行进一步的教学。

# 第 7 节 | **例子:性格数据和 PCB 数据中 Hooper's $\bar{r}^2$**

根据表 2.1 中 $q = 3$ 个性格预测变量和 $p = 4$ 个工作面试的反应变量可以估计 Hooper's $\bar{r}^2$。根据表 4.2 中的分块 SSCP 矩阵,我们计算 $Tr(\mathbf{R}_{YY}^{-1}\mathbf{R}_{YX}\mathbf{R}_{XX}^{-1}\mathbf{R}_{XY})/p$,再用公式 4.21 可得:

$$\bar{r}^2 = \frac{1}{4}Tr\begin{pmatrix} \mathbf{0.099\,5} & -0.043\,3 & 0.016\,1 & -0.045\,5 \\ -0.047\,6 & \mathbf{0.134\,9} & 0.078\,1 & 0.125\,2 \\ 0.085\,8 & 0.068\,0 & \mathbf{0.142\,2} & -0.022\,5 \\ -0.025\,4 & 0.063\,0 & -0.009\,5 & \mathbf{0.129\,5} \end{pmatrix}$$

$$= 0.169$$

我们可以总结出大约 17% 的四个工作面试结果变量的非冗余共同方差可以被外向、神经质和责任感的共同方差解释。

对 PCB 数据中 $p = 6$,$q = 3$ 的变量运用公式 4.21,可以得到:

$$\bar{r}^2 = \frac{1}{6}Tr\begin{pmatrix} \mathbf{0.104\,2} & 0.088\,7 & 0.020\,3 & 0.035\,3 & -0.093\,2 & -0.069\,5 \\ 0.050\,8 & \mathbf{0.061\,0} & 0.045\,6 & 0.051\,1 & -0.056\,6 & -0.069\,5 \\ -0.015\,4 & -0.006\,8 & \mathbf{0.011\,0} & 0.008\,5 & 0.010\,4 & -0.001\,7 \\ 0.059\,8 & 0.062\,4 & 0.046\,3 & \mathbf{0.057\,1} & -0.055\,6 & -0.055\,8 \\ -0.087\,8 & -0.078\,8 & -0.023\,6 & -0.035\,2 & \mathbf{0.081\,9} & 0.068\,1 \\ -0.087\,8 & -0.093\,7 & -0.059\,5 & -0.068\,2 & 0.090\,1 & \mathbf{0.103\,6} \end{pmatrix}$$

$$= 0.070$$

心血管疾病风险因素、记忆变量和认知弹性的非冗余共同方差大约有 7‰可以被年龄、性别、暴露于 PCB 组成的预测变量组解释。

尽管 Hooper's $\bar{r}^2$ 在教学上是一种评价 **Y** 和 **X** 的重叠程度的很有用的方法，它的缺点是作为关联强度的度量时的不对称性。不同的取值依赖于模型的方向、预测变量的个数（$q$）和标准变量的个数（$p$）。如果模型中预测变量的个数和标准变量的个数不相等，模型 **Y**＝**XB**＋**E** 的 $\bar{r}^2$ 的值可能会跟模型 **X**＝**YB**＋**E** 的 $\bar{r}^2$ 的值不同。因此有两种不对称的 Hopper 迹的度量——$\bar{r}^2_{Y \cdot X}$ 和 $\bar{r}^2_{X \cdot Y}$。二者仅当 $p＝q$ 时相等。把模型 **X**＝**YB**＋**E** 用于性格数据，我们可以发现 $\bar{r}^2_{X \cdot Y}＝0.127$（与 0.169 相比）。而对于 PCB 数据，相对应的数值为 $\bar{r}^2_{X \cdot Y}＝0.140$（与 0.070 相比）。与前一章节中讨论的冗余指数不同，Hooper 迹为变量 $Y$ 和变量 $X$ 间的混乱做出了调整。但是当 $p \neq q$ 时，该指数不对称。为了避免这个难题，多种对称的关联强度的测度已经被提出（Cramer ＆ Nicewander，1979）。四种对称的多元 $R^2_m$ 的测度常被用于多元线性模型分析。其中的三种度量——Pillai 迹 $V$（Pillai，1955）、Wilks' Λ（Wilks，1932）和 Lawley-Hotelling 迹 T（Hotelling，1951；Lawley，1938），在逻辑上与 Hooper 迹相关系数的指数非常类似，但是在算法上有所不同。第四种度量——Roy（1957）最大特征根（$\theta$）依赖于特征值问题的解。在这里，我们会做简要的介绍，而在第 7 章中，我们会做详细的介绍。

# 第 8 节 | 一元和多元 $R^2$ 之间的关系和它们的检验统计量

　　每一个多元检验统计量($V$，$\Lambda$，$T$ 和 $\theta$)都直接和一个关联强度的测度($R_V^2$，$R_\Lambda^2$，$R_T^2$ 和 $R_\theta^2$)直接相连。其关联方式与 $R^2$ 和 $F$ 检验在一元回归分析中的关系一样。图 4.2 中多元关联强度概念定义的目的是定义这些多元的 $R_m^2$ 和它们与 Pillai，Wilks'，Hotelling 和 Roy 标准的多元统计量(也就是，$V$，$\Lambda$，$T$ 和 $\theta$)的联系打下基础。这四个多元检验的建立有点细微的不同，这取决于作者如何选择去定义他的检验统计量 $R_m^2$ 与这个统计量的一个近似的 $F$ 检验之间的联系。这四种多元检验统计量可以通过不同的算法获得。每一种算法都涉及需要谨记的一点，就是我们的目的是定义一种被解释方差比例的有界标量 $0 \leqslant R_m^2 \leqslant 1$，它能与自己的概率分布联系起来。

　　为了使这个解释更加具体，考虑 $R_{假设}^2 = R_全^2 - R_{限制}^2$ 的一元定义来源于在一个完整模型上施加一个假设。在一元的例子中，$R_{假设}^2$ 的值通过 $R_{假设}^2 * SS_{总体}$ 与 $SS_{假设}$ 相关，通过 $(1 - R_{假设}^2) * SS_{总体}$ 与 $SS_{残差}$ 相关。$F$ 检验和这些值有紧密的互利关系，我们可以通过查阅全模型和限制模型的 $R^2$ 的值来获得 $F$ 统计量：

$$F_{(df_h, df_e)} = \frac{R^2_{假设}}{1 - R^2_{完整}} \cdot \frac{df_e}{df_h} = \frac{SS_{假设}}{SS_{误差}} \cdot \frac{df_e}{df_h} \qquad [4.24]$$

相反, $R^2_{假设}$ 也可以通过 $F$ 统计量的值获得:

$$R^2_{假设} = \frac{F(df_h)}{F(df_h) + df_e} \qquad [4.25]$$

如果公式 4.24 中的假设 SS 等于全模型的 SS, 那么该检验就是针对全模型 $R^2$。如果假设 SS 小于全模型的 SS, 那么公式 4.24 中的 $F$ 检验就是针对半偏 $R^2$。相反, 针对偏 $R^2$ 的检验由公式 4.26 给出:

$$F_{(df_h, df_e)} = \frac{R^2_{假设}}{1 - R^2_{假设}} \cdot \frac{df_e}{df_h} \qquad [4.26]$$

这些相同的关系可以推广到多元检验统计量和它们的关联强度测度。一元和多元关联强度之间关系的总结展示在表 4.5 中, 它强调了这样一个事实:每一个多元检验统计量和它们的 $R^2_m$ 值都是它们一元对应部分的一个推广。总而言之, 每个多元检验统计量组成它们自己的多元概率分布、关联强度的测度和多元检验统计量的近似 $F$ 检验。在 $Q_H \neq Q_F$ 的情况下[1], 所有市面上的商业软件在计算近似 $F$ 检验时都默认是对偏 $R^2_m$ 进行检验。在多元的例子中, 近似 $F$ 检验的通用定义为:

$$F_{(v_h, v_e)} = \frac{R^2_m}{1 - R^2_m} \cdot \frac{v_e}{v_h} \qquad [4.27]$$

其中近似的形式与一元情况相同, 但是对 $R^2_m$ 的定义做出了

---

[1] 如果一个对半偏 $R^2_m$ 的检验是为了一个 $Q_H \neq Q_F$ 的模型, 那么完整模型中 $R^2_{m(完整)}$ 的值也同样需要。而且我们应该用 $1 - R^2_{m(完整)}$ 替代公式 4.27 中的分母。

**表 4.5  比较一元和多元的检验统计量和 $R_m^2$**

| 检验统计量 | 多元检验统计量和 $R_m^2$ | 一元 $R^2$ 概念等价物 | 多元 $F$ 检验的等价物 |
|---|---|---|---|
| Pillai 迹 $V$ | $V = Tr\left[(\mathbf{Q}_E + \mathbf{Q}_H)^{-1}\mathbf{Q}_H\right]$<br>$R_V^2 = \dfrac{V}{s}$ | $R_偏^2$ 或者 $R_全^2$,如果 $\mathbf{Q}_F = \mathbf{Q}_H$ | $F_{(v_h,\,v_e)} = \dfrac{R_V^2}{1-R_V^2} \cdot \dfrac{v_e}{v_h}$ |
| Wilks' $\Lambda$ | $\Lambda = \dfrac{|\mathbf{Q}_E|}{|\mathbf{Q}_E + \mathbf{Q}_H|}$<br>$R_\Lambda^2 = 1 - \Lambda^{\frac{1}{s}}$ | $1 - R_偏^2$ 或者 $R_全^2$,如果 $\mathbf{Q}_F = \mathbf{Q}_H$ | $F_{(v_h,\,v_e)} = \dfrac{R_\Lambda^2}{1-R_\Lambda^2} \cdot \dfrac{v_e}{v_h}$ |
| Hotelling 迹 $T$ | $T = Tr\left[\mathbf{Q}_E^{-1}\mathbf{Q}_H\right]$<br>$R_T^2 = \dfrac{T}{T+s}$ | $\dfrac{R_偏^2}{1-R_偏^2}$<br>$\dfrac{R_全^2}{1-R_全^2}$,如果 $\mathbf{Q}_F = \mathbf{Q}_H$ | $F_{(v_h,\,v_e)} = \dfrac{R_T^2}{1-R_T^2} \cdot \dfrac{v_e}{v_h}$ |
| Roy 最大特征根 $\theta$ | $\rho_{\max}^2$ | $r^2$ | $F_{(v_h,\,v_e)} = \dfrac{\rho_{\max}^2}{1-\rho_{\max}^2} \cdot \dfrac{v_e}{v_h}$ |

注:$\rho_{\max}^2$ 是 $\mathbf{Y}$ 和 $\mathbf{X}$ 之间最大典型相关系数的平方。第三列中的近似 $F$ 检验是一元 $F$ 检验的多元等价物。它服从自由度为 $v_h$ 和 $v_e$ 的 $F$ 分布。

调整。同时，不同的多元检验统计量 $v_h$ 和 $v_e$ 的自由度也会不同。

为了根据公式 4.27 进行假设检验，我们首先需要对这个多元统计量定义 $R_m^2$。表 4.5 总结了这些检验统计量的定义的不同。这些差异取决于检验的作者如何使用 $R_m^2$ 或者 $R_m^2$ 的函数来定义一个与它们测度有关的标量的检验统计量。Pillai 的标准是直接用 $R_m^2$。Wilks 的标准是由 $(1-R_m^2)$ 来定义，Hotelling 的标准取决于 $\left(\dfrac{R_m^2}{1-R_m^2}\right)$ 的数值。Roy 的最大特征根不依赖于 $R_m^2$，但它是 $\mathbf{Y}$ 和 $\mathbf{X}$ 之间最大的典型相关系数的平方。我们会在下面介绍 Roy 的标准，但把进一步的解释放在第 7 章进行。各种 $R_m^2$ 和 Pillai，Wilks，Hotelling，Roy 的检验统计量的本质区别是对 $\mathbf{Q}_H$ 和 $\mathbf{Q}_E$ 矩阵的不同使用以及对不同的把矩阵数值简化为一个可解释的[0 1]范围内的标量的方法的使用。我们将参考表 4.5 中给出的概念和计算定义作为我们对四种多元检验统计量和它们的关联强度测度的介绍。

# 第 9 节 ｜ Pillai 迹 $V$ 和相应的关联强度测度 $R^2_V$

对于线性模型 $\mathbf{Y}=\mathbf{XB}+\mathbf{E}$，基于 Pillai 迹标准的多元检验统计量是关于误差和假设 SSCP 矩阵的一个函数。也就是，

$$V = Tr[(\mathbf{Q}_E + \mathbf{Q}_H)^{-1}\mathbf{Q}_H] \qquad [4.28]$$

其中，SSCP 矩阵 $\mathbf{Q}_H$ 是关于全模型上施加限制的函数。正如我们前面章节所讲，这个限制是由给定的假设引起的。因此，$\mathbf{Q}_H$ 可以包含由任意假设模型引起的变化，其范围包括整体的回归模型检验到任意类似于图 4.2 中讨论的分解模型。

公式 4.28 中的数量 $V$ 是一个多元检验统计量，其概率分布基于多元正态性假设。[①]现在我们忽视多元统计量作为统计量本身的性质，而关注它们在定义关联强度的度量时的必要角色。在第 5 章中，我们将介绍一种版本的 $F$ 检验用于估计 $V$（和 $\Lambda$，$\mathrm{T}$，$\theta$）。这些检验被广泛应用于由矩阵 $\mathbf{Q}_H$ 表示的假设检验中，这样可以回避对多元建议统计量对特定的显著性表的参考需求。$V$ 的表格（Pillai，1960）可以参阅伦彻的研究（Rencher，2002：表 A11）。

---

① 多元正态分布的讨论及其在评价多元正态统计量中的作用可以参阅 Rencher，1998：第 2 章；Tatsuoka，1992：第 4 章。

正如表 4.5 所示,每个检验统计量与 **Y** 和 **X** 之间关联强度的测度有很紧密的联系。基于 Pillai 迹($R_V^2$)的一个对称的关联强度的测度和公式 4.21 中 Hooper's $\bar{r}^2$ 相关。让 $q_h$ 为全模型中预测变量的个数($q_f$)和限制模型中预测变量($q_r$)个数的差。进一步来说,让 $s$ 为两个集合中较小的一个,即 $p$ 个标准变量和假设 SSCP 矩阵 **Q**$_H$ 中包含的 $q_h$ 个假设变量:

$$s = \mathrm{minimum}[\,p\,,\,q_h\,] \qquad [4.29]$$

Hooper 指数是不对称的,而且如果 $p \neq q_h$,该指数可以算出 **Y** 方差能被 **X** 解释的比例与 **X** 方差能被 **Y** 解释的部分。由 Pillai 迹 $V$ 衍生出来的关联强度的测度 $R_V^2$ 是对称的,而且它是基于两组变量中的较小值(记作 $s^①$)取均值,

$$R_V^2 = \frac{Tr[(\mathbf{Q}_E + \mathbf{Q}_H)^{-1}\mathbf{Q}_H]}{s} \qquad [4.30]$$

注意,$R_V^2$ 是一个基于公式 4.18 中比率 $\dfrac{\mathbf{Q}_H}{\mathbf{Q}_E + \mathbf{Q}_H}$ 的概念等价物的标量。如果全模型的预测变量的个数 $q_f$ 大于限制模型中变量的个数 $q_r$,可以看作多元偏相关平方和。正如前面章节所说,如果 $\mathbf{Q}_F = \mathbf{Q}_H$,那么 $R_V^2$ 就不是偏相关系数而是完整模型中 **Y** 的方差可以被 **X** 解释的部分。对于这里每个回顾了的多元检验统计量,SSCP 矩阵 **Q**$_E$ 由公式 4.7 中的拟合的模型决定。

## 例 1:性格数据

在性格数据中,评价三个性格变量对四个工作申请过程

---

① $s$ 的值是基于 $[(\mathbf{Q}_E + \mathbf{Q}_H)^{-1}\mathbf{Q}_H]$ 特征值的个数,它不能比 **Y** 中变量和 **X** 中预测变量的 $q_h$ 的最小值更大。我们将在第 7 章介绍特征值的解法。

的被解释变量整体回归的强度，可以通过对模型中除斜率外的 12 个回归系数做假设检验完成。检验是否来自一个系数全部为 0 的总体：

$$\mathbf{H}_0 : \begin{bmatrix} \beta_{01} & \beta_{02} & \beta_{03} & \beta_{04} \\ \beta_{11} & \beta_{12} & \beta_{13} & \beta_{14} \\ \beta_{21} & \beta_{22} & \beta_{23} & \beta_{24} \\ \beta_{31} & \beta_{32} & \beta_{23} & \beta_{34} \end{bmatrix} = \begin{bmatrix} \beta_{01} & \beta_{02} & \beta_{03} & \beta_{04} \\ 0 & 0 & 0 & 0 \\ 0 & 0 & 0 & 0 \\ 0 & 0 & 0 & 0 \end{bmatrix}$$

把这个限制施加在完整模型上，然后对全模型和限制模型的 SSCP 矩阵作差，就得到了假设矩阵 $\mathbf{Q}_H$。对表 4.1 中的 $\mathbf{Q}_H$ 和 $\mathbf{Q}_E$ 求和，再计算 $(\mathbf{Q}_E + \mathbf{Q}_H)^{-1}$，然后根据公式 4.28 算出 Pillai 迹，最终得到多元检验统计量 $V$：

$$V = 0.506\,2$$

因为全模型的预测变量个数为 $q_f = 3$，限制模型中预测变量个数为 $q_r = 0$，所以假设模型是基于 $q_h = q_f - q_r = 3$ 个预测变量，这暗示 Pillai 迹 $V$ 应该对 $s = \text{minimum}\,[3, 4]$ 求平均值，然后得到 $R_V^2$：[①]

$$R_V^2 = \frac{V}{s} = \frac{0.506\,2}{3} = 0.169$$

我们可以总结出被解释变量（背景和社交准备，后续面试和工作录取）的共同变化大约有 17% 可以被性格维度（外向、神经质和责任感）的共同变化解释。作为对这个多元分析的默认的第一个假设，我们可以说工作申请结果和性格之间看起来有些明显的联系，但是这个联系具体的性质还并不

---

① Pillai 的 $R_V^2$ 值等于两个 Hooper 迹相关系数的指数中较小的一个。

清楚。通常的情况是在复杂模型中,全模型中的相关只是分析的开始而没有提供有用的解释信息。而且,我们还并不知道这 17% 的共同变化是不是在统计上显著。如果原模型是正确的,那么 $V$ 和 $R_V^2$ 的值可能是由抽样误差造成的。也就是说,在适当的检验统计量下,模型参数的估计在统计上不显著。在第 5 章中,我们将介绍一元广义线性假设检验的多元拓展。类似于公式 1.23 的一元版本,它使用了一种方便的方法去估计 $\mathbf{Q}_H$,而且适合大量关于整个回归模型内的多元关系的假设。

## 例 2:PCB 数据

评价例 2 中六个反应变量(瞬时和延迟视觉记忆、Stroop 颜色和字词测验、胆固醇和三酸甘油酯)和三个预测变量(年龄、性别和、暴露于 PCB)之间总的关系开始于假设模型的 18 个回归系数(这些参数在第 3 章中估计过)来源于一个除了截距项,系数全部为 0 的总体:

$$\mathbf{H}_0: \begin{bmatrix} \beta_{01} & \beta_{02} & \beta_{03} & \beta_{04} & \beta_{05} & \beta_{06} \\ \beta_{11} & \beta_{12} & \beta_{13} & \beta_{14} & \beta_{15} & \beta_{16} \\ \beta_{21} & \beta_{22} & \beta_{23} & \beta_{24} & \beta_{25} & \beta_{26} \\ \beta_{31} & \beta_{32} & \beta_{33} & \beta_{34} & \beta_{35} & \beta_{36} \end{bmatrix}$$

$$= \begin{bmatrix} \beta_{01} & \beta_{02} & \beta_{03} & \beta_{04} & \beta_{05} & \beta_{06} \\ 0 & 0 & 0 & 0 & 0 & 0 \\ 0 & 0 & 0 & 0 & 0 & 0 \\ 0 & 0 & 0 & 0 & 0 & 0 \end{bmatrix}$$

把这个限制施加在完整模型上,然后估计模型的参数得到限制模型的 SSCP 矩阵 $\mathbf{Q}_R$。对于这个假设,$\mathbf{Q}_R$ 等于 0。从表 4.3 中使用 $\mathbf{Q}_H = \mathbf{Q}_F$ 和 $\mathbf{Q}_E$,计算出 $(\mathbf{Q}_E + \mathbf{Q}_H)^{-1}$ 并计算公式 4.30,则 PCB 数据 Pillai 迹的值为:

$$V = 0.418\,8$$

多元 $R_V^2$ 等于

$$R_V^2 = \frac{Tr\left[(\mathbf{Q}_E + \mathbf{Q}_H)^{-1}\mathbf{Q}_H\right]}{s} = 0.140$$

基于假设模型中的 $q_h = q_f - q_r = 3$ 个预测变量,年龄、性别和暴露于 PCB 这三个变量可以解释大约 14% 的标准变量(记忆、认知弹性和心血管疾病风险)共同变化,其中包括记忆(两个变量)、认知弹性(两个变量)和 CVD 风险因素(两个变量)。和性格数据的例子一样,对整个模型的回归,我们没有在结果解释上有特别的兴趣。除了一点——被解释方差比例看起来是值得注意的,尽管我们对这个大小的显著性还不能确定。而且,因为本例中的被解释变量属于不同的大类(心理和生理),关于预测变量更具有针对性的假设在接下来的章节中更值得我们探究。

# 第 10 节 │ Wilks'$\Lambda$ 及其关联强度测度 $R_\Lambda^2$

第二个广泛应用的多元检验统计量由 S.S.威尔克斯 (S.S.Wilks, 1932)发展出来,也是通过定义一个检验统计量($\Lambda$)及其关联强度测度来接近多元问题答案。这个关联强度测度主要依赖于未解释方差这个概念。未解释方差由 $SSCP_{误差}$ 矩阵 $\mathbf{Q}_E$ 获得。在一元的例子中,$R^2$ 的测度可以通过 $\mathbf{Y}$ 中方差不能被 $\mathbf{X}$ 解释的比例间接获得。如公式 1.31 所示,如果全模型存在争议,这个值被 $R_{Y \cdot X_1 X_2 \cdots X_q}^2 = 1 - \dfrac{SS_{误差}}{SS_{总体}}$ 给出。偏相关系数的平方可以类似地通过 $R_{YX_1 | X_2 \cdots X_{q-1}}^2 = 1 - \dfrac{SS_{误差}}{SS_{误差} + SS_{假设}}$ 得出。把这些定义中的一元 SS 用相应的 SSCP 矩阵 $\mathbf{Q}_E$ 和 $\mathbf{Q}_H$ 替换,我们就可以定义多元测度的概念等价物 $\Lambda$。为了完成这个推广,我们必须定义一个依赖于疏远系数的检验统计量来把矩阵数量简化为一个标量。这个标量如实地包含了各个变量间的相关系数,然后对拟合数据的假设模型中涉及的 $s = \text{minimum}[p, q_h]$ 个数量取适当的平均。

和所有的多元检验统计量一样,$\Lambda$ 的定义涉及公式 4.7

中定义的 $(p \times p)$ 阶的矩阵分解：

$$\Lambda = \frac{\mid \mathbf{Q}_E \mid}{\mid \mathbf{Q}_E + \mathbf{Q}_H \mid} \qquad [4.31]$$

一个矩阵的行列式[1]提供了另一种把矩阵中许多元素简化成一个标量的方法。这个标量通过一个数就能如实地反映矩阵含义的本质和矩阵比值的含义的本质。威尔克斯（Wilks，1932）定义方差协方差矩阵的行列式为广义方差。因为 SSCP 矩阵 $\mathbf{Q}_E$ 和 $\mathbf{Q}_H$ 与方差协方差矩阵成比例，它们的行列式也与广义方差成比例。使用这些术语，Wilks' $\Lambda$ 是多元线性模型误差的广义方差和假的总体 SSCP 矩阵（$\mathbf{Q}_E + \mathbf{Q}_H$）[2]之间的比值。因此，$\mid \mathbf{Q}_E \mid$ 捕获的是 $\mathbf{Y}$ 的广义方差不能被 $\mathbf{X}$ 的广义方差解释的部分。而 $\Lambda$ 是 $\mathbf{Y}$ 的广义方差不能被 $\mathbf{X}$ 解释的比例。因此，$\Lambda$ 是不能被解释的广义方差和总广义方差的比例，范围在 0 到 1 之间。当 $\Lambda = 1$ 时，$\mathbf{Y}$ 中没有广义方差可以被 $\mathbf{X}$ 解释。当 $\Lambda = 0$，$\mathbf{Y}$ 中所有的广义方差都能被 $\mathbf{X}$ 解释。这说明一个 $[0, 1]$ 内的关联强度的测度可以被定义为 $R_\Lambda^2 = 1 - \Lambda$。

定义 $R_\Lambda^2 = 1 - \Lambda$ 这样一个测度还有一点复杂的地方。$\Lambda$ 的值本质上是基于一个乘积序列（行列式可以算作元素连续乘积的函数）。而且一个不高估关系强度的多元测度应该是基于乘积序列的平均值。这样的平均通过对 $\Lambda$ 求几何平均得到 $\Lambda^{\frac{1}{s}}$。因此对于 Wilks' $\Lambda$，一个不会高估关系强度的更好

---

[1]　矩阵的行列式是个标量，且对于任意方阵行列式唯一且与矩阵中元素相联系。计算行列式的方法可以参阅 Fox，2009；Schott，1997。

[2]　如果 $\mathbf{Q}_F = \mathbf{Q}_H$，则伪总体 SSCP 和总体 SSCP 一样。

的关联强度的测度可以写作：

$$R_\Lambda^2 = 1 - \Lambda^{\frac{1}{s}} \qquad [4.32]$$

其中，$s = \text{minimum}[p, q_h]$，和我们讨论 Pillai 迹 $V$ 时的定义一样。

$\Lambda$ 的多元样本分布已经被绘制成了表格（Rencher，2002：表 A9）。把 $\Lambda$ 归于 $\Lambda$ 的近似 $F$ 检验（Rao，1957）会更加方便。具体细节我们会在第 5 章讨论。我们现在转到用性格数据来演示 Wilks'$\Lambda$。

## 例 1

对性格数据，我们可以用表 4.1 和公式 4.32 中的 $\mathbf{Q}_H$ 和 $\mathbf{Q}_E$，对于整个模型的关联，Wilks'$\Lambda$ 的值为：

$$\Lambda = \frac{2.909 * 10^8}{5.121 * 10^8} = 0.568\ 0$$

而且对于 $s = 3$，可以被解释的共同方差的比例为：

$$R_\Lambda^2 = 1 - 0.568\ 0^{\frac{1}{3}} = 0.172$$

它比 Pillai 迹 $V$ 报道的 $R_V^2$ 稍微大点。[1]尽管几何平均值与算术平均值不会一样，但在具体解释时的差异——16.9% 和 17.2%，可以忽略不计。这两个值在 $s = 1$ 时相等。

----

[1]　多元分析的一个难点是我们的四个多元检验统计量不一定会产生相同的 $R_m^2$ 和 $F$ 的值。除了不同的平均方法，其他造成多元检验统计量之间差异的原因可以参阅 Olson，1974。

## 例 2

对于 PCB 实例数据，我们可以通过表 4.3 中的相关 SSCP 矩阵得到 $\Lambda$。利用 $\mathbf{Q}_E$ 和 $(\mathbf{Q}_E + \mathbf{Q}_H)$ 的值，我们可以得到：

$$\Lambda = \frac{3.376 * 10^{17}}{5.583 * 10^{17}} = 0.604\,6$$

而 $\Lambda$ 基于 $s = 3$ 的关联强度的测度为：

$$R_\Lambda^2 = 1 - 0.604\,6^{\frac{1}{3}} = 0.154$$

尽管我们上面提到会有细小的差异，$R_\Lambda^2$ 与 Pillai 迹给出的 $R_V^2$ 比较起来差不多——大约 $15\%$ 的 $\mathbf{Y}$ 中共同方差可以被模型中的三个预测变量解释。

# 第 11 节 │ Hotelling 迹 T 及其关联强度测度 $R_T^2$

第三种多元检验统计量和关联强度的测度是由霍特林（Hotelling, 1951）提出的。这个多元检验统计量被定义为：

$$T = Tr[\mathbf{Q}_E^{-1}\mathbf{Q}_H] \qquad [4.33]$$

它是 $\dfrac{SS_{假设}}{SS_{误差}}$ 这一比例的多元类似物，在定义一元 $F$ 检验时起着重要的作用。一元数值 $\dfrac{SS_{假设}}{SS_{误差}}$ 等于 $\dfrac{R^2}{1-R^2}$。而且我们可以显示（Cramer & Nicewander, 1979；Haase, 1992）$R^2$ 的多元推广与 Hotelling 迹 T 的关系为：

$$R_T^2 = \frac{T}{T+s} \qquad [4.34]$$

其中，$s$ 为 $p$ 和 $q_h$ 的较小值。Hotelling 迹 T 已经被制成表格（Rencher, 2002：表 A12）。

## 例1

对表格 4.1 中的性格数据，应用公式 4.33 和公式 4.34，我们可以发现：

$$T = 0.635\ 7$$

关联强度的测度为：

$$R_T^2 = \frac{0.635\ 7}{0.635\ 7 + 3} = 0.175$$

对于这些值的具体解释与 Pillai 和 Wilks 的标准有相同的模式。$\mathbf{Y}$ 的共同方差大约有 18% 可以被假设定义的模型（在这个例子中是全模型）解释。$R_T^2$ 的值与 $R_V^2$ 和 $R_A^2$ 的值都不同。这个差异可以这样来解释：Hotelling 迹 $T$ 的潜在构成是建立在一种加权调和平均之上的（Cramer & Nicewander，1979；$\gamma_3$）。即使使用同一组数字，它在本质上就与算术平均和几何平均不同。尽管有这些差异，这三种检验统计量得到的 $R_m^2$ 还是十分类似的。

## 例 2

对于 PCB 数据，Hotelling 迹 $T$ 的解可以类似地求出。基于表 4.3 中的 $\mathbf{Q}_E$ 和 $\mathbf{Q}_H$，我们可以得到：

$$T = 0.615\ 6$$

而且通过公式 4.34，我们可以得到对于 $T$ 的关联强度测度为：

$$R_T^2 = \frac{0.615\ 6}{0.615\ 6 + 3} = 0.170$$

尽管这三种方法得到的实际结论类似，但不同形式的平均值导致对这三种多元检验标准产生不同的 $R_m^2$ 值。

Hotelling 迹和 $R_T^2$ 揭示出本例中,大约 $17\%$ 的反应变量组的共同非冗余方差可以被年龄、性别和暴露于 PCB 解释。这些有意义的重叠模式的评价和解释存在多种有趣的可能性,我们将在下一章进行探讨。

# 第 12 节 | Roy 最大特征根及其关联强度度量 $r^2_{C_{max}}$

第四种多元检验统计量是 Roy（1957）最大特征根（GCR）标准 $\theta = r^2_{C_{max}}$。大部分多元分析软件都是默认报告这个统计量。与 $\theta = r^2_{C_{max}}$ 最接近的一元对应是 Pearson 积矩相关系数。在第 7 章中，我们将介绍如何解特征值问题，它是典型相关系数的基础。公式 4.21 定义了 Hooper 迹的相关性指数，其特征值可以被显示为 **Y** 和 **X** 间典型相关系数的平方。现在，我们仅仅注意到如果我们可以形成变量 $Y$ 的一个加权线性组合（例如 $l = \mathbf{a}Y = a_1 Y_1 + a_2 Y_2 + \cdots + a_p Y_p$）和一个变量 $X$ 的线性组合（例如 $m = \mathbf{b}X = b_1 X_1 + b_2 X_2 + \cdots + b_q X_q$），而且如果我们可以最优地选取向量 **a** 和 **b** 的值。最优的标准是使得 $l$ 和 $m$ 最大程度地相关，那么零阶 Pearson 相关系数的平方 $r^2_{lm}$ 就是典型相关系数平方的最大值。我们将展示公式 4.20 中的四象限乘积的最大特征值（也就是 Roy 的 $\theta$）是典型相关系数的平方的最大值，$r^2_{C_{max}}$。最大特征根标准的显著性表格请参阅哈里斯的研究（Harris，2001：表 A.5）。而我们在表 4.5 中介绍的 $r^2_{C_{max}}$ 的近似 $F$ 检验将在第 5 章着重讨论。Roy 的 $r^2_{C_{max}}$ GCR 标准往往明显大于 $R^2_V$，$R^2_\Lambda$ 和 $R^2_T$。这是因为它是对可能存在的严重收缩的一个优化了的经验性的度量(Cohen & Nee，1984)。我们将在第 5 章进一步讨论这些统计量，并在第 7 章中讨论典型相关系数。

## 例 1 和例 2：性格数据和 PCB 数据

对于性格数据，典型相关系数的平方的最大值也就是 $\theta$ 为 $r^2_{C_{max}} = 0.246$，而对于 PCB 数据 $r^2_{C_{max}} = 0.354$。在两个例子中，我们都发现 **Y** 和 **X** 共有的共同方差的比例比 Pillai，Wilks 和 Hotelling 的标准要大得多。[1]对于任何给定的分析，如果在最大特征根在大小上与其他特征值差异很大的情况下，我们在仅基于最大特征根时最好谨慎地解释关联的性质。奥尔森(Olson，1976)讨论了一些情况。在这些情况下，四个关联强度的多元测度在聚集的特征值结构和发散的特征值结构下都有所不同。

---

[1]　由于这个明显的放大，Roy 的 $\theta$ 的近似的 $F$ 检验也是十分自由的，据说它是有上界的。SPSS 的 MANOVA 拒绝打印出 $\theta$ 做 $F$ 检验。但是 SPSS 的 GLM，SAS PROC REG 和 STATA 的 MANOVA 都计算出和打印出 $F$ 的值和 GCR 标准的 $p$ 值。SAS 9.2 提供了一种选择，可以对 $\theta$ 做一个更加保守、更加准确的检验。还有一点需要注意，SPSS MANOVA 用 $r^2_{C_{max}}$ 报道 GCR。而 SAS 用 $\lambda = \dfrac{r^2_{C_{max}}}{1 - r^2_{C_{max}}}$ 报道 GCR。其中 $\lambda$ 为 $\mathbf{Q}_E^{-1}\mathbf{Q}_H$ 的最大特征值。$\lambda$ 和 $r^2_{C_{max}}$ 的关系我们将在第 7 章中做更全面的介绍。

# 第 13 节 | 通过一元回归模型建立 Pillai 迹 $V$ 和 Wilks'$\wedge$

基于 Pillai 迹 $V$ 和 Wilks'$\Lambda$ 的解的矩阵在公式 4.28 至公式 4.32 中给出。这些矩阵对于解这些检验统计量及其 $R_m^2$ 的度量在计算上是很有效的方法。尽管 $R_V^2$ 和 $R_\Lambda^2$ 都是多重相关系数的平方,且范围都是 0 到 1。我们还有另一种方法建立这两种检验统计量和它们的 $R_m^2$。这种方法可以合并我们对这两种统计量意义的理解。这个方法需要连续地把变量残差化,然后从正交化的标准和预测变量中计算一元的多重相关系数的平方和。因为 Pillai 和 Wilks 的标准残差化的标准有点不同,我们对二者分开讨论。

## 通过 $p$ 个一元 $R^2$ 建立 Pillai 迹 $V$ 和 $R_V^2$

在任意多元模型中,Pillai 迹 $V$ 可以被显示为 $p$ 个连续残差化的反应变量的和。每一个反应变量都由 $q$ 个解释变量构成的完整集合所决定。定义 $Y_2 \mid Y_1$ 为 $Y_2 - \hat{Y}_2$ 的残差,通过回归 $\hat{Y}_2 = \beta_0 + \beta_1 Y_1$,把 $Y_2$ 中可以被 $Y_1$ 预测的方差移除。类似地,定义 $Y_3 \mid Y_1 Y_2$ 为 $Y_3 - \hat{Y}_3$ 的残差。其中 $Y_3$ 由 $Y_1$ 和 $Y_2$ 预测。然后重复这个过程,最终定义 $Y_p \mid$

$Y_1Y_2\cdots Y_{p-1}$ 为最后一个标准变量的残差 $Y_p - \hat{Y}_p$。其中 $\hat{Y}_p$ 由前面 $p-1$ 个反应变量预测。表 4.6 总结了预测模型和由它们建立的残差。这些连续残差化的反应变量是正交的。这说明对于相关的变量,每一个残差化的变量的平方和将比它们之前的平方和要小。从变量 $Y_1$ 开始,然后跟着随后的残差 $Y_2 \mid Y_1 \cdots Y_p \mid Y_{p-1}$,$p$ 个一元多重相关系数平方和解释变量 $X_1$,$X_2$,$\cdots$,$X_q$ 可以根据表 4.6 总结的方式计算。

和冗余系数不同,表 4.6 里第四列中定义的一元 $R^2$ 值的和不涉及任何 **Y** 的正交变量之间的方差重叠。因此表 4.6 的 $p$ 个残差化的一元 $R^2$ 的值符合 Pillai 迹的概念定义,因为 **Y** 中非冗余共同方差可以被 **X** 解释。所以,$V$ 的另一种计算方式就是对下面的序列求和:

$$V = R^2_{Y_1 \cdot X_1 X_2 \cdots X_q} + R^2_{Y_2 \mid Y_1 \cdot X_1 X_2 \cdots X_q} + \cdots$$
$$+ R^2_{Y_p \mid Y_1 \cdots Y_{p-1} \cdot X_1 X_2 \cdots X_q} \qquad [4.35]$$

不管是基于被 **X** 预测的分解的变量 **Y** 还是被 **Y** 预测的分解的变量 **X**,$V$ 的值是对称的。但是对于这两个模型,$V$ 的平均值却不是对称的。根据之前我们给出的原因,为了得到一个对称的多元关联强度测度,$p$ 和 $q$ 中的较小值是一个适当的除数。因此,

$$R^2_V = \frac{1}{s} V \qquad [4.36]$$

1. 例 1。性格数据中,残差化的变量 $Y$ 和 **X** 的相关系数矩阵总结在表 4.7 中。[①]

---

[①]    性格数据和 PCB 数据的原始变量的相关系数矩阵在表 2.1 和表 2.2 中给出。

**表 4.6 Pillai 迹 $V$ 的变量、残差和连续残差的一元完整模型的 $R^2$**

| 变量 | 残差 | 预测模型 | 一元 $R^2$ |
|---|---|---|---|
| $Y_1$ | — | — | $R^2_{Y_1 \cdot X_1 X_2 \cdots X_q}$ |
| $Y_2 \mid Y_1$ | $Y_2 - \hat{Y}_2$ | $\hat{Y}_2 = \beta_0 + \beta_1 Y_1$ | $R^2_{Y_2 \mid Y_1 \cdot X_1 X_2 \cdots X_q}$ |
| $Y_3 \mid Y_1 Y_2$ | $Y_3 - \hat{Y}_3$ | $\hat{Y}_3 = \beta_0 + \beta_1 Y_1 + \beta_2 Y_2$ | $R^2_{Y_3 \mid Y_1 Y_2 \cdot X_1 X_2 \cdots X_q}$ |
| $\vdots$ | $\vdots$ | $\vdots$ | $\vdots$ |
| $Y_p \mid Y_1 Y_2 \cdots Y_{p-1}$ | $Y_p - \hat{Y}_p$ | $\hat{Y}_p = \beta_0 + \beta_1 Y_1 + \beta_2 Y_2 + \cdots + \beta_{p-1} Y_{p-1}$ | $R^2_{Y_p \mid Y_1 Y_2 \cdots Y_{p-1} \cdot X_1 X_2 \cdots X_q}$ |

**表 4.7 性格数据里预测变量和残差化的反映变量间的相关系数**

| | $Y_1$ | $Y_2 \mid Y_1$ | $Y_3 \mid Y_1 Y_2$ | $Y_4 \mid Y_1 Y_2 Y_3$ | $X_1$ | $X_2$ | $X_3$ | $R^2$ |
|---|---|---|---|---|---|---|---|---|
| $Y_1$ | 1.000 | 0.000 | 0.000 | 0.000 | −0.140 | −0.040 | 0.270 | 0.100 2 |
| $Y_2 \mid Y_1$ | 0.000 | 1.000 | 0.000 | 0.000 | −0.034 | 0.437 | 0.117 | 0.192 0 |
| $Y_3 \mid Y_1 Y_2$ | 0.000 | 0.000 | 1.000 | 0.000 | −0.013 | 0.160 | 0.312 | 0.103 8 |
| $Y_4 \mid Y_1 Y_2 Y_3$ | 0.000 | 0.000 | 0.000 | 1.000 0 | −0.249 | 0.153 | −0.075 | 0.110 2 |
| $X_1$ | −0.140 | −0.034 | −0.013 | −0.249 | 1.000 | −0.100 | −0.200 | |
| $X_2$ | −0.040 | 0.437 | 0.160 | 0.153 | −0.100 | 1.000 | 0.330 | |
| $X_3$ | 0.270 | 0.117 | 0.312 | −0.075 | −0.200 | 0.330 | 1.000 | |

注：$Y_1$ = 背景准备，$Y_2$ = 社交准备，$Y_3$ = 后续面试，$Y_4$ = 录取，$X_1$ = 神经质，$X_2$ = 外向，$X_3$ = 责任感。

公式 4.35 中的一元 $R^2$ 出现在表 4.7 的最后一列。它们的和为：

$$V = R^2_{Y_1 \cdot X_1 X_2 X_3} + R^2_{Y_2|Y_1 \cdot X_1 X_2 X_3} + \cdots + R^2_{Y_4|Y_1 Y_2 Y_3 \cdot X_1 X_2 X_3} = 0.506\,2$$

把这个值与我们之前段落中的例子里算出的 $V = Tr[(\mathbf{Q}_E^* + \mathbf{Q}_H^*)^{-1}\mathbf{Q}_H^*] = 0.506\,2$ 相比较，二者相等。这就说明 $R_V^2$ 的值($V/s = 0.169$)肯定跟由公式 4.30 计算出来的一样。注意这个值是第二种版本的 Hooper' $\bar{r}^2 = \dfrac{1}{q} Tr[\mathbf{R}_{YY}^{-1} \mathbf{R}_{YX} \mathbf{R}_{XX}^{-1} \mathbf{R}_{XY}]$。而且因为对于这组数据 $q < p$，$\bar{r}^2 = R_V^2$ 是基于 $q + p$ 个变量模型[1]中的较小数 $q$。Pillai 迹因此是一组正交的变量 $Y$ 的方差可以被 $\mathbf{X}$ 解释的比例的和。因此对 $R_V^2$ 的解释是这些比例的一个适当的(也就是说，$s = \text{minimum}[p, q]$)算术平均。这些解与 $V$ 和 $R_V^2$ 的矩阵解的关系可以这样理解：在分析前先对变量 $Y$ 进行正交化，再把公式 4.20 中的矩阵 $\mathbf{R}_{YY}$ 化简为单位矩阵。让 $\mathbf{R}_{YY} = \mathbf{I}$ 把公式 4.20 简化为矩阵 $\mathbf{Q}_F^*$，其对角线元素是我们在上面描述的残差化的 $R^2$。$\mathbf{IR}_{YX} \mathbf{R}_{XX}^{-1} \mathbf{R}_{XY}$ 的迹就是这些对角线元素的和，也就是 Pillai 迹 $V$。

2. 例 2。PCB 数据里，连续残差化的变量 $Y$ 和解释变量 $X_1$，$X_2$ 和 $X_3$ 的相关系数矩阵将展示在表 4.8 中。原始变量的相关系数矩阵显示在表 2.2 里。PCB 数据里 $V$ 的值可以通过对表 4.8 里最后一列中的六个一元 $R^2$ 求和得到：

$$V = R^2_{Y_1 \cdot X_1 X_2 X_3} + R^2_{Y_2|Y_1 \cdot X_1 X_2 X_3} + \cdots + R^2_{Y_6|Y_1 Y_2 Y_3 Y_4 Y_5 \cdot X_1 X_2 X_3}$$
$$= 0.418\,8$$

---

① 残差化变量 $X$，然后由 $\mathbf{Y}$ 来预测残差，再对 $q$ 个一元 $R^2$ 求和就能得到 $V = 0.506\,2$。这是因为 $V$ 是对称的而且不受预测方向的影响。$\bar{r}^2$ 的不对称性由对 $V$ 取 $s = \text{minimum}[p, q]$ 的平均值来修正。

**表 4.8 PCB 数据里预测变量和残差变化的反映变量间的相关系数**

| | $Y_1$ | $Y_2\|Y_1$ | $Y_3\|Y_1Y_2$ | $Y_4\|Y_1Y_2Y_3$ | $Y_5\|Y_1\cdots Y_4$ | $Y_6\|Y_1\cdots Y_5$ | $X_1$ | $X_2$ | $X_3$ | $R^2$ |
|---|---|---|---|---|---|---|---|---|---|---|
| $Y_1$ | 1.00 | 0.00 | 0.00 | 0.00 | 0.00 | 0.00 | −0.387 | −0.043 | −0.364 | 0.166 8 |
| $Y_2\|Y_1$ | 0.00 | 1.00 | 0.00 | 0.00 | 0.00 | 0.00 | −0.116 | 0.106 | −0.142 | 0.029 3 |
| $Y_3\|Y_1Y_2$ | 0.00 | 0.00 | 1.00 | 0.00 | 0.00 | 0.00 | −0.114 | 0.149 | −0.086 | 0.038 2 |
| $Y_4\|Y_1Y_2Y_3$ | 0.00 | 0.00 | 0.00 | 1.00 | 0.00 | 0.00 | −0.149 | 0.042 | −0.104 | 0.025 1 |
| $Y_5\|Y_1\cdots Y_4$ | 0.00 | 0.00 | 0.00 | 0.00 | 1.00 | 0.00 | 0.288 | 0.021 | 0.313 | 0.107 6 |
| $Y_6\|Y_1\cdots Y_5$ | 0.00 | 0.00 | 0.00 | 0.00 | 0.00 | 1.00 | 0.147 | −0.123 | 0.205 | 0.051 8 |
| $X_1$ | −0.387 | −0.116 | −0.114 | −0.149 | 0.288 | 0.147 | 1.00 | 0.047 | 0.731 | |
| $X_2$ | −0.043 | 106 | 0.149 | 0.042 | 0.021 | −0.123 | 0.047 | 1.00 | −0.130 | |
| $X_3$ | −0.364 | −0.142 | −0.086 | −0.104 | 0.314 | 0.205 | 0.731 | −0.130 | 1.00 | |

注：$Y_1$ = 瞬时记忆，$Y_2$ = 延迟记忆，$Y_3$ = Stroop 颜色测验，$Y_4$ = Stroop 词汇测验，$Y_5$ = 胆固醇的对数值，$Y_6$ = 三酸甘油酯的对数值，$X_1$ = 年龄，$X_2$ = 性别，$X_3$ = PCB。

而且 $q < p = s = 3$，$R_V^2 = 0.140$。这些值和之前章节中用矩阵方法算出的 $V$ 和 $R_V^2$ 一样。如果在这个问题里，我们用 $X_1 X_2 | X_1$ 和 $X_3 | X_1 X_2$ 对比变量 $Y$ 回归，$V$ 的值将会是 0.418 8。而且 Hooper' $\bar{r}^2$ 将和 $R_V^2$ 相等。

把除数定义为 $s = \text{minimum}[p, q]$ 的要求是被模型 $\mathbf{Y} = \mathbf{XB} + \mathbf{E}$ 中包含的典型相关系数的数目掌管的。我们将在第 7 章讨论这个问题的典型相关系数的解。

## 由 $p$ 个一元 $R^2$ 建立 Wilks'$\Lambda$ 和 $R_\Lambda^2$

根据连续分布的变量重新建立 Wilks'$\Lambda$ 服从和 Pillai'$V$ 类似的模式。对于 $V$，分解过程只涉及变量 $Y$。而对于 $\Lambda$，变量 $Y$ 分解过程包括对每个回归模型中涉及的后续变量 $Y$ 和后续变量 $X$ 的分解。变量 $Y_1$，$Y_2 | Y_1$，$\cdots$，$Y_p | Y_{p-1}$ 和在上面介绍 Pillai'$V$ 时一样。此外，我们必须建立新的解释变量集合。每一个新的解释变量都是通过对变量 $Y$ 的连续分解得到——$X_1 | Y_1$，$X_2 | Y_1$，$X_3 | Y_1$，$\cdots$，$X_q | Y_1$，$X_1 | Y_1 Y_2$，$X_2 | Y_1 Y_2$，$X_3 | Y_1 Y_2$，$\cdots$，$X_q | Y_1 Y_2$，以及最终的 $X_1 | Y_1 \cdots Y_{p-1}$，$X_2 | Y_1 \cdots Y_{p-1}$，$\cdots$，$X_q | Y_1 \cdots Y_{p-1}$。分解变量、残差和预测模型在表 4.9 中的第一主三列中给出，而且建立 Wilks'$\Lambda$ 所需要的一元 $R^2$ 定义在第四列。Wilks'$\Lambda = \dfrac{|Q_E|}{|Q_E + Q_H|}$ 的定义是误差 SSCP 矩阵与伪总体 SSCP 矩阵的一个比值。这个定义说明 $\Lambda$ 在概念上等价于疏远系数 $1 - R^2$。还有一个事实是多元 $R_\Lambda^2$ 是一列乘积的几何平均。这表明 $\Lambda$ 可以被 $p$ 个连续分隔的一元的 $R^2$（定义在表 4.9 中的最后一列）的乘积序列逼近。

表 4.9　变量、残差和 Wilks'Λ 所需残差的一元完整模型的 $R^2$

| 变量 | 残差 | 预测模型 | 一元 $R^2$ |
|---|---|---|---|
| $Y_1$ | — | — | $R^2_{Y_1 \cdot X_1 X_2 \cdots X_q}$ |
| $Y_2 \mid Y_1$ | $Y_2 - \hat{Y}_2$ | $\hat{Y}_2 = \beta_0 + \beta_1 Y_1$ | $R^2_{(Y_2 \mid Y_1) \cdot X_1 \mid Y_1 \cdots X_q \mid Y_1}$ |
| $Y_3 \mid Y_1 Y_2$ | $Y_3 - \hat{Y}_3$ | $\hat{Y}_3 = \beta_0 + \beta_1 Y_1 + \beta_2 Y_2$ | $R^2_{(Y_3 \mid Y_1 Y_2) \cdot X_1 \mid Y_1 Y_2 \cdots X_q \mid Y_1 Y_2}$ |
| $\vdots$ | $\vdots$ | $\vdots$ | $\vdots$ |
| $Y_p \mid Y_1 Y_2 \cdots Y_{p-1}$ | $Y_p - \hat{Y}_p$ | $\hat{Y}_p = \beta_0 + \beta_1 Y_1 + \beta_2 Y_2 + \cdots + \beta_{p-1} Y_{p-1}$ | $R^2_{(Y_p \mid Y_1 Y_2 \cdots Y_{p-1}) \cdot X_1 \mid Y_1 Y_2 \cdots Y_{p-1} \cdots X_q \mid Y_1 Y_2 \cdots Y_{p-1}}$ |
| $X_1 \mid Y_1$ | $X_1 - \hat{X}_1$ | $\hat{X}_1 = \beta_0 + \beta_1 Y_1$ | |
| $X_2 \mid Y_1$ | $X_2 - \hat{X}_2$ | $\hat{X}_2 = \beta_0 + \beta_1 Y_1$ | |
| $\vdots$ | $\vdots$ | $\vdots$ | |
| $X_q \mid Y_1$ | $X_q - \hat{X}_q$ | $\hat{X}_q = \beta_0 + \beta_1 Y_1$ | |
| $X_1 \mid Y_1 Y_2$ | $X_1 - \hat{X}_1$ | $\hat{X}_1 = \beta_0 + \beta_1 Y_1 + \beta_2 Y_2$ | |
| $X_2 \mid Y_1 Y_2$ | $X_2 - \hat{X}_2$ | $\hat{X}_2 = \beta_0 + \beta_1 Y_1 + \beta_2 Y_2$ | |
| $\vdots$ | $\vdots$ | $\vdots$ | |
| $X_q \mid Y_1 Y_2$ | $X_q - \hat{X}_q$ | $\hat{X}_q = \beta_0 + \beta_1 Y_1 + \beta_2 Y_2$ | |
| $X_1 \mid Y_1 Y_2 \cdots Y_p$ | $X_1 - \hat{X}_1$ | $\hat{X}_1 = \beta_0 + \beta_1 Y_1 + \beta_2 Y_2 + \cdots + \beta_p Y_p$ | |
| $X_2 \mid Y_1 Y_2 \cdots Y_p$ | $X_2 - \hat{X}_2$ | $\hat{X}_2 = \beta_0 + \beta_1 Y_1 + \beta_2 Y_2 + \cdots + \beta_p Y_p$ | |
| $\vdots$ | $\vdots$ | $\vdots$ | |
| $X_q \mid Y_1 Y_2 \cdots Y_p$ | $X_q - \hat{X}_q$ | $\hat{X}_q = \beta_0 + \beta_1 Y_1 + \beta_2 Y_2 + \cdots + \beta_p Y_p$ | |

因此，$\Lambda$ 的一个对称测度可以定义为一元 $(1-R^2)$ 的一个乘积序列：

$$\Lambda=(1-R^2_{Y_1 \cdot X_1 X_2 \cdots X_q})(1-R^2_{(Y_2|Y_1) \cdot X_1|Y_1 X_2|Y_1 \cdots X_q|Y_1}) \cdots$$

$$(1-R^2_{(Y_p|Y_1 \cdots Y_{p-1}) \cdot X_1|Y_1 \cdots Y_{p-1} \cdots X_p|Y_1 \cdots Y_{p-1}}) \qquad [4.37]$$

$R^2_\Lambda$ 相应的度量是基于对势 $\dfrac{1}{s}$ 的一个几何平均。这与之前定义的 $\Lambda$ 的值相等：

$$R^2_\Lambda=1-\Lambda^{\frac{1}{s}} \qquad [4.38]$$

1. 例 1。根据表 4.10 中残差化的相关系数，性格数据中的 $\Lambda$ 和 $R^2_\Lambda$ 的值可以被重建。

表 4.10    性格数据里，建立 Wilks'$\Lambda$ 所需的相关系数

| | $X_1$ | $X_2$ | $X_3$ | $X_1|Y_1$ | $X_2|Y_1$ | $X_3|Y_1$ | $X_1|Y_1Y_2$ |
|---|---|---|---|---|---|---|---|
| $Y_1$ | −0.140 | −0.040 | 0.270 | 0.000 | 0.000 | 0.000 | 0.000 |
| $Y_2|Y_1$ | −0.034 | 0.437 | 0.117 | −0.035 | 0.438 | 0.122 | 0.000 |
| $Y_3|Y_1Y_2$ | −0.013 | 0.160 | 0.312 | −0.013 | 0.160 | 0.324 | −0.013 |
| $Y_4|Y_1Y_2Y_3$ | −0.249 | 0.153 | −0.075 | −0.251 | 0.154 | −0.078 | −0.251 |

| | $X_2|Y_1Y_2$ | $X_3|Y_1Y_2$ | $X_1|Y_1Y_2Y_3$ | $X_2|Y_1Y_2Y_3$ | $X_3|Y_1Y_2Y_3$ | $R^2$ |
|---|---|---|---|---|---|---|
| $Y_1$ | 0.000 | 0.000 | 0.000 | 0.000 | 0.000 | 0.100 2 |
| $Y_2|Y_1$ | 0.000 | 0.000 | 0.000 | 0.000 | 0.000 | 0.192 8 |
| $Y_3|Y_1Y_2$ | 0.178 | 0.326 | 0.000 | 0.000 | 0.000 | 0.113 9 |
| $Y_4|Y_1Y_2Y_3$ | 0.171 | −0.079 | −0.251 | 0.174 | −0.083 | 0.117 4 |

注：$\mathbf{R}_{YY}=\mathbf{I}$ 在表格中被省略了。$Y_1=$ 背景准备，$Y_2=$ 社交准备，$Y_3=$ 后续面试，$Y_4=$ 录取，$X_1=$ 神经质，$X_2=$ 外向，$X_3=$ 责任感。

运用 $\Lambda$ 作为疏远系数乘积序列的定义，我们可以得到：

$$\Lambda=\mathbf{\Pi}(1-R^2_k)=(1-0.100\ 2)(1-0.192\ 8)$$

$$(1-0.113\ 9)(1-0.117\ 4)=0.568\ 0$$

因为 $\Lambda$ 的值是一个乘积序列，$\mathbf{Y}$ 的共同方差可以被 $\mathbf{X}$ 解释的部分可以通过基于 $s = \min[p, q] = 3$ 的几何平均来估计。因此，$R_\Lambda^2 = 1 - \Lambda^{\frac{1}{s}} = 0.172$。通过这些完全分解的一元回归模型计算出的 $\Lambda$ 和 $R_\Lambda^2$ 的值，和我们通过公式 4.31 和公式 4.32 获得的结果完全一样。

2. 例 2。我们可以对 PCB 数据使用相同的变量 $Y$ 和 $X$ 的分解模式来建立六个一元多重相关系数的平方：$R^2_{瞬时记忆} = 0.166\,8$，$R^2_{延迟记忆} = 0.032\,3$，$R^2_{\text{Stroop}字词测验} = 0.040\,7$，$R^2_{\text{Stroop}颜色测验} = 0.030\,0$，$R^2_{胆固醇} = 0.134\,8$，$R^2_{三酸甘油酯} = 0.068\,6$。通过这些 $R^2$，连续分隔的疏远系数的乘积为：

$$\Lambda = (1 - 0.166\,8)(1 - 0.032\,3)(1 - 0.040\,07)$$
$$(1 - 0.030\,0)(1 - 0.134\,8)(1 - 0.068\,6) = 0.604\,6$$

而且，

$$R_\Lambda^2 = 1 - 0.604\,6^{\frac{1}{3}} = 0.154$$

它与矩阵行列式比值这种计算上更有效的方法算出来的结果相同。

我们已经打算用这些例子来给出 Pillai 的 $R_V^2$ 和 Wilks 的 $R_\Lambda^2$ 的另一种定义——在字面上是一组适当分解的一元 $R^2$ 的平均值（几何或者算术）。而且就这点而言，它提供了另一种角度来理解这些多元测度是如何推广它们的一元对应部分。正如克拉默和尼斯旺德（Cramer & Nicewander，1979）所提出的，我们怀疑 Hotelling 迹 T 和一组一元 $R^2$ 的调和平均有类似的联系——这些算术上的差别可以部分地解释为什么 $V$，$\Lambda$ 和 T 的值在实际中有所不同。

　　我们已经展示了多元线性模型的 SSCP 矩阵的分解提供了获得多元检验统计量及其关联强度的测度的基础。有这些估计值在手,我们现在可以评价观测样本 **Y** 和 **X** 之间的联系是不是只是抽样变化制造的假象。在第 5 章中,我们将讨论一些对 **Y** 和 **X** 之间关系的各种假设检验的一些通用方法。我们将介绍多元广义线性假设检验(Burdick,1982;Rencher,1998:272—273)作为一种有效和灵活的策略,来检验多元线性模型的各种假设集合。

第 **5** 章

多元广义线性模型中的
假设检验

多元线性模型分析中假设检验的策略是基于我们在第 1 章中对一元回归分析所描述的四个步骤——模型识别，模型参数的估计，算出 $R_m^2$ 的测度，然后假设通过一个合适的检验统计量被检验。在之前的章节中，我们已经估计了多元模型的参数，对模型的 SSCP 矩阵进行了分解，而且介绍了四种定义多元关联强度的方法，分别基于 Pillai，Wilks，Hotelling 和 Roy 的统计量。与这些检验统计量相联系的多元 $R_m^2$ 已经显示出是 SSCP 矩阵 $\mathbf{Q}_T$，$\mathbf{Q}_F$，$\mathbf{Q}_E$，$\mathbf{Q}_R$ 和 $\mathbf{Q}_H$ 的函数。

我们在第 4 章中注意到了 $\mathbf{Q}_H = \mathbf{Q}_F - \mathbf{Q}_R$ 的定义，这是所有四个多元检验统计量及其 $R_m^2$ 的一个重要特点。它是源于对 $\mathbf{B}_{(q+1 \times p)}$ 加以特定假设 $H_0$ 暗示的限制。一个关于任何由 $\mathbf{Q}_H$ 定义的 $R_m^2$ 的显著性检验都将让数据分析者去消除这样一种解释：$R_V^2$，$R_\Lambda^2$，$R_T^2$ 和 $R_\theta^2$ 的任何非零样本值是来自抽样变化。

在第 1 章中我们介绍和演示了广义线性假设检验，$H_0$：$\mathbf{L\beta} = \mathbf{k}$，其中对比矩阵 $\mathbf{L}$ 可以用于识别一个或多个 $\boldsymbol{\beta}$ 中元素组成的集合。该集合与将要被检验的假设相关联。我们已经知道，在评价假设时，$F$ 检验的分子需要用到 $\mathrm{SS}_{假设}$。通过使用 $\mathbf{L\hat{\beta}}$（公式 1.22）得到的 $\mathrm{SS}_{假设}$ 的计算等价于用于形成全

模型和限制模型 $R^2$ 的差的额外平方和方法。这个差异 $R^2_{假设}$
$=R^2_{全}-R^2_{限制}$ 也被显示可以得到相同的 $F$ 检验的分子(公式
1.18)。

　　对比矩阵 $L$、参数矩阵 $\mathbf{B}$ 及它的样本估计 $\hat{\mathbf{B}}$ 可以完全一
样地用于定义多元广义线性检验。当涉及这四种多元检验
统计量的近似 $F$ 检验时,这种评价假设 SSCP 矩阵 $\mathbf{Q}_H$ 的方
法将被证明是对各种多元模型假设检验灵活的和有效的。

# 第 1 节 | 多元广义线性检验

第 4 章讨论了如何把总体 SSCP 矩阵分解成若干组成部分的方法。这样就引出了四种多元检验统计量及其相应的关联强度测度的定义。我们已经演示了对于任何有 $p$ 个反应变量、$q_f$ 个解释变量的多元线性模型,假设的基于 $q_h$ 个预测变量的 SSCP 矩阵 $\mathbf{Q}_H$ 和误差 SSCP 矩阵 $\mathbf{Q}_E$,对形成每一个多元检验统计量及其 $R_m^2$ 的度量十分重要。表 4.5 总结了多元检验统计量和相应的多元 $R_m^2$ 的定义。

回忆一下,$\mathbf{Q}_H$ 是关于由特定设计矩阵 $\mathbf{X}$ 定义的一个全模型和限制模型 $\mathbf{X}_r$ 之间差的一个函数。它通过在原模型上施加 $H_0$ 暗含的限制而得到。因为设计矩阵 $\mathbf{X}$ 的识别对于一元和多元回归没有区别,在 $H_0$ 下对 $\mathbf{B}$ 的行的限制与第 1 章中演示的一元例子相同。对于多元模型,一个合适的对比矩阵的定义的主要区别是系数矩阵 $\mathbf{B}$ 有 $p > 1$ 列,其阶数是 $(q+1 \times p)$,而不是 $(q+1 \times 1)$。

利用第 4 章中 $p=2$,$q+1=3$ 的例子,对于两个被解释变量,两个预测变量(除了截距项)的四个回归系数形成的对总体的原假设为:

$$H_0 : \mathbf{B} = \begin{bmatrix} \beta_{01} & \beta_{02} \\ \beta_{11} & \beta_{12} \\ \beta_{21} & \beta_{22} \end{bmatrix} = \begin{bmatrix} \beta_{01} & \beta_{02} \\ 0 & 0 \\ 0 & 0 \end{bmatrix}$$

在全模型上施加的限制就可以得到限制模型矩阵的定义，$\mathbf{B}_R = [\beta_{01} \quad \beta_{02}]$。用样本估计值 $\hat{\mathbf{B}}_R$ 来替代 $\mathbf{B}_R$，我们可以获得限制模型的 SSCP 矩阵 $\mathbf{Q}_R = \hat{\mathbf{B}}_R' \mathbf{X}_R' \mathbf{Y}$，并最终得到需要的假设 SSCP 矩阵 $\mathbf{Q}_H = \mathbf{Q}_F - \mathbf{Q}_R$。一旦我们获得了 $\mathbf{Q}_H$，我们就可以用它来定义表 4.5 中的任意多元检验统计量和它们的 $R_m^2$。

介绍一种获得 $\mathbf{Q}_H$ 的便捷方法。定义一个 $(q_h \times q + 1)$ 阶的对比矩阵 $\mathbf{L}$ 和矩阵乘积 $\mathbf{LB}$ 定义的一个对比，然后我们就能得到和上面关于 $H_0$ 陈述相同的结论。也就是：

$$H_0 : \mathbf{LB} = \begin{bmatrix} 0 & 1 & 0 \\ 0 & 0 & 1 \end{bmatrix} \begin{bmatrix} \beta_{01} & \beta_{02} \\ \beta_{11} & \beta_{12} \\ \beta_{21} & \beta_{22} \end{bmatrix} = \begin{bmatrix} \beta_{11} & \beta_{12} \\ \beta_{21} & \beta_{22} \end{bmatrix} = \begin{bmatrix} 0 & 0 \\ 0 & 0 \end{bmatrix}$$

类似公式 1.22 中 $SS_{假设}$ 的一元计算，多元假设 SSCP 矩阵 $\mathbf{Q}_H$ 可以被类似的定义为对比 $\mathbf{LB}$ 的一个函数。用 $\hat{\mathbf{B}}$ 替代 $\mathbf{B}$，与设定的假设相一致的 $\mathbf{Q}_H$ 为：

$$\mathbf{Q}_H = (\mathbf{L}\hat{\mathbf{B}})' (\mathbf{L}(\mathbf{X}'\mathbf{X})^{-1}\mathbf{L}')^{-1} (\mathbf{L}\hat{\mathbf{B}}) \qquad [5.1]$$

公式 5.1 中的 $\mathbf{Q}_H$，以及任何依赖于 $\mathbf{Q}_H$ 的统计量，都与假设 SSCP 矩阵相同。假设 SSCP 矩阵可能已经通过假设检验的全模型对限制模型的额外平方和的方法获得。这个方法与之前的方法等价，但是更加麻烦。

除了 $\mathbf{B}$ 的 $q + 1$ 行的比较以外，与一元模型不相关的对比矩阵的多元版本的另一个特点是包括了对 $\mathbf{B}$ 的 $p$ 列（也就是变量 $Y$）的可能对比。多元广义线性假设检验的延伸包括了既作用于解释变量也作用于反应变量的对比。这个对比采取下面的形式：

$$H_0 : \mathbf{LBM} = \mathbf{K} \qquad [5.2]$$

　　为了定义多元假设检验的额外的方面，矩阵 **M** 可以被引入用于适应 $p$ 个被解释变量的列间对比。在方差问题的重复度量分析的求解过程中矩阵 **M** 是很重要的一个特点。在方差问题中，变量 $Y$ 在不同时间用相同的测度重复度量或者用同一单位多次测量。这样使得我们的对比在逻辑上是明智的，例如，剖面分析（Maxwell & Delaney，2004）。如果 $p=2$，$q+1=3$ 的问题中的变量 $Y_1$ 和 $Y_2$ 用相同的单位在不同的时间重复度量，那么重复度量因素的对比（也就是，均值差异 $Y_1-Y_2$）可以被定义在 **M** 中。用 $X_0$ 作为唯一的预测变量（也就是，不把预测变量 $X_1$，$X_2$ 纳入到模型当中）可以通过由 **LBM** 定义的假设检验获得：

$$H_0 : \textbf{LBM} = [1][\beta_{01} \quad \beta_{02}] \begin{bmatrix} 1 \\ -1 \end{bmatrix} = [\beta_{01} - \beta_{02}] = 0$$

它是一个关于 $Y_1$ 和 $Y_2$ 均值差异的检验。类似地识别 **L** 和 **M** 里的对比，我们可以处理组间因素和组内因素更复杂的重复度量问题。所有市面上的商业软件的算法都将适应完整 **LBM** 识别的使用。

　　我们指出这些重复度量的应用是为警示读者：能被广义线性检验策略分析的模型的种类有很多。本章中处理的多元问题不涉及对 **B** 中各列的重复测度和剖面对比。而且我们在后面就直接整个忽略掉 **M**，将仅依赖对 **LB** 的识别来进行各种假设检验。全面的关于多元重复测度分析的讨论请参阅奥布赖恩与凯泽（O'Brien & Kaiser，1985）以及伦彻（Rencher，1998:296—297）。

# 第 2 节 | 多元检验统计量及其近似 *F* 检验

Pillai 迹 $V$（Pillai，1960），Wilks' $\Lambda$（Wilks，1932），Hotelling 迹 $T$（Hotelling，1951）和 Roy（1957）最大特征根（GCR）$\theta$ 的多元抽样分布都非常复杂。而且需要特定的表格去覆盖实际中[①]很多不同 $p$，$q_h$，$n$ 和 $\alpha$ 组合的例子。考虑到可行性问题，使用表格来对 $V$，$\Lambda$，$T$ 和 $\theta$ 做显著性检验非常繁琐。因此，我们已经开发了类似于 $F$ 比率的近似显著性检验来进行多元领域的假设检验，在大部分的应用中都足够准确。最著名的近似 $F$ 检验由拉奥（Rao，1951）提出，它连同另一种类似的近似 $F$ 检验都已经被整合到多元分析的商业软件中。$V$，$\Lambda$，$T$ 和 $\theta$ 的多元近似 $F$ 检验都是公式 4.24 到公式 4.26 的一元 $F$ 检验的直接推广。而且它们依赖于适当的多元 $R_m^2$，

$$F_{(v_h, v_e)} = \frac{R_m^2}{1 - R_m^2} \cdot \frac{v_e}{v_h} \qquad [5.3]$$

用表 4.5 中的任意多元关联强度的测度来代替 $R_m^2$，然后

---

① 具体推导请参阅 Anderson，2003：8.5—8.6 部分。各个表格可以参阅 Rencher，1998：表 B4—B7，更详细的 Roy 最大特征根 $\theta$ 的表格请参阅 Harris，2001：表 A.5。

纳入每个检验统计量误差和假设的多元自由度（$v_e$ 和 $v_h$），就得到假设（这个假设生成了全模型检验和分解作用检验的 $R_m^2$）的近似的 $F$ 检验统计量。近似 $F$ 检验用途非常广，而且在某些情况下（如果 $p$ 或 $q=1$ 或 2）可以得到一个准确的假设检验。除了 Roy 最大特征根 $\theta$，$V$，$\Lambda$ 和 $T$ 的近似 $F$ 检验都在大部分研究应用[1]中足够准确。

正如前面章节中提到的，**LB** 的形式定义了将要被检验的假设，这可以是全模型检验，可以是一个预测变量的分解检验，还可以是更复杂的预测变量组合的分解检验。任何依赖于 $(\mathbf{Q}_e + \mathbf{Q}_H)$ 而不是 $\mathbf{Q}_T$ 的 $R_m^2$ 就定义了一个偏而不是半偏多元关联强度的测度。[2] 大部分市面上的多元软件程序都会提供一种 $R_m^2$ 的测度。这样的程序都会默认输出分解结果。其他需要接触到多元半偏 $R_m^2$（van den Berg & Lewis, 1988）的算法我们在这里不做讨论。

在接下来的章节中，我们将介绍 $V$，$\Lambda$，$T$ 和 $\theta$ 的近似 $F$ 检验。这些都能通过公式 5.3 的适当形式得到。我们也将参与定义每个检验的假设和误差的多元自由度（用 $v_h$ 和 $v_e$ 表示）。自由度的定义比一元的情况要复杂得多。

---

① 我们知道 $\theta$ 的近似 $F$ 检验有很自由的上界，而 $\theta$ 的表格将给出更加保守的结果。9.2 版的 SAS 也会提供 $\theta$ 的一种更加保守严格的检验。

② 对于任何完整模型的分析，公式 5.3 和表 4.5 中的 $R_m^2$ 定义的度量和检验是针对完全分隔的作用，而不是半分隔。如果我们想获得半偏 $R^2$ 的多元检验，这样的效果需要用到 SPSS MATRIX, SAS IML, STATA MATA 中的程序或者类似的计算机命令。并不是市面上所有的软件都提供 $R_m^2$ 作为它们的输出结果。$R_m^2$ 的值可以通过 $R_m^2 = \dfrac{F(v_h)}{F(v_h) + v_e}$ 恢复。

# 第 3 节 ∣ 对 Pillai 迹 V 的近似 F 检验

我们用 $R_V^2$ 替代公式 5.3 中的 $R_m^2$ 就可以定义 Pillai 迹 V 的近似 F 检验（Pillai，1960；Olson，1976）：

$$F_{V(v_h, v_e)} = \frac{R_V^2}{1 - R_V^2} \cdot \frac{v_e}{v_h} \qquad [5.4]$$

V 的近似 F 检验的假设和误差的自由度取决于 $n$，$p$，$q_f$，$q_h$ 和 $s$ 的值：

$$v_h = pq_h$$
$$v_e = s(n - q_f - 1 + s - p) \qquad [5.5]$$

其中，$n$ 为样本容量，$q_f$ 是全模型中预测变量的个数（除了截距项），$q_h$ 是 L 中行的数量，$p$ 是反应变量的个数，而 $s = $ minimum$[p, q_h]$。

## 例 1

原假设性格数据中 $p = 4$ 个反应变量的共同方差与神经质、外向、责任感构成的 $q = 3$ 个预测变量集合无关可以表示为：

$$H_0 : \mathbf{LB} = \begin{bmatrix} 0 & 1 & 0 & 0 \\ 0 & 0 & 1 & 0 \\ 0 & 0 & 0 & 1 \end{bmatrix} \begin{bmatrix} \beta_{01} & \beta_{02} & \beta_{03} & \beta_{04} \\ \beta_{11} & \beta_{12} & \beta_{13} & \beta_{14} \\ \beta_{21} & \beta_{22} & \beta_{23} & \beta_{24} \\ \beta_{31} & \beta_{32} & \beta_{33} & \beta_{34} \end{bmatrix}$$

$$= \begin{bmatrix} \beta_{01} & \beta_{12} & \beta_{13} & \beta_{14} \\ \beta_{21} & \beta_{22} & \beta_{23} & \beta_{24} \\ \beta_{31} & \beta_{32} & \beta_{33} & \beta_{34} \end{bmatrix} = \begin{bmatrix} 0 & 0 & 0 \\ 0 & 0 & 0 \\ 0 & 0 & 0 \end{bmatrix}$$

用 $\hat{\mathbf{B}}$ 替代 $\mathbf{B}$,根据公式 5.1 计算出 $\mathbf{Q}_H$,再用表 4.3 中的 $\mathbf{Q}_E$ 计算出 $V = Tr[(\mathbf{Q}_H + \mathbf{Q}_E)^{-1}\mathbf{Q}_H]$,我们可以得到 $V = 0.506\,2$ 和 $R_V^2 = V/s = 0.169$。注意到我们有 $v_e = 3(99 - 3 - 1 + 3 - 4) = 282$ 和 $v_h = 4(3) = 12$,我们可以得到 Pillai 迹 $V$ 的近似 $F$ 检验为:

$$F_{V(12,\,282)} = \frac{0.169}{1 - 0.169} \cdot \frac{282}{12} = 4.77$$

它的 $p < 0.000\,1$。[1]我们可以得出这样的结论:四个工作申请的反应变量与三个性格特征显著相关。这个全模型的关系不是非常的详细,但常常被看作多元关系评价的第一步。在后面的章节中,我们将介绍关于这些数据实际上更加有趣的假设检验。

## 例 2

年龄、性别、暴露于 $PCB$ 和六个认知、记忆和心血管疾

---

[1]　自由度为 12 和 282 时,$F = 4.77$ 的 $p$ 值为 $4.5 * 10^{-05}$。注意,$p < 0.000\,1$ 说明能提供足够的信息。

病风险因素的变量的模型关系的检验可以用类似的方法进行。原假设预测变量与标准变量间没有关系可以写成：

$$H_0 : \mathbf{LB} = \begin{bmatrix} 0 & 1 & 0 & 0 \\ 0 & 0 & 1 & 0 \\ 0 & 0 & 0 & 1 \end{bmatrix} \begin{bmatrix} \beta_{01} & \beta_{02} & \beta_{03} & \beta_{04} & \beta_{05} & \beta_{06} \\ \beta_{11} & \beta_{12} & \beta_{13} & \beta_{14} & \beta_{15} & \beta_{16} \\ \beta_{21} & \beta_{22} & \beta_{23} & \beta_{24} & \beta_{25} & \beta_{26} \\ \beta_{31} & \beta_{32} & \beta_{33} & \beta_{34} & \beta_{35} & \beta_{36} \end{bmatrix}$$

$$= \begin{bmatrix} \beta_{11} & \beta_{12} & \beta_{13} & \beta_{14} & \beta_{15} & \beta_{16} \\ \beta_{21} & \beta_{22} & \beta_{23} & \beta_{24} & \beta_{25} & \beta_{26} \\ \beta_{31} & \beta_{32} & \beta_{33} & \beta_{34} & \beta_{35} & \beta_{36} \end{bmatrix}$$

$$= \begin{bmatrix} 0 & 0 & 0 & 0 & 0 & 0 \\ 0 & 0 & 0 & 0 & 0 & 0 \\ 0 & 0 & 0 & 0 & 0 & 0 \end{bmatrix}$$

全模型的 SSCP 矩阵 $\mathbf{Q}_H$ 就是表 4.4 中的 $\mathbf{Q}_F$。为了检验这个 $p=6$，$q+1=4$ 的示例数据组的原假设，我们用第 3 章中给出的估计值 $\hat{\mathbf{B}}$ 来替代 $\mathbf{B}$，再根据公式 5.1 计算出 $\mathbf{Q}_H$。用表 4.4 中的矩阵 $\mathbf{Q}_E$ 和公式 4.28 和公式 4.29，可以得到 Pillai 迹 $V=0.418\,9$ 以及 $R_V^2=0.140$。PCB 数据的近似 $F_V$ 是基于 $n=262$，$q_h=3$，$v_e=3(262-3-1+3-6)=765$ 和 $v_h=6(3)=18$，我们可以得到：

$$F_{V(18,\,765)} = \frac{0.140}{1-0.140} \cdot \frac{765}{18} = 6.90$$

它的 $p<0.000\,1$。反应变量集合的 14% 的共同变化可以被年龄、性别和暴露于 PCB 解释。这个是显著异于 0 的。在之后的章节中，我们将讨论在调整年龄和性别的影响后关于暴露于 PCB 影响的假设。

# 第 4 节 | Wilks'Λ 的近似 F 检验

用拉奥（Rao，1951）的近似 F 检验来评价 Λ 的统计显著性的方法类似于 Pillai 迹 V。这四种多元检验统计量的 F 检验估计有很大程度的相似：假设是一样的，对比 $\mathbf{L}\hat{\mathbf{B}}$ 是一样的，因此所需要的 SSCP 矩阵 $\mathbf{Q}_H$ 和 $\mathbf{Q}_E$ 也是一样的。只有表 4.5 中展示的计算检验统计量和它的 $R_m^2$ 的方法在各个检验中有所不同。Λ 的近似 F 检验是公式 5.3 的一种特殊形式：

$$F_{\Lambda(v_h,\,v_e)} = \frac{R_\Lambda^2}{1-R_\Lambda^2} \cdot \frac{v_e}{v_h} \qquad [5.6]$$

假设的自由度与 V 相同。但是误差的自由度更加复杂，而且可以产生非整数值。$F_\Lambda$ 假设和误差的自由度分别为：

$$v_h = pq_h$$

$$v_e = 1 + td - \frac{pq_h}{2} \qquad [5.7]$$

其中，$p$ 和 $q_h$ 就是它们通常的含义，而 $t$ 和 $d$ 被定义为：

$$t = n - 1 - \frac{p + q_h + 1}{2}$$

$$d = \sqrt{\frac{p^2 q_h^2 - 4}{p^2 + q_h^2 - 5}} \quad (p^2 q_h^2 \neq 4,\text{否则 } d = 1) \qquad [5.8]$$

因为用 Wilks'Λ 做假设检验和用其他检验统计量时一样，$H_0: \mathbf{LB} = \mathbf{0}$，因此 $\mathbf{Q}_H$ 的值已经在前面的段落中被识别了。

## 例 1

对性格数据我们可以得到 $\Lambda = \dfrac{|\mathbf{Q}_E|}{|\mathbf{Q}_E + \mathbf{Q}_H|} = 0.568\,0$ 和 $R_\Lambda^2 = 1 - \Lambda^{\frac{1}{3}} = 0.172$。整个模型的关系是基于 $p = 4$ 个反应变量和 $q_h = 3$ 个预测变量。根据公式 5.7 和公式 5.8，$t = 94$，$d = 2.645\,8$，$v_h = 12$，$v_e = 243.7$。根据公式 5.6，Wilks'Λ 的近似 $F$ 检验为：

$$F_{\Lambda(12,\,243.7)} = \frac{0.172}{1 - 0.172} \cdot \frac{243.7}{12} = 4.84$$

它的 $p < 0.000\,1$，我们可以得到与通过 Pillai 迹 $V$ 一样的结论。检验统计量 $V$ 和 $\Lambda$ 的 $R_m^2$ 的值是不同的。注意这两个 $R_m^2$ 一个是基于算术平均，一个是基于集合平均。同样还要注意，$v_e$ 是一个非整数值。尽管这个例子中两个近似 $F$ 检验的差别不大，通常的情形是这四个统计量的绝对值会有所不同。如果相对 $R_m^2$ 的值，样本量更大，那么检验的功效就足够大，而且很少会出现矛盾。但还是会出现四个多元检验统计量得到相互矛盾结论的情况。奥尔森（Olson，1974，1976）给出了关于四个检验统计量稳健性的建议，并讨论了可能出现差异的条件。

**例 2**

PCB 数据的 Wilks'$\Lambda$ 的近似 $F$ 检验可以根据 Pillai 迹例子中的 $\mathbf{Q}_H$ 和 $\mathbf{Q}_E$ 计算得出。我们发现 $\Lambda = \dfrac{|\mathbf{Q}_E|}{|\mathbf{Q}_E + \mathbf{Q}_H|} = 0.604\,6$，$R_\Lambda^2 = 0.154$。它们基于 $p = 6$ 个反应变量和 $q_h = 3$ 个解释变量。根据公式 5.7 和公式 5.8，我们可以得到 $t = 256$，$d = 2.828\,4$，$v_h = 18$，还有 $v_e = 716.08$。近似的 $F$ 检验为：

$$F_{\Lambda(12,\,243.7)} = \frac{0.154}{1 - 0.154} \cdot \frac{716.08}{18} = 7.74$$

它的 $p < 0.000\,1$。这就得出与 Pillai 迹 $V$ 的近似 $F$ 检验相同的结论。在研究文献中，Wilks'$\Lambda$ 是最早也是被最广泛引用的多元检验统计量。这些检验的功效和稳健性的比较请参阅奥尔森的研究（Olson，1974）。

# 第 5 节 | Hotelling 迹 T 的近似 F 检验

Hotelling 迹 T 是第三种在市面上多元数据分析软件中常规计算并报道的多元检验统计量。用于评价 $R_T^2$ 的统计显著性的近似 F 检验和 $V$, $\Lambda$ 有类似的通用结构：

$$F_{T(v_h, v_e)} = \frac{R_T^2}{1 - R_T^2} \cdot \frac{v_e}{v_h} \qquad [5.9]$$

自由度为：

$$v_h = pq_h$$
$$v_e = s(n - q_h - 2 - p) + 2 \qquad [5.10]$$

Hotelling 迹 T 的近似 F 检验的解和 $V$, $\Lambda$ 的解有相同模式。我们用下面两个例子的数据演示。

## 例 1

根据 $\mathbf{Q}_H$ 和 $\mathbf{Q}_E$，我们得到性格数据中 $T = Tr[\mathbf{Q}_E^{-1}\mathbf{Q}_H] = 0.635\,7$，$R_T^2 = 0.175$。这组数据是基于 $n = 99$，$p = 4$，$q_h = 3$ 和 $s = 3$。根据公式 5.9 和公式 5.10，$v_h = 12$，$v_e = 272$。T 的近似 F 检验为：

$$F_{T(12, 272)} = \frac{0.175}{1 - 0.175} \cdot \frac{272}{12} = 4.80$$

它的 $p < 0.000\,1$。这个结果与 $F_V$，$F_\Lambda$ 相一致。

## 例 2

通过之前例子中的 $\mathbf{Q}_H$ 和 $\mathbf{Q}_E$ 分析 PCB 数据，我们可以得到 $T = 0.615\,5$，$R_T^2 = 0.170$。它们基于 $n = 262$，$p = 6$，$q_h = 3$ 和 $s = 3$。因为 $v_h = 18$，$v_e = 755$，T 的近似 $F$ 检验可以写成：

$$F_{T(18,\,755)} = \frac{0.170}{1 - 0.170} \cdot \frac{755}{18} = 8.61$$

它的 $p < 0.000\,1$。

关于这些例子中全模型的关系，Pillai 迹 $V$、Wilks'$\Lambda$ 和 Hotelling'T 的结果给出了相同的结论。所以没必要在三种检验中做出选择。有证据（Olsen 1976，1979）表明，在这三个检验统计量中，Pillai 迹 $V$ 从某种程度上最不会被怀疑违反 $F$ 检验的潜在经典假设，也就是功效最强。但是它与其他统计量的差异，尤其是和 $\Lambda$，在实际考虑中显得微不足道。前面段落中介绍第四个也是最后一个经常出现在多元分析的电脑输出的检验统计量就是 Roy 最大特征根 $\theta$。

# 第 6 节｜Roy 最大特征根 $\theta$ 的近似 $F$ 检验

Roy 最大特征根 $\theta$ 是一个基于 $(\mathbf{Q}_E + \mathbf{Q}_H^{-1})\mathbf{Q}_H$ 的最大特征根的[①]多元检验统计量。它是 $\mathbf{Y}$ 和 $\mathbf{X}$ 之间最大典型相关系数的平方。对于样本值 $r_{C_{max}}^2$，$\theta$ 的近似 $F$ 检验是公式 5.3 的一个特殊情况：

$$F_{\theta_{(v_h,\,v_e)}} = \frac{r_{C_{max}}^2}{1 - r_{C_{max}}^2} \cdot \frac{v_e}{v_h} \qquad [5.11]$$

它的自由度为：

$$v_h = p$$
$$v_e = n - q_f - 1 - p + q_h \qquad [5.12]$$

尽管我们把对 $\theta$ 和 $r_{C_{max}}^2$ 计算细节的解释推迟到了第 7 章，但我们会在这里介绍对它的近似 $F$ 检验，因为大部分多元分析统计软件都会输出这一结果。

## 例 1

对于性格数据，最大典型相关系数的平方为 $r_{C_{max}}^2 =$

---

① 有些电脑软件把 Roy 最大特征根称作 $\mathbf{Q}_E^{-1}\mathbf{Q}_H$ 的最大特征值 $\lambda_{max}$ 和 $r_{C_{max}}^2$ 的关系为 $r_{C_{max}}^2 = \dfrac{\lambda_{max}}{1 + \lambda_{max}}$。这一点将在第 7 章中重点讨论。

0.246 4，它基于 $n=99$，$p=4$ 和 $q_h=3$。根据公式 5.11 和公式 5.12，$v_h=4$，$v_e=94$，则近似 $F$ 检验为：

$$F_{\theta_{(4,\,94)}} = \frac{0.246\,4}{1-0.246\,4} \cdot \frac{94}{4} = 7.69$$

它的 $p < 0.000\,1$。

## 例 2

PCB 例子中 Roy 的 $\theta$ 为 $r^2_{C_{max}} = 0.353\,8$。它来自一个 $n=262$，$p=6$，$q_h=3$ 的模型。对于这些数据 $v_h=6$，$v_e=255$，则近似的 $F$ 检验为：

$$F_{\theta_{(6,\,255)}} = \frac{0.353\,8}{1-0.353\,8} \cdot \frac{255}{6} = 23.27$$

它的 $p < 0.000\,1$。

Roy 最大特征根的近似 $F$ 检验是一个有上限的统计量。我们知道在与同用途的其他三个统计量比较时，这是一个十分自由的统计量。奥尔森（Olson，1974，1976）已经证明 Roy 最大特征根 $\theta$ 犯第一类错误的概率明显高于 $V$，$\Lambda$ 和 $T$。另外两种基于 Roy 最大特征根的方法可以得到更加准确的假设检验：（1）SAS GLM 程序中的 MSTAT $=$ EXACT 选择；（2）用 $\theta$ 值表（例如，Harris，2001：表 A.5）进行评价。对于这两个例子，两种方法都会拒绝前面章节中陈述的全模型的原假设。在影响的数量级较小的模型中，我们更偏好使用严格检验（SAS 或者表格）来评价 Roy 最大特征根 $\theta$。

# 第7节 | 对一个或一组预测变量的广义线性检验

　　前面章节讨论的全模型的假设检验往往是 **Y** 和 **X** 的多元关系评价的第一步，尽管全模型可能是我们众多假设检验中最不感兴趣的。把广义线性假设检验的策略拓展到分解的单个变量或者一组变量，将极大地增加我们可以检验的假设的数量和种类。几乎所有的商业软件都支持这些特定的检验。我们首先关注单独分解作用的多元检验，然后再关注一组预测变量检验的方法，再就是更加复杂的假设。在每一节中，我们也将介绍一元的后续检验，作为一种理解反应变量对多元关系贡献的方法。

# 第 8 节 | 对一个预测变量的多元假设 检验:性格数据

考虑一下性格数据这个例子,在这组数据中,四个和工作面试有关的变量被三个性格变量所预测:神经质、外向和责任感。由表 2.1 给出的相关系数,我们知道这组特征共变。这组数据的平均相关系数大约为 ±0.30。根据完整模型检验,预测变量的集合与反应变量有明显的关系,但是我们并不清楚每个维度如何对总体的关系做出贡献。如果不对其余性格因素做出调整,检测每个性格维度之间的关系将会高估它们对 **Y** 的独特贡献。对每个预测变量对 **Y** 的影响做多元假设检验,同时对其余预测变量的重叠(也就是混乱)做出调整便能解决这个问题。

神经质是一种体现焦虑、担心、害怕、害羞、易受伤等特征的性格维度。我们有理由相信,一个人如果在这个维度上有更高的值,将会在面试的各个方面遇到更多的困难。假设预测变量为 $X_0 = 1$, $X_1 =$ 神经质, $X_2 =$ 外向, $X_3 =$ 责任感,那么对神经质独特作用的假设可以通过参数 $\mathbf{B}_{(4 \times 4)}$ 上的适当的对比向量 **L** 来识别:

$$H_0 : \mathbf{LB} = \begin{bmatrix} 0 & 1 & 0 & 0 \end{bmatrix} \begin{bmatrix} \beta_{01} & \beta_{02} & \beta_{03} & \beta_{04} \\ \beta_{11} & \beta_{12} & \beta_{13} & \beta_{14} \\ \beta_{21} & \beta_{22} & \beta_{23} & \beta_{24} \\ \beta_{31} & \beta_{32} & \beta_{33} & \beta_{34} \end{bmatrix}$$

$$= \begin{bmatrix} \beta_{11} & \beta_{12} & \beta_{13} & \beta_{14} \end{bmatrix} = \begin{bmatrix} 0 & 0 & 0 & 0 \end{bmatrix}$$

把表 3.2 中的参数的估计值 $\hat{\mathbf{B}}$ 代入公式 5.1，然后算出对外向和责任感调整后的神经质的 $\mathbf{Q}_H$，我们可以得到：

$$\mathbf{Q}_{H_{(N|E, C)}} = \begin{bmatrix} 14.345 & 6.536 & -0.543 & 2.515 \\ 6.536 & 2.978 & -0.247 & 1.146 \\ -0.543 & -0.247 & 0.021 & -0.095 \\ 2.515 & 1.146 & -0.095 & 0.441 \end{bmatrix}$$

其中，$q_h = 1$，因为 $\mathbf{L}$ 只包含一行。

性格数据的矩阵 $\mathbf{Q}_E$ 来自表 4.1。根据表 4.5 中它们的定义，$\mathbf{Q}_E + \mathbf{Q}_H$ 的和提供了计算四种多元检验统计量所需的额外的数值。关于假设神经质独自能解释四个反应变量的大量共同变化的多元检验统计量，它们的 $R_m^2$ 的度量及其近似 $F$ 检验在表 5.1 的前三列中给出。

**表 5.1 性格数据中，分隔的单个预测变量的多元检验**

| 假 设 | 检 验 | 统计量 | $R_m^2$ | $v_h , v_e$ | 近似 $F$ | $p$ |
|---|---|---|---|---|---|---|
| N\|E, C | Pillai 迹 $V$ | 0.082 | 0.082 | 4, 92 | 2.05 | 0.094 |
| | Wilks'$\Lambda$ | 0.918 | 0.082 | 4, 92 | 2.05 | 0.094 |
| | Hotelling 迹 $T$ | 0.089 | 0.082 | 4, 92 | 2.05 | 0.094 |
| | Roy 最大特征根 $\theta$ | 0.082 | 0.082 | 4, 92 | 2.05 | 0.094 |
| E\|N, C | Pillai 迹 $V$ | 0.236 | 0.236 | 4, 92 | 7.09 | <0.000 1 |
| | Wilks'$\Lambda$ | 0.764 | 0.236 | 4, 92 | 7.09 | <0.000 1 |
| | Hotelling 迹 $T$ | 0.308 | 0.236 | 4, 92 | 7.09 | <0.000 1 |
| | Roy 最大特征根 $\theta$ | 0.308 | 0.236 | 4, 92 | 7.09 | <0.000 1 |

| 假　设 | 检　验 | 统计量 | $R_m^2$ | $v_h$, $v_e$ | 近似 $F$ | $p$ |
|---|---|---|---|---|---|---|
| C\|N, E | Pillai 迹 $V$ | 0.188 | 0.188 | 4, 92 | 5.33 | 0.001 |
| | Wilks' $\Lambda$ | 0.812 | 0.188 | 4, 92 | 5.33 | 0.001 |
| | Hotelling 迹 $T$ | 0.232 | 0.188 | 4, 92 | 5.33 | 0.001 |
| | Roy 最大特征根 $\theta$ | 0.188 | 0.188 | 4, 92 | 5.33 | 0.001 |

注：所有 $F$ 检验都是严格的而且对 $s = 1$ 等价。N = 神经质，E = 外向，C = 责任感。

对外向(对神经质和责任感调整后)的独自贡献和责任感(对神经质和外向调整后)独自贡献的假设检验可以通过相同的过程完成。在这些过程中，我们选择对比矩阵 $\mathbf{L}$ 来陈述假设 $H_0 : \mathbf{LB} = 0$，然后用 $\mathbf{L\hat{B}}$ 选择参数的估计值，便能得到适当的假设 SSCP 矩阵。对于外向的独自作用，我们可以把假设写成：

$$H_0 : \mathbf{LB} = \begin{bmatrix} 0 & 0 & 1 & 0 \end{bmatrix} \begin{bmatrix} \beta_{01} & \beta_{02} & \beta_{03} & \beta_{04} \\ \beta_{11} & \beta_{12} & \beta_{13} & \beta_{14} \\ \beta_{21} & \beta_{22} & \beta_{23} & \beta_{24} \\ \beta_{31} & \beta_{32} & \beta_{33} & \beta_{34} \end{bmatrix}$$

$$= \begin{bmatrix} \beta_{21} & \beta_{22} & \beta_{23} & \beta_{24} \end{bmatrix} = \begin{bmatrix} 0 & 0 & 0 & 0 \end{bmatrix}$$

而对责任感的独自作用，我们可以把假设写成：

$$H_0 : \mathbf{LB} = \begin{bmatrix} 0 & 0 & 0 & 1 \end{bmatrix} \begin{bmatrix} \beta_{01} & \beta_{02} & \beta_{03} & \beta_{04} \\ \beta_{11} & \beta_{12} & \beta_{13} & \beta_{14} \\ \beta_{21} & \beta_{22} & \beta_{23} & \beta_{24} \\ \beta_{31} & \beta_{32} & \beta_{33} & \beta_{34} \end{bmatrix}$$

$$= \begin{bmatrix} \beta_{31} & \beta_{32} & \beta_{33} & \beta_{34} \end{bmatrix} = \begin{bmatrix} 0 & 0 & 0 & 0 \end{bmatrix}$$

根据表 3.2 来替代参数的估计值，从而对每个假设定义 $\mathbf{L}\hat{\mathbf{B}}$，然后计算公式，我们可以得到外向和责任感的两个 SSCP 矩阵分别为：

$$\mathbf{Q}_{H(E|N,C)} = \begin{bmatrix} 32.643 & -91.298 & -3.926 & -6.640 \\ -91.298 & 255.351 & 10.981 & 18.571 \\ -3.926 & 10.981 & 0.472 & 0.799 \\ -6.640 & 18.571 & 0.799 & 1.351 \end{bmatrix}$$

和

$$\mathbf{Q}_{H(C|N,E)} = \begin{bmatrix} 129.223 & 51.779 & 15.647 & -3.896 \\ 51.779 & 20.748 & 6.270 & -1.561 \\ 15.647 & 6.270 & 1.895 & -0.472 \\ -3.896 & -1.561 & -0.472 & 0.117 \end{bmatrix}$$

一旦得到了 $\mathbf{Q}_H$，再用根据全模型分块得到的 $\mathbf{Q}_E$，我们就可以获得这些多元检验统计量、它们的 $R_m^2$ 的度量和近似 $F$ 检验。表 5.1 总结了这些结果。

如果我们采用传统的置信水平 $\alpha = 0.05$ 来判断是否有原假设需要被拒绝，我们可以发现，根据表 5.1 中的近似 $F$ 检验，神经质在调整了与外向和责任感的共线性后在统计上并不显著。我们没有足够的证据说明偏回归的向量，分隔的 $R_m^2$ 的度量来自一个其值非零的总体。相反，外向和责任感的作用在统计上都显著。外向（$R_V^2 = 0.24$）和责任感（$R_V^2 = 0.19$）[1]的关联强度 $R_V^2$ 说明面试行为的大量共同变化可以

---

[1] 为了解释作用的大小，我们选出 Pillai 的 $R_V^2$ 作为一个代表性的度量。当 $q_h = 1$，所有检验过程得到一样的 $R_m^2$。但是我也可以观测到不同的 $R_m^2$ 的实现存在着巨大的差异。

被这每个解释变量单独解释。尽管多元检验在统计上显著，但关系的性质依旧不完全清楚。尽管预测变量对总体关系的贡献已经解决，但我们还不知道相关联的被解释变量（可能）如何对显著的多元效应做出贡献。大部分作者通常通过拟合和解释 $p$ 个一元回归模型来帮助理解任何显著的多元关系。有证据表明，当且仅当最初的多元检验显著，解释一元后续模型才能对由未调整的重复一元检验造成的实验误差的增加提供足够的保护（Rencher & Scott，1990）。[1]

## 性格数据的后续一元 $R^2$ 和 $F$ 检验

作为多元分析的中间解，每个被解释变量的一元模型可以很容易获得。这些一元模型用类似于预测变量的多元假设的方法（也就是被 $\mathbf{L}$ 定义）分隔。在第 4 章中我们注意到，分解 SSCP 矩阵（通常为 $p \times p$ 阶）的对角线元素包含所有需要用于计算 $p$ 个被解释变量的一元 $R^2$ 和 $F$ 检验的全部信息。性格数据中，三个预测变量的一元后续检验被总结在表5.2 里。

我们不对任何不显著的多元作用做出一元 $F$ 检验的解释。因为放大的第一类错误[2]，对录取的显著的一元 $F$ 检验有可能是虚假的。但是，对外向和责任感的一元 $F$ 检验与显著的多元作用相联系，并给出了一些有趣的被解释变量对多元关系做出贡献的方式。

---

[1]　在第 7 章中，我们将讨论另一种评价被解释变量对多元关系的贡献的方法。该方法对被解释变量之间的相关性更加敏感。

[2]　用 Bonferroni 分割（也就是，$\alpha = 0.05/4 = 0.012\,5$）来控制第一类错误同样会无法拒绝原假设。

表 5.2　神经质、外向和责任感的一元后续检验

| 假　设 | 反应变量 | $R^2$ | $v_h, v_e$ | $F$ | $p$ |
|---|---|---|---|---|---|
| N\|E, C | 背景准备 | 0.009 | 1, 95 | 0.911 | 0.342 |
| | 社交准备 | 0.001 | 1, 95 | 0.138 | 0.711 |
| | 后续面试 | 0.001 | 1, 95 | 0.118 | 0.731 |
| | 录　取 | 0.042 | 1, 95 | 4.138 | 0.045 |
| E\|N, C | 背景准备 | 0.021 | 1, 95 | 2.072 | 0.153 |
| | 社交准备 | 0.111 | 1, 95 | 11.821 | 0.001 |
| | 后续面试 | 0.028 | 1, 95 | 2.720 | 0.102 |
| | 录　取 | 0.118 | 1, 95 | 12.674 | 0.001 |
| C\|N, E | 背景准备 | 0.079 | 1, 95 | 8.202 | 0.005 |
| | 社交准备 | 0.010 | 1, 95 | 0.960 | 0.330 |
| | 后续面试 | 0.103 | 1, 95 | 10.912 | 0.001 |
| | 录　取 | 0.011 | 1, 95 | 1.102 | 0.296 |

注：N = 神经质，E = 外向，C = 责任感。

外向这个性格维度的特点是热情、合群、活力和积极情绪。表 5.2 中的一元 $F$ 检验说明外向主要决定社交性质的工作申请行为：（1）社交准备就是学生通过人际行为来获取潜在雇主的信息——与员工、亲戚朋友聊天或者和公司里面的人接触。有趣的是，背景准备，它依赖于通过非互动、客观的资源来吸收潜在雇主的信息（比如，读书、年报、资产负债表）。这些都与外向无关。（2）收到工作录取的数量明显是一个关于外向的函数——外向的性格类型明显在人际互动形式的面试中更加迷人。后续面试的数目不与外向显著相关。

相反，责任感的性格维度（对外向和神经质调整后）看起来与背景准备和收到后续面试的数目显著相关。因为责任感的特点是胜任、有序、责任心、自律和努力有所成就，从直

觉上就很容易看出这个因素决定工作搜索过程中的事实准备,而与已经被外向决定的更社交的方面无关。

我们应该记住,一元后续检验中的被解释变量并没对它和其他被解释变量的关系进行调整。因此每个一元检验都可能高估了一个反应变量对多元关系的贡献。[①] 在后面的章节中,我们将介绍其他方法来评价预测变量和反应变量对多元关系贡献的方法。该方法对 **Y** 和 **X** 中的冗余方差都做出调整。

---

① Roy-Bargman 下降的 $F$ 检验(Stevens, 2007;第 10 章)已经被提出作为相关的解释变量的问题的部分解。

# 第 9 节 | 一个预测变量的多元假设检验：PCB 数据

单个变量的多元检验可以用与性格数据中演示的相同的方法进行。假设被参数上的对比识别。根据 $\mathbf{LB}$，把 $\hat{\mathbf{B}}$ 代入公式 5.1 我们可以得到假设 SSCP 矩阵 $\mathbf{Q}_H$，然后计算出表 4.5 中的多元统计量。定义了关于暴露于 PCB（对年龄和性别调整后）的原假设的对比，可以写成 $\mathbf{L} = [0 \quad 1 \quad 0 \quad 0]$。对表 3.8 中的参数估计右乘 $\mathbf{L}$，然后计算公式 5.1，就能得到所需的 $\mathbf{Q}_H$：

$$\mathbf{Q}_{H_{(PCBs|年龄,性别)}} =$$

$$\begin{bmatrix} 47.203 & 54.851 & -6.822 & -22.658 & -1.680 & -5.347 \\ 54.851 & 63.738 & -7.927 & -26.329 & -1.953 & -6.213 \\ -6.822 & -7.927 & 0.986 & 3.274 & 0.243 & 0.773 \\ -22.658 & -26.329 & 3.274 & 10.876 & 0.807 & 2.566 \\ -1.680 & -1.953 & 0.243 & 0.807 & 0.060 & 0.190 \\ -5.347 & -6.213 & 0.773 & 2.566 & 0.190 & 0.606 \end{bmatrix}$$

年龄（$\mathbf{L} = [0 \quad 1 \quad 0 \quad 0]$）和性别（$\mathbf{L} = [0 \quad 0 \quad 1 \quad 0]$）的单独假设，每一个都对剩余的预测变量做出了调整。它们可以被类似地用于计算和生成 $\mathbf{Q}_{H_{(年龄|性别,PCBs)}}$ 和 $\mathbf{Q}_{H_{(性别|年龄,PCBs)}}$ 的

假设 SSCP 矩阵(这里我们不展示)。矩阵 $\mathbf{Q}_E$ 是和前面段落中对全模型检验中一样的 SSCP 矩阵。表 5.3 中展示的多元结果揭示,置信水平为 $\alpha = 0.05$ 时,所有三个分解作用都在统计上显著。

**表 5.3　PCB 数据中,分隔的单个预测变量的多元检验**

| 假　　设 | 检　　验 | 统计量 | $R_m^2$ | $v_h$, $v_e$ | 近似 $F$ | $p$ |
|---|---|---|---|---|---|---|
| PCBs\|A, G | Pillai 迹 $V$ | 0.078 | 0.078 | 6, 253 | 3.58 | 0.002 |
| | Wilks'$\Lambda$ | 0.922 | 0.078 | 6, 253 | 3.58 | 0.002 |
| | Hotelling 迹 $T$ | 0.084 | 0.078 | 6, 253 | 3.58 | 0.002 |
| | Roy 最大特征根 $\theta$ | 0.078 | 0.078 | 6, 253 | 3.58 | 0.002 |
| A\|G, PCBs | Pillai 迹 $V$ | 0.076 | 0.076 | 6, 253 | 3.48 | 0.003 |
| | Wilks'$\Lambda$ | 0.924 | 0.076 | 6, 253 | 3.48 | 0.003 |
| | Hotelling 迹 $T$ | 0.083 | 0.076 | 6, 253 | 3.48 | 0.003 |
| | Roy 最大特征根 $\theta$ | 0.076 | 0.076 | 6, 253 | 3.48 | 0.003 |
| G\|A, PCBs | Pillai 迹 $V$ | 0.052 | 0.052 | 6, 253 | 2.31 | 0.035 |
| | Wilks'$\Lambda$ | 0.948 | 0.052 | 6, 253 | 2.31 | 0.035 |
| | Hotelling 迹 $T$ | 0.055 | 0.052 | 6, 253 | 2.31 | 0.035 |
| | Roy 最大特征根 $\theta$ | 0.052 | 0.052 | 6, 253 | 2.31 | 0.035 |

注:所有 $F$ 检验都是严格的而且对 $s = 1$ 等价。PCBs = 暴露于 PCB 的对数变形,A = 年龄,G = 性别。

对 PCB 作用的假设在这项研究中是最重要的,因为我们之前的研究已经知道年龄和性别对任何疾病过程都是有效的解释。

## PCB 数据的后续一元 $R^2$ 和 $F$ 检验

对于六个反应变量对这些多元关系的相对贡献,表 5.4 中的后续一元检验给出了一些线索。

**表 5.4 年龄、性别和暴露于 PCB 的一元后续检验**

| 假 设 | 反应变量 | $R^2$ | $v_h, v_e$ | $F$ | $p$ |
|---|---|---|---|---|---|
| PCBs\|A, G | 瞬时视觉记忆 | 0.020 | 1, 258 | 5.17 | 0.024 |
| | 延迟视觉记忆 | 0.022 | 1, 258 | 5.80 | 0.017 |
| | Stroop 词汇 | 0.000 01 | 1, 258 | 0.002 | 0.966 |
| | Stroop 颜色 | 0.000 1 | 1, 258 | 0.03 | 0.862 |
| | 胆固醇 | 0.033 | 1, 258 | 8.85 | 0.003 |
| | 三酸甘油酯 | 0.042 | 1, 258 | 11.43 | 0.001 |
| A\|PCBs, G | 瞬时视觉记忆 | 0.030 | 1, 258 | 8.04 | 0.005 |
| | 延迟视觉记忆 | 0.026 | 1, 258 | 6.83 | 0.009 |
| | Stroop 词汇 | 0.020 | 1, 258 | 5.38 | 0.021 |
| | Stroop 颜色 | 0.036 | 1, 258 | 9.77 | 0.002 |
| | 胆固醇 | 0.015 | 1, 258 | 3.96 | 0.048 |
| | 三酸甘油酯 | 0.007 | 1, 258 | 1.89 | 0.171 |
| G\|A, PCBs | 瞬时视觉记忆 | 0.004 | 1, 258 | 0.93 | 0.336 |
| | 延时视觉记忆 | 0.000 3 | 1, 258 | 0.08 | 0.778 |
| | Stroop 词汇 | 0.024 | 1, 258 | 6.29 | 0.013 |
| | Stroop 颜色 | 0.023 | 1, 258 | 6.14 | 0.014 |
| | 胆固醇 | 0.000 8 | 1, 258 | 0.20 | 0.654 |
| | 三酸甘油酯 | 0.005 | 1, 258 | 1.38 | 0.241 |

注:PCBs = 暴露于 PCB 的对数变形,A = 年龄,G = 性别。

在其他所有涉及时间的健康问题研究中,年龄都是一个重要的共变,而且是可能的混淆因素——在这些数据中,很明显年龄的作用对除了一个反应变量以外的其余变量都有影响。性别关系主要影响认知弹性变量,对记忆和心血管疾病风险因素的影响较小。暴露于 PCB,也就是本例的核心,在对性别和年龄调整后,也显示出有显著的多元作用。对分离的 PCB 作用的一元后续检验表明,多元关系主要由 PCB

对记忆和心血管风险因素的反应变量的作用来定义。认知弹性变量似乎对我们理解这些多元关系没有任何帮助。尽管这些一元 $F$ 检验并没有考虑反应变量的相关性，我们将会在第 7 章看到这些解释与其他对被解释变量间重叠做出了调整（也就是典型相关系数）的方法得出的结论相一致。

# 第 10 节 ｜ 一组预测变量的多元假设 检验和其他复杂假设

很多情况下，对于一组多元观测值，我们感兴趣的问题是关于一组包含两个或者更多解释变量的集合，在对其余解释变量做出调整后，能否对被解释变量的共同方差做出显著的解释。这样的检验总是伴随着对一个问题的逻辑上的分析。在这个分析中，一组预测变量可以被看作一个更高级的概念。比如，收入、教育程度和职业声望可以一起被看作 SES 的指示物，但是参考任何一个预测变量，都不能定义 SES。为检验 SES 这个概念而形成模型，可以有效估计这三个预测变量的联合作用（在对模型中的其他共变量做出调整后）。

考虑一个基于性格数据的例子。在这个例子中，我们感兴趣的是积极性格变量（$X_2 = $ 外向，$X_3 = $ 责任感）的集合是否与四个找工作的反应变量显著相关。原假设需要一个两行的 $\mathbf{L}(q_h = q_f - q_r = 2)$，可以写成：

$$H_0: \mathbf{LB} = \begin{bmatrix} 0 & 0 & 1 & 0 \\ 0 & 0 & 0 & 1 \end{bmatrix} \begin{bmatrix} \beta_{01} & \beta_{02} & \beta_{03} & \beta_{04} \\ \beta_{11} & \beta_{12} & \beta_{13} & \beta_{14} \\ \beta_{21} & \beta_{22} & \beta_{23} & \beta_{24} \\ \beta_{31} & \beta_{32} & \beta_{33} & \beta_{34} \end{bmatrix}$$

$$= \begin{bmatrix} \beta_{21} & \beta_{22} & \beta_{23} & \beta_{24} \\ \beta_{31} & \beta_{32} & \beta_{33} & \beta_{34} \end{bmatrix} = \begin{bmatrix} 0 & 0 & 0 & 0 \\ 0 & 0 & 0 & 0 \end{bmatrix}$$

在公式 5.1 中用 $\hat{\mathbf{B}}$ 替换 $\mathbf{B}$,可以得到外向与责任感(对神经质调整后)的假设 SSCP 矩阵:

$$\mathbf{Q}_{H_{(E,\,C|N)}} = \begin{bmatrix} 134.123 & 11.089 & 13.020 & -6.355 \\ 11.089 & 358.655 & 28.079 & 18.859 \\ 13.020 & 28.079 & 3.302 & 0.846 \\ -6.355 & 18.859 & 0.846 & 1.351 \end{bmatrix}$$

利用表 4.1 中的 $\mathbf{Q}_E$,四个多元检验统计量、它们的 $R_m^2$ 和近似 $F$ 检验都被汇总在表 5.5 中。由于 $s = \text{minimum}[p, q_h] = 2$,Pillai,Hotelling 和 Roy 的标准的 $F$ 检验标准都是近似的。而当 $s = 2$,Wilks 的 $F$ 检验的标准是精确的。表格的最后一行是 Roy 的标准在 SAS PROC GLM 里的精确检验。注意四个检验统计量 $F$ 值和 $p$ 值的差异,因为它们在 $s \neq 1$ 时并不提供完全相同的信息。但在这个例子中由于结果的强度,影响并不大。奥尔森(Olson,1974,1976)给出了关于这四种检验统计量相对功效差异的建议。

表 5.5　变量集合 (E, C|N) 的多元检验统计量

| 假　设 | 检　验 | 统计量 | $R_m^2$ | $v_h$, $v_e$ | 近似 $F$ | $p$ |
|---|---|---|---|---|---|---|
| E, C\|N | Pillai 迹 $V$ | 0.425 | 0.213 | 8, 186 | 6.28 | 0.000 000 3 |
| | Wilks' $\Lambda$ | 0.619 | 0.213 | 8, 184 | 6.22 | 0.000 000 4 |
| | Hotelling 迹 $T$ | 0.543 | 0.213 | 8, 182 | 6.17 | 0.000 000 5 |
| | Roy 迹 $\theta$ | 0.238 | 0.238 | 4, 93 | 7.25 | 0.000 039 7 |
| | Roy 最大特征根 $\theta$(精确) | 0.238 | 0.238 | 4, 93 | — | 0.000 200 0 |

注:$\Lambda$ 的 $F$ 检验是精确的。$\theta$ 的精确检验是由 SAS PROC REG 的 MSTAT = EXACT 选项完成。N = 神经质,E = 外向,C = 责任感。

表 5.6 中的后续一元检验说明这对积极的预测变量间的多元关系依赖于所有四个标准。但这些后续检验没有考虑

到反应变量间的关系，因此可能会被高估。

表 5.6　(E, C|N)的一元后续检验

| 假　　设 | 反应变量 | $R^2$ | $v_h$, $v_e$ | $F$ | $p$ |
|---|---|---|---|---|---|
| | 背景准备 | 0.099 | 2，95 | 4.26 | 0.017 |
| | 社交准备 | 0.013 | 2，95 | 8.30 | $< 0.001$ |
| E, C|N | 后续面试 | 0.104 | 2，95 | 9.51 | $< 0.001$ |
| | 录　　取 | 0.046 | 2，95 | 6.34 | 0.003 |

参考表 5.1 和表 5.2 中的单独分解结果，我们可以发现这个对外向和责任感的检验的结果包含了大部分我们在单独检验中观测到了的结果。在这个例子中，我们没有足够的理论基础通过报到预测变量集合的检验来代替每个预测变量的单独的检验。在更高级概念是我们主要兴趣的研究中（例如，SES 的例子），变量集合的检验就可能会有用。

# 第 11 节 | 检验其他的复杂的多元假设

在评价多元关系时,广义线性假设检验方法的一个优势来自处理更复杂假设时的灵活性。在对期待的关系有很强的先验理论基础时,这些复杂假设是合情合理的。作为一个例子,考虑 PCB 数据,其中年龄和暴露 PCB 是对观测到的心理和生理上的机能障碍的两个有力的解释。在之前的分析中,我们发现每一个变量都是预测变量的一个显著的预测变量。但我们并没有解决这样一个问题:哪一个预测变量更具有优越性。检验回归系数是否相等,最好在变量的标准得分形式上进行。这样,预测变量之间的差异不会受到潜在单位不同的影响。而且检验回归系数是否相等就是检验相关系数的差异。[1] 一个关于年龄和暴露于 PCB 因素影响是否相等的检验可以通过这样一个原假设来识别:这个原假设由对比矩阵 $\mathbf{L}(q_h = 1)$ 和标准得分的全模型的 $(3 \times 6)$ 参数矩阵 $\mathbf{B}^*$ 形成:

---

[1]　对两个标准化系数的行向量间的差异的检验,例如 $\boldsymbol{\beta}_{Y \cdot x_1}^*$ 与 $\boldsymbol{\beta}_{Y \cdot x_2}^*$,其实是对多元半偏相关系数差异的检验。它在概念上与对原始回归系数的检验有很大的不同。年龄和对数化 PCB 的单位有很大差异,使得任何比较都很难被解释(参见第 1 章最后一个注释)。

$$H_0: \mathbf{LB}^* = \begin{bmatrix} 1 & 0 & -1 \end{bmatrix} \begin{bmatrix} \beta_{11}^* & \beta_{12}^* & \beta_{13}^* & \beta_{14}^* & \beta_{15}^* & \beta_{16}^* \\ \beta_{21}^* & \beta_{22}^* & \beta_{23}^* & \beta_{24}^* & \beta_{25}^* & \beta_{26}^* \\ \beta_{31}^* & \beta_{32}^* & \beta_{33}^* & \beta_{34}^* & \beta_{35}^* & \beta_{36}^* \end{bmatrix}$$

$$= \begin{bmatrix} \beta_{11}^* - \beta_{31}^* & \beta_{12}^* - \beta_{32}^* & \beta_{13}^* - \beta_{33}^* & \beta_{14}^* - \beta_{34}^* & \beta_{15}^* - \beta_{35}^* & \beta_{16}^* - \beta_{36}^* \end{bmatrix}$$

$$= \begin{bmatrix} 0 & 0 & 0 & 0 & 0 & 0 \end{bmatrix}$$

它是一个关于六组标准回归系数差异的多元假设。用 $\hat{\mathbf{B}}^* = \mathbf{R}_{XX}^{-1}\mathbf{R}_{XY}$（公式 3.11）替代假设中的 $\mathbf{B}^*$，然后对基于标准得分的模型计算公式 5.13，我们可以得到假设 SSCP 矩阵为：

$$\mathbf{Q}_H^* = (\mathbf{L}\hat{\mathbf{B}}^*)'(\mathbf{L}\mathbf{R}_{XX}^{-1}\mathbf{L}')^{-1}(\mathbf{L}\hat{\mathbf{B}}^*) \qquad [5.13]$$

我们发现，

$$\mathbf{Q}_{H(年龄-PCBs|性别)} =$$

$$\begin{bmatrix} 0.000\,3 & 0.000\,1 & 0.001\,3 & 0.001\,7 & 0.000\,5 & 0.001\,0 \\ 0.000\,1 & 0.000\,0 & 0.000\,4 & 0.000\,6 & 0.000\,2 & 0.000\,4 \\ 0.001\,3 & 0.000\,4 & 0.005\,8 & 0.007\,9 & 0.002\,3 & 0.004\,7 \\ 0.001\,7 & 0.000\,6 & 0.007\,9 & 0.010\,9 & 0.003\,2 & 0.006\,5 \\ 0.000\,5 & 0.000\,2 & 0.002\,3 & 0.003\,2 & 0.000\,9 & 0.001\,9 \\ 0.001\,0 & 0.000\,4 & 0.004\,7 & 0.006\,5 & 0.001\,9 & 0.003\,8 \end{bmatrix}$$

根据公式 3.9，标准得分的误差的 SSCP 矩阵可以写成：

$$\mathbf{Q}_{E(年龄-PCBs|性别)} =$$

$$\begin{bmatrix} 0.833\,2 & 0.617\,8 & 0.128\,8 & 0.076\,4 & 0.046\,1 & 0.078\,9 \\ 0.617\,8 & 0.838\,7 & 0.126\,5 & 0.089\,8 & 0.016\,1 & 0.054\,8 \\ 0.128\,8 & 0.126\,5 & 0.936\,3 & 0.685\,6 & -0.030\,8 & 0.038\,6 \\ 0.076\,4 & 0.089\,8 & 0.658\,6 & 0.910\,3 & -0.049\,1 & 0.020\,6 \\ 0.046\,1 & 0.016\,1 & -0.030\,8 & -0.049\,1 & 0.841\,9 & 0.408\,9 \\ 0.078\,9 & 0.054\,8 & 0.038\,6 & 0.020\,6 & 0.408\,9 & 0.841\,8 \end{bmatrix}$$

利用 $\mathbf{Q}_H$ 和 $\mathbf{Q}_E$，我们可以算出表 4.5 中定义的多元检验统计量，它们被总结在表 5.7 中。

**表 5.7　PCB 数据中，差异模型的（年龄—PCBs|性别）的多元检验统计量**

| 假　　设 | 检　　验 | 统计量 | $R_m^2$ | $v_h,\ v_e$ | 近似 $F$ | $p$ |
|---------|---------|--------|---------|-------------|---------|-----|
| A-PCB \| G | Pillai 迹 $V$ | 0.016 | 0.016 | 6，253 | 0.70 | 0.650 |
| | Wilks' $\Lambda$ | 0.984 | 0.016 | 6，253 | 0.70 | 0.650 |
| | Hotelling 迹 $T$ | 0.017 | 0.016 | 6，253 | 0.70 | 0.650 |
| | Roy 最大特征根 $\theta$ | 0.017 | 0.016 | 6，253 | 0.70 | 0.650 |

注：所有 $F$ 检验都是严格的而且对 $s=1$ 等价。PCBs = 暴露于 PCB 的对数变形，A = 年龄，G = 性别。

在这些数据中并没有足够的证据表明较之年龄，PCB 在预测六个心理和生理反应变量的共同变化时做出更多的贡献。尽管两个变量独自都明显能解释六个反应变量的共同变化（表 5.3 和表 5.4），但没有一个变量能显著地优于另一个。在多元情况下，这种类型的复杂等式检验的进一步例子请参阅伦彻的研究（Rencher，1998：272，297）。而对于一元线性模型，请参阅林德斯科普夫的研究（Rindskopf，1984）。

# 第 12 节 │ 适用于所有多元线性模型分析的假设

在第 3 章中，线性模型的参数估计 $\hat{B}$ 可以被看作最优的，如果满足以下假设：线性、同方差性和独立性。除了这些假设外，第四个假设是关于误差的多元正态性，$\epsilon_i \sim N_p(\mathbf{0}, \mathbf{\Sigma})$，也等价于 $y_i = \sim N_p(\mathbf{XB}, \mathbf{\Sigma})$。该假设被用于证明检验统计量及其近似 $F$ 检验的有效性。我们现在不讨论如何去诊断这里拟合的模型是否满足这些假设。但是这些诊断方法可以参阅伦彻的研究（Rencher，1998：第 7 章）和史蒂文斯的研究（Stevens，1992：第 5 章）。

在第 6 章中，我们将扩大多元线性模型分析的视野。我们将考虑这样的情况：通过编码设计矩阵 $\mathbf{X}$ 来代表一个组的成员身份——也就是多元方差分析的传统定义。

# 第 **6** 章

## 编码设计矩阵和方差模型的
## 多元分析

一元方差分析（ANOVA）是广义线性模型的一个特例，它可以用回归（Cohen et al.，2003）的方式进行分析，只要对小组成员的分类预测进行适当的编码。多元方差分析（MANOVA）也是多元复回归模型（MMR）的一种特例。MANOVA 和 MMR 本身都是多元广义线性模型（Tatsuoka，1992：第 9 章）的特例。在 MANOVA 和 MMR 中，线性模型 $\mathbf{Y} = \mathbf{XB} + \mathbf{E}$ 都服从相同的规则。在多元线性模型中，主要用于区分二者的特点是设计矩阵 $\mathbf{X}$ 内包含变量的类型和结构。MMR 模型的特点是它的预测变量往往是连续分布的（数量的）。这些预测变量可以用设计矩阵中的一个得分向量来表示。另一方面，方法分析的设计特点是由两个或更多的名义上的分组构成，它的变量代表分组的成员身份。在 ANOVA 的设计中，我们区分变量或因素（比如小组）和向量（或向量组），在设计矩阵中，向量用来表示变量。对于典型的 ANOVA 因素，我们没有潜在的度量来给小组排序——小组成员的划分是名义上的和主观的，而且我们需要一些编码的技巧区分小组以及代表包含组间差异的信息。在分类预测变量的背景下，分析多个被解释变量就定义了多元方差分析——MANOVA。一旦对一个分类 ANOVA 因素采用了编码策略，MANOVA 的多元线性模型求解就和之前章节中讨论的模式一样。为了解释得更加具体，我们首先介绍两个小组设计的编码机制，并且讨论不同编码策略伴随着的不同参数估计含义的。我们然后再把 ANOVA 因素的编码规则延伸到多元两个分组的设计中去。在这个背景下，我们还将介绍两个 MANOVA 示例问题的求解——四组单向分类 MANOVA 和 3×2 阶的 MANOVA，每一个都包括三个被解释变量。

# 第 1 节 | **变量和向量的差异**

　　当我们建立 ANOVA 类型问题的设计矩阵时，我们要在这里说明，区分"变量"和"向量"这两个标签是十分重要的。如果设计矩阵 $\mathbf{X}$ 只包含连续分布的定量的测度，就和我们之前章节中已经讨论的例子一样，变量和单个向量在 $\mathbf{X}$ 中代表的变量都是一个，也是一样的。但是，当变量是对两个或两个以上分组的分类、定性的变量时，例如疗法 A，B，C 和对照组，那么个案的小组成员身份的变量就不能只包含在一个得分向量中。比方说，我们用单一向量 $\mathbf{x}=1$，2，3 或 4 来识别小组成员身份，那么向量中的数字可以任意分配。而且拟合模型 $\mathbf{Y}=\mathbf{XB}+\mathbf{E}$ 后得到任意小组识别数字的向量 $\mathbf{X}_{(n\times1)}$ 没有任何意义。虚拟变量系统已经被设计出来用于避免这个问题。作为一个通用的规则，我们需要 $G-1$ 个向量来编码一个定义了 $G$ 组的变量中的信息。如果 $G$ 是分类 ANOVA 因素中等级（小组）的数量，那么 $\mathbf{X}$ 里 $G$ 个向量加上截距项就会定义一个参数过多模型。这样的模型在直觉上合理，但是模型的参数估计却没有唯一解。有很多可用的编码策略就是为了对模型重新参数化，使得模型的参数估计有唯一解。分析者必须选用这样一种方法。不同编码方式的选择就会得到不同的参数估计值的含义。首先，我们对过度参数化模

型介绍虚拟编码方法，然后再对两个分类变量和三个分组的
方法分析设计的两个不同的重新参数化的模型介绍虚拟编
码方法。在这个教学性介绍后，我们将用一个四组、单因素、
有三个反应变量的例子来演示线性模型分析。

## 第 2 节｜用编码向量来表示一个分类变量

我们有很多方法来编码 ANOVA 问题的设计矩阵，包括过度参数化的非满迹编码，参照单元虚拟编码、单元均值编码、效果编码、多项式编码，甚至无意义编码。这些方法中的每一个都有自己独特的特点。更加详细的介绍请参阅科恩等人（Cohen et al.，2003：第 8 章）和马勒与费特曼（Muller & Fetterman，2002，第 12 章）的研究。三种编码技巧已经能够达到我们的目的：过度参数化模型、参照单元模型和单元均值模型。

### 过度参数化的非满迹编码方法

假设我们有一个两个分组的 ANOVA 设计。该设计中有 $G=2$ 两个等级的因素，分别代表治疗组和对照组。[①] 一个有两个反应变量和 $n$ 个观测值的模型由 $n_1$ 个第一组的样本

---

[①] 两个组不需要来自一个设计实验，它们可以是任意性质不同的两个组。如果小组是根据真实实验形成的，那么从分析中允许得到的推论，和分组是根据本质上的观测所形成的有所不同。但是二者的分析程序是相同的。

和 $n_2$ 个第二组样本构成。我们可以用这样一种 **X** 的编码策略来表示该模型，它包括：一个单位向量、两个由 1 和 0 组成用于识别小组成员身份的向量 $(X_1, X_2)$。对这个 ANOVA 设计的多元线性回归模型可以写成：

$$\mathbf{Y}_{(n \times p)} = \mathbf{X}_{(n \times q+1)} \mathbf{B}_{(q+1 \times p)} + \mathbf{E}_{(n \times p)} \qquad [6.1]$$

让 $n_1 = n_2 = 2$，模型的一个示例，即拥有一个单位向量和两个 $0 - 1$ 虚拟变量的向量，可以写成：

$$
\begin{bmatrix}
Y_{11}^{(1)} & Y_{12}^{(1)} \\
Y_{21}^{(1)} & Y_{22}^{(1)} \\
Y_{31}^{(2)} & Y_{32}^{(2)} \\
Y_{41}^{(2)} & Y_{42}^{(2)}
\end{bmatrix}
=
\begin{bmatrix}
1 & 1 & 0 \\
1 & 1 & 0 \\
1 & 0 & 1 \\
1 & 0 & 1
\end{bmatrix}
\begin{bmatrix}
\beta_{01} & \beta_{02} \\
\beta_{11} & \beta_{12} \\
\beta_{21} & \beta_{22}
\end{bmatrix}
+
\begin{bmatrix}
\varepsilon_{11} & \varepsilon_{12} \\
\varepsilon_{21} & \varepsilon_{22} \\
\varepsilon_{31} & \varepsilon_{32} \\
\varepsilon_{41} & \varepsilon_{42}
\end{bmatrix}
$$

其中，$Y_{ik}^{(g)}$ 的上角标，$g = 1, 2, \cdots, G$，表示小组成员的身份，下脚标表示样本和反应变量。我们关注一下设计矩阵 **X**。它的元素 $X_{ij}$ 表示第 $j$ 个预测变量的第 $i$ 个样本，其中 $i = 1 \cdots n$，$j = 1 \cdots q$。对于 $n_1 + n_2 = 4$ 这个例子，**X** 的每一行都识别一个位于分组结构中的样本。这个分组结构用 **Y** 中每一行的上角标注明。回忆第 3 章（公式 3.4），**B** 的估计值 $\hat{\mathbf{B}}$ 可以写成：

$$\hat{\mathbf{B}} = (\mathbf{X}'\mathbf{X})^{-1}\mathbf{X}'\mathbf{Y} \qquad [6.2]$$

需要 $\mathbf{X}'\mathbf{X}$ 的逆作为求解的第一步。对于本例中的数据：

$$
\mathbf{X}'\mathbf{X} =
\begin{bmatrix}
1 & 1 & 1 & 1 \\
1 & 1 & 0 & 0 \\
0 & 0 & 1 & 1
\end{bmatrix}
\begin{bmatrix}
1 & 1 & 0 \\
1 & 1 & 0 \\
1 & 0 & 1 \\
1 & 0 & 1
\end{bmatrix}
=
\begin{bmatrix}
n & n_1 & n_2 \\
n_1 & n_1 & 0 \\
n_2 & 0 & n_2
\end{bmatrix}
$$

为了求 $\mathbf{X}'\mathbf{X}$ 的逆，我们需要计算它的行列式（参阅 Fox，2009：1.1.4 部分）。注意，$n = n_1 + n_2$，我们发现这个虚拟编码的设计矩阵的行列式为 0：

$$\begin{aligned}
\mid \mathbf{X}'\mathbf{X} \mid = & [(nn_1 n_2 + n_1 0 n_2 + n_2 n_1 0) \\
& - (n_1 n_1 n_2 + n00 + n_2 n_1 n_2)] = 0
\end{aligned}$$

因为在求矩阵的逆的过程中，我们需要除以行列式的值，那么如果 $\mathbf{X}'\mathbf{X}$ 是奇异的，则这个数据的 $(\mathbf{X}'\mathbf{X})^{-1}$ 不存在，因此 $\hat{\mathbf{B}}$ 不能被唯一地估计。满迹矩阵就是说矩阵的列向量间都线性无关。而非满迹矩阵则包含一个列向量，它能表示为其余列向量的线性组合。一个矩阵的行列式为 0 说明该矩阵存在线性相关，是非满迹矩阵。注意，在上面例子中，$\mathbf{X}$ 的第一列是第二列和第三列。对于 $\mathbf{X}'\mathbf{X}$ 也是这样。因此 $\mathbf{X}$ 和 $\mathbf{X}'\mathbf{X}$ 都是非满迹的，其行列式为 0 而且逆不存在。我们很容易看出，过度参数化的设计矩阵 $\mathbf{X}$ 包含了过多的信息，因为我们知道 $X_0$ 和 $X_1$ 已经足够识别 ANOVA 设计中两个组的所有成员。这个原理使用所有的 ANOVA 因素，只要向量的数目超过因素层级（组）的数目。三组单因素 ANOVA 设计用 $X_0$，$X_1$，$X_2$ 和 $X_3$ 进行编码，也会造成矩阵 $\mathbf{X}'\mathbf{X}$ 非满迹且不存在唯一的逆。

通常有两种方法解决这个问题：(1)广义逆（参阅 Muller & Fetterman，2002：附录 A.2)，市面上大部分多元分析的软件都采用这种方法；(2)对模型重新参数化，剔除矩阵中线性相关的部分，然后得到 $(\mathbf{X}'\mathbf{X})^{-1}$ 的唯一解。从直觉上看，后一种方法更有吸引力，它是通过改变上述 $\mathbf{X}$ 中过度参数化的编码方式来完成。在多种对模型重新参数化的方法中，我们只关注参照单元模型和单元均值模型。这两个都是满迹的方法，可以得到能被解释的参数估计，并很容易与和对比 $\mathbf{L}\hat{\mathbf{B}}=0$ 相关联的广义线性检验兼容。[①]

## 参照单元虚拟编码策略

参照单元再参数化模型保留了过度参数化模型中 0 和 1 的使用，但删除了设计矩阵中的最右列。删除这一列使得 $\mathbf{X}$ 成为满迹矩阵，使得获取 $\mathbf{X}'\mathbf{X}$ 唯一的逆成为可能。参照单元虚拟变量编码的通用模式适合任意数量的分组，编码在当有 $q=G-1$ 个向量时，

> 让 $X_1=1$ 如果样本来自组 1，
> 否则令 $X_1=0$。
> 让 $X_2=1$ 如果样本来自组 2，
> 否则令 $X_2=0$。
> 让 $X_3=1$ 如果样本来自组 3，
> 否则令 $X_3=0$。
> $\vdots$
> 让 $X_q=1$ 如果样本来自组 $G-1$，
> 否则令 $X_q=0$。

对两组、三组、四组的单因素 ANOVA 设计 $\mathbf{X}$ 的编码方

---

[①]　与参照单元编码相关的参数估计是 SAS，SPSS，STATA 和其他商业软件中 GLM 程序计算出的估计值，尽管这些程序是用利用广义逆来求解。

法总结在表 6.1 中。其中,列的数量(除 $X_0$ 外)总是等于 $G-1$,或者比因素的分组数量少 1。

**表 6.1    两组、三组、四组的单项 ANOVA 设计的参照单元编码方法**

| 两　组 | 三　组 | 四　组 |
|---|---|---|
| $\begin{bmatrix} 1 & 1 \\ 1 & 1 \\ 1 & 0 \\ 1 & 0 \end{bmatrix}$ | $\begin{bmatrix} 1 & 1 & 0 \\ 1 & 1 & 0 \\ 1 & 0 & 1 \\ 1 & 0 & 1 \\ 1 & 0 & 0 \\ 1 & 0 & 0 \end{bmatrix}$ | $\begin{bmatrix} 1 & 1 & 0 & 0 \\ 1 & 1 & 0 & 0 \\ 1 & 0 & 1 & 0 \\ 1 & 0 & 1 & 0 \\ 1 & 0 & 0 & 1 \\ 1 & 0 & 0 & 1 \\ 1 & 0 & 0 & 0 \\ 1 & 0 & 0 & 0 \end{bmatrix}$ |

"参照单元"这个术语来自这样一个事实:在该方法中,除了作为参照组的 $X_0$ 外的所有向量上的组编码为 0。这个方法的实际含义可以从伴随参照单元模型的公式 6.1 中的参数估计的含义中看出。我们可以看一下两组,$n=4$ 的这个例子。它的设计矩阵可以从表 6.1 中得到,其中组 2 为参照单元,而 $\mathbf{X}'\mathbf{X} = \begin{bmatrix} n & n_1 \\ n_1 & n_1 \end{bmatrix}$。假设我们有 $p=2$ 个反应变量,那么估计出的参数可以写成:

$$\hat{\mathbf{B}}_{(q+1\times p)} = (\mathbf{X}'\mathbf{X})^{-1}\mathbf{X}'\mathbf{Y}$$

$$= \begin{bmatrix} \dfrac{1}{n_1 n_2} & -\dfrac{1}{n_1 n_2} \\ -\dfrac{1}{n_1 n_2} & \dfrac{n_1+n_2}{n_1 n_2} \end{bmatrix} \begin{bmatrix} \Sigma Y_1 & \Sigma Y_2 \\ \Sigma Y_1^{(1)} & \Sigma Y_2^{(1)} \end{bmatrix}$$

$$= \begin{bmatrix} \hat{\beta}_{01} & \hat{\beta}_{02} \\ \hat{\beta}_{11} & \hat{\beta}_{12} \end{bmatrix} = \begin{bmatrix} \overline{Y}_1^{(2)} & \overline{Y}_2^{(2)} \\ \overline{Y}_1^{(1)} - \overline{Y}_1^{(2)} & \overline{Y}_2^{(1)} - \overline{Y}_2^{(2)} \end{bmatrix}$$

对于这个 $p=2$ 的例子,我们已经知道估计出的参数有一个有规律的模式:截距项 $\hat{\beta}_{01}$ 和 $\hat{\beta}_{02}$ 总是参照单元组(本例中的组 2)中 $Y_1$ 和 $Y_2$ 的均值。$\hat{\beta}_{11}$ 和 $\hat{\beta}_{12}$ 的估计值是编码为 1 的组的均值与参照单元组的均值之间的差异。有三个、四个或者更多分组的 ANOVA 设计有类似的参数估计的结构:$\hat{\beta}_{01}$,$\hat{\beta}_{02}$,$\cdots$,$\hat{\beta}_{0p}$ 将包含参照单元的均值,而其余估计值将定义向量 $X_j$ 上编码为 1 的组的均值与参照单元的均值之间的对比。在多元设计中,这些均值差异将对 $p$ 个被解释变量进行重复。对参数估计矩阵使用第 3—5 章中的结果,可以得到一列对单独参数估计的检验、多元全模型检验和其他可能的 $\hat{\beta}_{jk}$ 值的对比检验。这些检验将通过一个四组单一分类的 MANOVA 来演示。所用的数据是第 2 章表 2.3 和表 2.4 中介绍的身材数据。

## 单元均值编码策略

ANOVA 模型的传统观点是关注对均值差异的检验。从回归、线性模型的角度,ANOVA 设计的单元均值策略涉及对过度参数化模型的一个轻微修改。在这个修改中,参数估计 $\hat{\mathbf{B}}$ 是 ANOVA 设计的单元均值。因此,在我们使用单元均值编码策略时,为多元线性回归模型分析开发的程序可以直接用于制定均值差异的假设。作为演示,假设我们有一个过度参数化的三组单一分类的模型,其中 $n_1=n_2=n_3=2$,而且表 6.2 展示了 $n=6$ 个观测值。单元均值编码伴随着从过度参数化模型中删除单位向量 $X_0$。

**表 6.2　三组单项 ANOVA 设计的单元均值编码**

| 三　　　组 过度参数化 | | | 三　　　组 单元均值编码 | | |
|---|---|---|---|---|---|

$$\begin{bmatrix} 1 & 1 & 0 & 0 \\ 1 & 1 & 0 & 0 \\ 1 & 0 & 1 & 0 \\ 1 & 0 & 1 & 0 \\ 1 & 0 & 0 & 1 \\ 1 & 0 & 0 & 1 \end{bmatrix} \longrightarrow \begin{bmatrix} 1 & 0 & 0 \\ 1 & 0 & 0 \\ 0 & 1 & 0 \\ 0 & 1 & 0 \\ 0 & 0 & 1 \\ 0 & 0 & 1 \end{bmatrix}$$

这样一个满迹的再参数化模型的一个优势是 $\mathbf{X}'\mathbf{X} =$

$$\begin{bmatrix} n_1 & 0 & 0 \\ 0 & n_2 & 0 \\ 0 & 0 & n_3 \end{bmatrix} \text{和} (\mathbf{X}'\mathbf{X})^{-1} = \begin{bmatrix} \dfrac{1}{n_1} & 0 & 0 \\ 0 & \dfrac{1}{n_2} & 0 \\ 0 & 0 & \dfrac{1}{n_3} \end{bmatrix} \text{都相对简单。}^{①}$$

两个反应变量的三分组线性模型的解和一个删除截距项的单元均值编码策略给出的参数估计为：

$$\hat{\mathbf{B}}_{(q \times p)} = (\mathbf{X}'\mathbf{X})^{-1}\mathbf{X}'\mathbf{Y} = \begin{bmatrix} \dfrac{1}{n_1} & 0 & 0 \\ 0 & \dfrac{1}{n_2} & 0 \\ 0 & 0 & \dfrac{1}{n_3} \end{bmatrix} \begin{bmatrix} \Sigma Y_1^{(1)} & \Sigma Y_2^{(1)} \\ \Sigma Y_1^{(2)} & \Sigma Y_2^{(2)} \\ \Sigma Y_1^{(3)} & \Sigma Y_2^{(3)} \end{bmatrix}$$

$$= \begin{bmatrix} \hat{\beta}_{11} & \hat{\beta}_{12} \\ \hat{\beta}_{21} & \hat{\beta}_{22} \\ \hat{\beta}_{31} & \hat{\beta}_{32} \end{bmatrix} = \begin{bmatrix} \overline{Y}_1^{(1)} & \overline{Y}_2^{(1)} \\ \overline{Y}_1^{(2)} & \overline{Y}_2^{(2)} \\ \overline{Y}_1^{(3)} & \overline{Y}_2^{(3)} \end{bmatrix}$$

---

① 对焦矩阵的逆就是把对角线上的元素分别取倒数(Fox，2009)。

$q$ 个参数的估计采用了一个直接模式:在 $G$ 个分组 ANOVA 因素中的每一组的 $p$ 个均值。正如第 3—5 章中所描述的,根据对比 **LB＝0** 形成的假设检验可以允许很多检验在传统的 ANOVA 背景下进行,也就是均值差异检验。单元均值编码方法还有一个优点,就是在更加复杂的 ANOVA 设计中,它可以明确形成并检验假设。我们将对一个 ANOVA 例子来演示单元均值编码和与它相关的假设检验。

# 第 3 节 │ 通过广义线性检验来检验 MANOVA 假设

ANOVA 设计的概念上的焦点就是均值差异。在一元的例子中,ANOVA 的原假设可以依据 $G$ 组的均值都相等来识别:

$$H_0 : \mu^{(1)} = \mu^{(2)} = \cdots = \mu^{(G)} \qquad [6.3]$$

其中,公式 6.3 中的总体均值可以通过样本的组均值来估计,$\overline{Y}^{(1)}$, $\overline{Y}^{(2)}$, $\cdots$, $\overline{Y}^{(G)}$。组间差异的一元假设也等价于一组均值间差异的联立对比,可以写成:

$$H_0 : \begin{bmatrix} \mu^{(1)} - \mu^{(G)} \\ \mu^{(2)} - \mu^{(G)} \\ \vdots \\ \mu^{(G-1)} - \mu^{(G)} \end{bmatrix} = \begin{bmatrix} 0 \\ 0 \\ \vdots \\ 0 \end{bmatrix} \qquad [6.4]$$

在公式 6.4 中对比的数量等于 $G-1$。这是 ANOVA 因素的自由度,也是再参数化矩阵 **X** 中列的数量。这些 ANOVA 假设的多元表达仅仅是延伸到等价的矩阵表达。这些矩阵表达可以适应 $p$ 个被解释变量的组间差异。也就是,

$$H_0: \boldsymbol{\mu}^{(1)} = \boldsymbol{\mu}^{(2)} = \cdots = \boldsymbol{\mu}^{(G)} \qquad [6.5]$$

其中,每个 $\boldsymbol{\mu}^{(g)}$ 表示一个有 $p$ 个均值的向量,它们都是根据相应的组内样本均值的向量 $\overline{\mathbf{Y}}^{(1)}$, $\overline{\mathbf{Y}}^{(2)}$, …, $\overline{\mathbf{Y}}^{(G)}$ 估计出来的。对 $p$ 个反应变量,用组间均值的联立对比来表示等价的多元假设,采取的是一元假设的拓展形式:

$$H_0: \begin{bmatrix} \mu_1^{(1)} - \mu_1^{(G)} & \mu_2^{(1)} - \mu_2^{(G)} & \cdots & \mu_p^{(1)} - \mu_p^{(G)} \\ \mu_1^{(2)} - \mu_1^{(G)} & \mu_2^{(2)} - \mu_2^{(G)} & \cdots & \mu_p^{(2)} - \mu_p^{(G)} \\ \vdots & \vdots & \ddots & \vdots \\ \mu_1^{(G-1)} - \mu_1^{(G)} & \mu_2^{(G-1)} - \mu_2^{(G)} & \cdots & \mu_p^{(G-1)} - \mu_p^{(G)} \end{bmatrix}$$

$$= \begin{bmatrix} 0 & 0 & \cdots & 0 \\ 0 & 0 & \cdots & 0 \\ \vdots & \vdots & \ddots & \vdots \\ 0 & 0 & \cdots & 0 \end{bmatrix} \qquad [6.6]$$

其中,上角标 $g = 1$, $2$, …, $G$,表示小组的号码,下角标用于识别被解释变量。

公式 6.3 至公式 6.6 中用均值陈述的假设能否改写成用 $\mathbf{B}$ 中参数形成的假设,取决于对 $\mathbf{X}$ 选择的编码策略。正如上面看到的,参数估计矩阵 $\hat{\mathbf{B}}$ 的元素和总体均值的样本估计($\overline{\mathbf{Y}}_k^{(g)}$)有直接的联系。而总体均值的样本估计取决于我们是选择参照单元还是单元均值的编码策略。因此,线性模型中参数(也就是 $\mathbf{B}$)表示的假设可以等价于用总体的组均值表示的假设。通过定义在对比 $\mathbf{LB} = \mathbf{0}$ 中的参数适当的线性组合,我们就能得到这样的等价关系。对于一个典型的四组单项的 MANOVA 设计,表 6.3 展示了公式 6.5 和公式 6.6 与参考单元策略和单元均值策略的参数(连同适当选择的矩阵 $\mathbf{L}$)之间的联系。

**表 6.3　ANOVA 的假设等价物、参照单元和单元均值编码模型**

用均值差异表示 **MANOVA** 假设

$$H_0 : \boldsymbol{\mu}^{(1)} = \boldsymbol{\mu}^{(2)} = \boldsymbol{\mu}^{(3)} = \boldsymbol{\mu}^{(4)}$$

$$H_0 : \begin{bmatrix} \mu_1^{(1)} - \mu_1^{(4)} & \mu_2^{(1)} - \mu_2^{(4)} & \cdots & \mu_p^{(1)} - \mu_p^{(4)} \\ \mu_1^{(2)} - \mu_1^{(4)} & \mu_2^{(2)} - \mu_2^{(4)} & \cdots & \mu_p^{(2)} - \mu_p^{(4)} \\ \mu_1^{(3)} - \mu_1^{(4)} & \mu_2^{(3)} - \mu_2^{(4)} & \ddots & \mu_p^{(3)} - \mu_p^{(4)} \end{bmatrix} = \begin{bmatrix} 0 & 0 & \cdots & 0 \\ 0 & 0 & \cdots & 0 \\ 0 & 0 & \cdots & 0 \end{bmatrix}$$

参照单元编码的参数矩阵和 **MANOVA** 假设等价物

$$H_0 : \mathbf{LB} = \begin{bmatrix} 0 & 1 & 0 & 0 \\ 0 & 0 & 1 & 0 \\ 0 & 0 & 0 & 1 \end{bmatrix} \begin{bmatrix} \beta_{01} & \beta_{02} & \cdots & \beta_{0p} \\ \beta_{11} & \beta_{12} & \cdots & \beta_{1p} \\ \beta_{21} & \beta_{22} & \cdots & \beta_{2p} \\ \beta_{31} & \beta_{32} & \cdots & \beta_{3p} \end{bmatrix} = \begin{bmatrix} \beta_{11} & \beta_{12} & \cdots & \beta_{1p} \\ \beta_{21} & \beta_{22} & \cdots & \beta_{2p} \\ \beta_{31} & \beta_{32} & \cdots & \beta_{3p} \end{bmatrix}$$

$$= \begin{bmatrix} \mu_1^{(1)} - \mu_1^{(4)} & \mu_2^{(1)} - \mu_2^{(4)} & \cdots & \mu_3^{(1)} - \mu_3^{(4)} \\ \mu_1^{(2)} - \mu_1^{(4)} & \mu_2^{(2)} - \mu_2^{(4)} & \cdots & \mu_3^{(2)} - \mu_3^{(4)} \\ \mu_1^{(3)} - \mu_1^{(4)} & \mu_2^{(3)} - \mu_2^{(4)} & \cdots & \mu_3^{(3)} - \mu_3^{(4)} \end{bmatrix}$$

$$= \begin{bmatrix} 0 & 0 & \cdots & 0 \\ 0 & 0 & \cdots & 0 \\ 0 & 0 & \cdots & 0 \end{bmatrix}$$

单元均值编码的参数矩阵和 **MANOVA** 假设等价物

$$H_0 : \mathbf{LB} = \begin{bmatrix} 1 & 0 & 0 & -1 \\ 0 & 1 & 0 & -1 \\ 0 & 0 & 1 & -1 \end{bmatrix} \begin{bmatrix} \beta_{11} & \beta_{12} & \cdots & \beta_{1p} \\ \beta_{21} & \beta_{22} & \cdots & \beta_{2p} \\ \beta_{31} & \beta_{32} & \cdots & \beta_{3p} \\ \beta_{41} & \beta_{42} & \cdots & \beta_{4p} \end{bmatrix}$$

$$= \begin{bmatrix} 1 & 0 & 0 & -1 \\ 0 & 1 & 0 & -1 \\ 0 & 0 & 1 & -1 \end{bmatrix} \begin{bmatrix} \mu_1^{(1)} & \mu_2^{(1)} & \cdots & \mu_p^{(1)} \\ \mu_1^{(2)} & \mu_2^{(2)} & \cdots & \mu_p^{(2)} \\ \mu_1^{(3)} & \mu_2^{(3)} & \cdots & \mu_p^{(3)} \\ \mu_1^{(4)} & \mu_2^{(4)} & \cdots & \mu_p^{(4)} \end{bmatrix}$$

$$= \begin{bmatrix} \mu_1^{(1)} - \mu_1^{(4)} & \mu_2^{(1)} - \mu_2^{(4)} & \cdots & \mu_3^{(1)} - \mu_3^{(4)} \\ \mu_1^{(2)} - \mu_1^{(4)} & \mu_2^{(2)} - \mu_2^{(4)} & \cdots & \mu_3^{(2)} - \mu_3^{(4)} \\ \mu_1^{(3)} - \mu_1^{(4)} & \mu_2^{(3)} - \mu_2^{(4)} & \cdots & \mu_3^{(3)} - \mu_3^{(4)} \end{bmatrix}$$

$$= \begin{bmatrix} 0 & 0 & \cdots & 0 \\ 0 & 0 & \cdots & 0 \\ 0 & 0 & \cdots & 0 \end{bmatrix}$$

　　基于参照单元编码策略和单元均值编码策略的不存在均值差异的原假设，只在它们相应的对比矩阵（**L**）和参数矩阵（**B**）中有所不同，因为这两个差异都取决于编码方法的选择。

　　参照单元编码包括一个截距项($X_0$),而且定义 **X** 中剩下的所有预测变量都把参照单元编码为 0。正如我们之前描述的,参照单元编码的截距项参数总是定义参照组($\boldsymbol{\beta}_0$)的均值,而其余参数($\boldsymbol{\beta}_1$,$\boldsymbol{\beta}_2$,$\cdots$,$\boldsymbol{\beta}_j$)总是定义参照组均值与其余组均值的差异。表 6.3 中参照单元例子中的 **LB** 对比忽略了截距项,而且同时对其余组间的差异做出了假设——因素的经典 MANOVA 检验。我们将演示一个类似的四组单项 MANOVA 假设检验。该假设是基于下面的身材估计数据。

　　　表 6.3 中的单元均值编码策略是一个没有截距项的模型,而参数估计($\boldsymbol{\beta}_1$,$\boldsymbol{\beta}_2$,$\cdots$,$\boldsymbol{\beta}_j$)等于每个单元(组)的均值。为了给有 $p$ 个解释变量的四分组的 MANOVA 模型定义一个公式 6.5 和公式 6.6 中暗含的均值差异检验,需要对比 **LB**=**0** 做一点轻微的变化,但是能得到相同的最终结果。注意根据表 6.3 中的单元均值的设定,**L** 中每一行(假设 $df = q_h = $**L** 中行的数量)定义了选出两个组之间的特定的对比。把所有的行对比汇集在了一起,就得到整体的 MANOVA 因素检验。最终结果和参照单元编码的设定给出的结果一样。因此,在公式 6.5 的整体假设检验的水平上,基于那个分解得到的 SSCP 矩阵 **Q**$_H$ 和 **Q**$_E$ 和四个多元检验统计量在两种编码策略下都是一样的。在单项设计中,选择哪一种策略主要是由个人喜好决定。单元均值编码策略的优势是它能提供容易识别的参数估计和容易拓展到更高级的设计。参照单元编码策略可能是最常用的策略。而且主流的多元分析的电脑软件都默认对过度参数化的模型施加这条限制。对某些特定均值差异的假设检验可以用任意一种策略完成。我们将用后面的例子来演示这些检验。

# 第 4 节 │ 分解 SSCP 矩阵和 MANOVA 里的假设检验

公式 6.5 中对 $p$ 变量的 MANOVA 因素的假设等价于第 4 章和第 5 章中介绍的全模型检验。它是一个联立的多元检验,同时对 MANOVA 因素的各个层级的均值向量的差异进行检验。根据第 5 章(公式 5.1),假设 SSCP 矩阵是基于由 $\mathbf{L}$ 定义的对比矩阵,参数估计 $\hat{\mathbf{B}}$ 可以写成 $\mathbf{Q}_H = (\mathbf{L}\hat{\mathbf{B}})(\mathbf{L}(\mathbf{X}'\mathbf{X})^{-1}\mathbf{L}')^{-1}(\mathbf{L}\hat{\mathbf{B}})'$,而残差的 SSCP 矩阵 $\mathbf{Q}_E$ 可以用常规方式 $\mathbf{Y}'\mathbf{Y} - \hat{\mathbf{B}}'\mathbf{X}'\mathbf{Y}$ 得到。我们已经得到了 $\mathbf{Q}_H$ 和 $\mathbf{Q}_E$ 这两个 $(p \times p)$ 阶的矩阵,那么可以根据表 4.5 和公式 5.3—5.12 得到四个多元检验统计量、它们的关联强度测度和近似 $F$ 检验,以及获取方法和我们之间章节中讲解的线性模型一样。

# 第 5 节 ｜ 身材估计数据的单项 MANOVA

奥尔巴克和拉夫（Auerbach & Ruff，2010）的身材估计数据可以被用于演示三个被解释变量的四分组单项MANOVA。作者根据文化和自然的界限，把 75 个北美的考古地点汇聚成了 11 个区域。这个划分展示在图 6.1(a)中。然后进一步聚集成北极区域组、温带西部组、大平原组和温带东部组。图 6.1(a)和 6.1(b)展示了 11 个区域四个聚类。

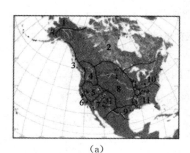 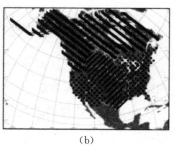

(a)　　　　　　　　　　　(b)

注：图片来自 Auerbach & Ruff，2010。

**图 6.1　(a)北美出土古迹的区域和地点；**
**(b)地理聚类：北极区域组(右斜线)、温带西部组(点，左侧)、**
**大平原(左斜线)和温带东部组(点，右侧)**

图 6.2 中的箱线图和表 2.3 展示了图 6.1(b)的地理聚类

分组的每组中三个被解释变量的均值（±95％置信区间）。

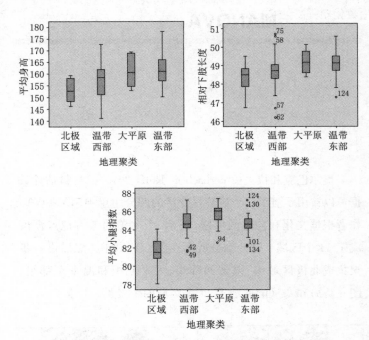

**图 6.2    三个反应变量的组间差异的条形图**

我们用这些数据拟合一个四分组的 MANOVA，然后检验假设三个被解释变量（平均身高、相对下肢长度、平均小腿指数[1]）总体组均值是否相等。表 6.3 给出了 MANOVA 的假设。

根据对 **X** 的参考单元的编码策略规则，我们可以得到一个这样的设计矩阵：第一列为单位向量，而剩下的 $g-1=3$

------

[1]　每个地点测量到的骨骼的数量的范围为 1—42。这里用的数据是由奥尔巴克和拉夫（Auerbach & Ruff, 2010）发表的，是各个地点男性和女性骨骼的均值。一共 145 个均值分布在 11 个地点和四个地理分类中。

列表示小组的成员身份,按照虚拟变量的方式编码。过度参数化矩阵中的第五列已经被删除,然后得到一个存在唯一逆的满迹矩阵 $\mathbf{X'X}$。在行编码下每一个被设计矩阵中识别的组都将复制 $n_g$ 次。这个例子中总共有 $n = 145$ 个观测值,一到四组的样本量分别为 26,54,14 和 51:

$$\mathbf{X}_{(145 \times 4)} = \begin{bmatrix} 1 & 1 & 0 & 0 \\ 1 & 0 & 1 & 0 \\ 1 & 0 & 0 & 1 \\ 1 & 0 & 0 & 0 \end{bmatrix} \begin{array}{l} \leftarrow \text{北极区域}(n_1 = 26) \\ \leftarrow \text{温带西部}(n_2 = 54) \\ \leftarrow \text{大平原}(n_3 = 14) \\ \leftarrow \text{温带东部}(n_4 = 51) \end{array}$$

因为有 $p = 3$ 个反应变量,数据矩阵 $\mathbf{Y}$ 为 $(145 \times 3)$ 阶。根据公式 6.2 以及这些数据,参数估计为:

$$\hat{\mathbf{B}} = \begin{bmatrix} 161.605 & 49.122 & 84.595 \\ -8.539 & -0.797 & -2.985 \\ -4.406 & -0.478 & 0.285 \\ -0.407 & 0.085 & 1.042 \end{bmatrix}$$

根据参照单元编码,$\hat{\mathbf{B}}$ 的第一行包含了第四组(温带东部)的反应变量(平均身高、下肢长度和小腿指数)的均值。$\hat{\mathbf{B}}$ 的第 2—4 行包含了一、二、三组在三个反应变量的均值上与第四组的差异。如果第四组在 MANOVA 设计中有一些特殊的状态,每个均值差异(也就是 $\hat{\beta}_{jk}$)的解释可能会更加有意义。对照组与三种疗法之间的对比就是这样一个例子,否则选择参照单元就会很随意,而且对每个参数的假设检验也变得不再有意思。

假设 $H_0 : \boldsymbol{\mu}^{(1)} = \boldsymbol{\mu}^{(2)} = \boldsymbol{\mu}^{(3)} = \boldsymbol{\mu}^{(4)}$ 的评价可以通过形成合适的对比矩阵来完成。这个对比矩阵忽略了截距项,但包括

了假设检验的其余参数,也就是 $H_0: \boldsymbol{\beta}_1 = \boldsymbol{\beta}_2 = \boldsymbol{\beta}_3 = 0$。 因此,

$$\mathbf{L} = \begin{bmatrix} 0 & 1 & 0 & 0 \\ 0 & 0 & 1 & 0 \\ 0 & 0 & 0 & 1 \end{bmatrix}$$

根据公式 5.1 估计出 $\mathbf{Q}_H$,再根据公式 4.3 估计出误差 SSCP 矩阵,我们就得到两个评价整个模型和计算出所有四个多元统计量所必需的矩阵。这些矩阵,还有它们的和,都总结在表 6.4 中。

表 6.4　为了对 MANOVA 因素进行多元检验的假设和误差 SSCP 矩阵

$$\mathbf{Q}_H = \begin{bmatrix} 1\,450.975 & 144.629 & 435.941 \\ 144.629 & 14.787 & 40.864 \\ 435.941 & 40.864 & 235.549 \end{bmatrix}$$

$$\mathbf{Q}_E = \begin{bmatrix} 5\,852.173 & 325.871 & 196.455 \\ 325.871 & 78.518 & 12.595 \\ 196.455 & 12.595 & 201.367 \end{bmatrix}$$

$$\mathbf{Q}_H + \mathbf{Q}_E = \begin{bmatrix} 7\,303.149 & 470.500 & 632.396 \\ 470.500 & 93.305 & 53.459 \\ 632.396 & 53.459 & 436.916 \end{bmatrix}$$

这三个矩阵是计算表 4.5 中定义的多元检验统计量 $V$,$\Lambda$,T 和 $\theta$ 时的必要成分。对于我们的四组 MANOVA 身材数据,我在下面展示了如何计算每个检验统计量及其关联强度的测度。L 总共有三行说明 $q_h = 3$,而且因为 $p = 3$,则 $s = \min[p, q_h] = 3$。

根据表 4.5、公式 5.3 至公式 5.5,以及表 6.4,我们可以得到身材估计数据的 Pillai 迹 $V$、$R_V^2$ 及其假设检验的近似 $F$ 检验,

$$V = Tr\left[(\mathbf{Q}_E + \mathbf{Q}_H)^{-1}\mathbf{Q}_H\right] = 0.675$$

$$R_V^2 = \frac{V}{s} = \frac{0.675}{3} = 0.225$$

$$F_{V(9,\,423)} = \frac{R_V^2}{1-R_V^2} \cdot \frac{v_e}{v_h} = \frac{0.225}{1-0.225} \cdot \frac{423}{9} = 13.46,$$
$$p < 0.001$$

按照表 4.5 中的定义、公式 5.6 至公式 5.12 和表 6.4 中的 SSCP 矩阵，Wilks'$\Lambda$、Hotelling 迹 T 和 Roy 最大特征根 $\theta$ 值可以类似地计算。对于 $\Lambda$，我们有：

$$\Lambda = \frac{|\,\mathbf{Q}_E\,|}{|\,\mathbf{Q}_E + \mathbf{Q}_H\,|} = \frac{6.879\,83 * 10^7}{1.746\,29 * 10^8} = 0.394$$

$$R_\Lambda^2 = 1 - \Lambda^{\frac{1}{s}} = 1 - 0.394^{\frac{1}{3}} = 0.267$$

$$F_{\Lambda(9,\,388.44)} = \frac{R_\Lambda^2}{1-R_\Lambda^2} \cdot \frac{v_e}{v_h} = \frac{0.267}{1-0.267} \cdot \frac{338.44}{9} = 17.54,$$
$$p < 0.001$$

而对于 Hotelling 迹 T，我们有：

$$\mathrm{T} = Tr\left[\mathbf{Q}_E^{-1}\mathbf{Q}_H\right] = 1.364$$

$$R_\mathrm{T}^2 = \frac{\mathrm{T}}{\mathrm{T}+s} = \frac{1.364}{1.364+3} = 0.313$$

$$F_{\mathrm{T}(9,\,413)} = \frac{R_\mathrm{T}^2}{1-R_\mathrm{T}^2} \cdot \frac{v_e}{v_h} = \frac{0.313}{1-0.313} \cdot \frac{413}{9} = 20.87,$$
$$p < 0.001$$

正如第 4 章所介绍的，Roy 最大特征根 $\theta$ 定义为变量组 **Y** 和 **X** 之间最大的典型相关系数的平方。我们将在第 7 章介绍如何计算 $r_{C_{max}}^2$，现我们只是报道它的数值及其近似 $F$ 检验。也就是，

$$\theta = r_{C_{max}}^2 = 0.550$$

$$F_{\theta(3,\,141)} = \frac{R_\theta^2}{1-R_\theta^2} \cdot \frac{v_e}{v_h} = \frac{0.550}{1-0.550} \cdot \frac{141}{3} = 57.48,$$
$$p < 0.001$$

　　基于四个多元检验统计量中的任意一个，我们都可以拒绝原假设：四个地理类别的均值不存在差异。在任何地方，$\mathbf{Y}$ 中共同方差可以被分组解释的部分的估计值为 0.23 到 0.31，这取决于选择前三个检验统计量中的哪一个。正如我们前面章节所讲的，$R_m^2$ 的度量和 $F$ 检验在数值上有轻微的差别，一定程度上是因为算术平均、几何平均和算术平均的内在差异。这些统计量都是基于不同的平均值的算法。Roy 最大特征根 $\theta$ 明显大于其他三种 $R_m^2$ 的。某种程度上来说是因为变量间的共同方差并不集中在某一个特征值上（Olson，1976）。因此，$r_{C_{max}}^2$ 的值高估了 $\mathbf{Y}$ 和组成员之间共享的联合变化。正如我们前面指出的，Roy 最大特征根 $\theta$ 的近似 $F$ 检验是一个上界，可能会随意地高估 $p$ 值。[1]

## MANOVA 因素的一元后续 $F$ 检验

　　在第 5 章（表 5.2）中我们讨论了一元后续检验，它们在 MANOVA 设计中的信息价值和对连续预测变量的多元线性模型是一样的。拒绝 $H_0$ 说明三个反应变量的均值存在组与组之间的差异。每个反应变量能帮助区分各组的程度由一元 $R^2$ 和 $F$ 检验来评价。$R^2$ 和 $F$ 检验都基于 $\mathbf{Q}_H$ 和 $(\mathbf{Q}_E + \mathbf{Q}_H)$ 的对角线元素。表 6.5 总结了这些一元数量。

---

　　① 根据 SAS GLM，Roy 最大特征根 $\theta$ 的严格检验的结果也是 $p < 0.001$。根据哈里斯的表 A.5（Harris，2001），当 $s = 3$，$m = -0.5$ 和 $n = 68.5$ 时，$\theta'_{(s, m, n)}$ 在 $\alpha = 0.05$ 的临界值为 0.098，在 $\alpha = 0.01$ 时的临界值为 0.126。

表 6.5 四个地理聚类 MANOVA 的一元后续检验统计量

| 假　　设 | 反应变量 | $R^2$ | $df_h$ , $df_e$ | $F$ | $p$ |
|---|---|---|---|---|---|
| $\mu_1 = \mu_2 = \mu_3 = \mu_4$ | 身　高 | 0.199 | 3，141 | 11.65 | $< 0.001$ |
| | 下肢长度 | 0.158 | 3，141 | 8.85 | $< 0.001$ |
| | 小腿指数 | 0.539 | 3，141 | 54.98 | $< 0.001$ |

在传统标准下，所有这三个 $R^2$ 都足够大（Cohen，1988）并且在统计上显著。所有三个被解释变量都为组与组的区分做出了贡献。记住，每个被解释变量的贡献都没有对与其他解释变量之间的关系做出调整。小腿指数（根据表 2.4，它与"大小"变量相对独立）是受地理分组的组间差异影响最大的变量。因为这个指数与运动联系比与体型的联系更加紧密，所以多元差异尽管受三个变量差异的影响，但主要由小腿指数决定。我们知道小腿指数随着气候变化而变化（Auerbach & Ruff，2010）。当平均气温升高时，小腿指数也会增加。这说明如果它是区分地理聚类差异的主要变量，那么北极区域的样本和更加温暖区域的样本应该存在差异。这种类型的后续多元假设，包括多元成对差异，可以通过我们已经用过的广义线性假设来进行检验。

## 组间差异的多元对比

在一个重要的 MANOVA 中，可以形成很多关于组间差异的假设，包括所有 $\dfrac{G(G-1)}{2} = 6$ 个成对比较和其他四组均值间的线性比较。广义线性检验的一个优势是它基于分解

SSCP 矩阵。因此可以对所有可能的对比进行检验。但我们只对有理论依据的检验感兴趣。很多用 ANOVA 设计中检验事后比较的方法都很复杂,具体的讨论可以参阅马克斯韦尔和德莱尼的研究(Maxwell & Delaney,2004:第 4 章和第 5 章)。在多元情况下,这样的对比涉及对 $p$ 个反应变量的向量的对比和对每个反应变量的等价的一元对比。伦彻(Rencher,2002:182—183)建议使用这样一种方法,该方法类似于整体模型检验中的 Fisher 被保护的最小显著性差异的方法和它的后续一元 $F$ 检验。如果对多元检验及其后续一元检验都做进一步的对比,我们需要使用某种形式的误差率保护,例如 Bonferroni 修正。这是为了避免不能被接受的第一类错误的放大。

六个组间的成对对比的其中三个已经在参照单元编码分析中给出。正如表 6.3 中参照单元编码的例子给出的定义,检验每个参数估计的多元显著性揭示了一、二、三组和第四组的均值差异体现在例子中 $\hat{\boldsymbol{\beta}}_1$,$\hat{\boldsymbol{\beta}}_2$ 和 $\hat{\boldsymbol{\beta}}_3$ 每个参数的估计。为了完成对每个这样的事后对比的多元检验,我们需要三个分开的 L 矩阵:$\mathbf{L}_1 = [0 \quad 1 \quad 0 \quad 0]$,$\mathbf{L}_2 = [0 \quad 0 \quad 1 \quad 0]$ 和 $\mathbf{L}_3 = [0 \quad 0 \quad 0 \quad 1]$。当分别将这三个矩阵与 $\hat{\mathbf{B}}$ 还有公式 5.1 共同使用时,我们便进行了三个由参数估计识别的均值差异的多元检验。三个多元统计量的假设 SSCP 矩阵 $\mathbf{Q}_{H_{(1)}}$,$\mathbf{Q}_{H_{(2)}}$ 和 $\mathbf{Q}_{H_{(3)}}$,以及全模型 $\mathbf{Q}_E$ 都展示在表 6.6 中。表 6.7 展示了多元检验统计量。而表 6.8 总结了它们的后续一元 $F$ 检验。

**表 6.6　对比 $L_{(1)}$，$L_{(2)}$，$L_{(3)}$ 和 $L_{(4)}$ 的假设 SSCP 矩阵**

$$\mathbf{Q}_{H(1)} = \begin{bmatrix} 1\,255.569 & 117.245 & 438.882 \\ 117.245 & 10.948 & 40.983 \\ 438.882 & 40.983 & 153.411 \end{bmatrix}$$

$$\mathbf{Q}_{H(2)} = \begin{bmatrix} 509.126 & 55.245 & -32.925 \\ 55.245 & 5.995 & -3.573 \\ -32.925 & -3.573 & 2.129 \end{bmatrix}$$

$$\mathbf{Q}_{H(3)} = \begin{bmatrix} 1.823 & -0.381 & -0.466 \\ -0.381 & 0.080 & 0.975 \\ -4.661 & 0.975 & 11.920 \end{bmatrix}$$

$$\mathbf{Q}_{H(4)} = \begin{bmatrix} 299.774 & 23.158 & 237.156 \\ 23.158 & 1.789 & 18.321 \\ 237.156 & 18.321 & 187.618 \end{bmatrix}$$

$$\mathbf{Q}_{H(5)} = \begin{bmatrix} 949.657 & 91.261 & 469.316 \\ 91.261 & 8.770 & 45.101 \\ 469.316 & 45.101 & 231.933 \end{bmatrix}$$

$$\mathbf{Q}_{E} = \begin{bmatrix} 5\,852.173 & 325.871 & 196.455 \\ 325.871 & 78.518 & 12.595 \\ 196.455 & 12.595 & 201.367 \end{bmatrix}$$

**表 6.7　四个地理聚类的所选对比的多元检验统计量**

| 假　　设 | 检　　验 | 检验统计量 | $R_m^2$ | $v_h$，$v_e$ | 近似 $F$ | $p$ |
|---|---|---|---|---|---|---|
| $\mu_1 = \mu_4$ | Pillai 迹 $V$ | 0.469 | 0.469 | 3，139 | 40.94 | $< 0.001$ |
| | Wilks' $\Lambda$ | 0.531 | 0.469 | 3，139 | 40.94 | $< 0.001$ |
| | Hotelling 迹 $T$ | 0.884 | 0.469 | 3，139 | 40.94 | $< 0.001$ |
| | Roy 最大特征根 $\theta$ | 0.469 | 0.469 | 3，139 | 40.94 | $< 0.001$ |
| $\mu_2 = \mu_4$ | Pillai 迹 $V$ | 0.120 | 0.120 | 3，139 | 6.33 | $< 0.001$ |
| | Wilks' $\Lambda$ | 0.880 | 0.120 | 3，139 | 6.33 | $< 0.001$ |
| | Hotelling 迹 $T$ | 0.137 | 0.120 | 3，139 | 6.33 | $< 0.001$ |
| | Roy 最大特征根 $\theta$ | 0.120 | 0.120 | 3，139 | 6.33 | $< 0.001$ |
| $\mu_3 = \mu_4$ | Pillai 迹 $V$ | 0.061 | 0.061 | 3，139 | 3.01 | 0.032 |
| | Wilks' $\Lambda$ | 0.939 | 0.061 | 3，139 | 3.01 | 0.032 |
| | Hotelling 迹 $T$ | 0.065 | 0.061 | 3，139 | 3.01 | 0.032 |
| | Roy 最大特征根 $\theta$ | 0.061 | 0.061 | 3，139 | 3.01 | 0.032 |

| 假　设 | 检　验 | 检验统计量 | $R_m^2$ | $v_h$ , $v_e$ | 近似 $F$ | $p$ |
|---|---|---|---|---|---|---|
| $\mu_1 = \mu_2$ | Pillai 迹 $V$ | 0.483 | 0.483 | 3, 139 | 43.35 | <0.001 |
| | Wilks'$\Lambda$ | 0.517 | 0.483 | 3, 139 | 43.35 | <0.001 |
| | Hotelling 迹 $T$ | 0.936 | 0.483 | 3, 139 | 43.35 | <0.001 |
| | Roy 最大特征根 $\theta$ | 0.483 | 0.483 | 3, 139 | 43.35 | <0.001 |
| $\mu_1 = \dfrac{\mu_2 + \mu_3 + \mu_4}{3}$ | Pillai 迹 $V$ | 0.549 | 0.549 | 3, 139 | 56.42 | <0.001 |
| | Wilks'$\Lambda$ | 0.451 | 0.549 | 3, 139 | 56.42 | <0.001 |
| | Hotelling 迹 $T$ | 1.218 | 0.549 | 3, 139 | 56.42 | <0.001 |
| | Roy 最大特征根 $\theta$ | 0.549 | 0.549 | 3, 139 | 56.42 | <0.001 |

表 6.8　四个地理聚类的所选对比的一元后续检验统计量

| 假　设 | 反应变量 | $R^2$ | $df_h$ , $df_e$ | $F$ | $p$ |
|---|---|---|---|---|---|
| $\mu_1 = \mu_4$ | 身　高 | 0.177 | 1, 141 | 30.25 | <0.001 |
| | 下肢长度 | 0.122 | 1, 141 | 19.66 | <0.001 |
| | 小腿指数 | 0.432 | 1, 141 | 107.42 | <0.001 |
| $\mu_2 = \mu_4$ | 身　高 | 0.080 | 1, 141 | 12.27 | 0.001 |
| | 下肢长度 | 0.071 | 1, 141 | 10.77 | 0.001 |
| | 小腿指数 | 0.010 | 1, 141 | 1.49 | 0.224 |
| $\mu_3 = \mu_4$ | 身　高 | 0.000 | 1, 141 | 0.04 | 0.834 |
| | 下肢长度 | 0.001 | 1, 141 | 0.14 | 0.706 |
| | 小腿指数 | 0.056 | 1, 141 | 8.35 | 0.004 |
| $\mu_1 = \mu_2$ | 身　高 | 0.049 | 1, 141 | 7.22 | 0.008 |
| | 下肢长度 | 0.022 | 1, 141 | 3.21 | 0.075 |
| | 小腿指数 | 0.482 | 1, 141 | 131.37 | <0.001 |
| $\mu_1 = \dfrac{\mu_2 + \mu_3 + \mu_4}{3}$ | 身　高 | 0.140 | 1, 141 | 22.88 | <0.001 |
| | 下肢长度 | 0.100 | 1, 141 | 15.75 | <0.001 |
| | 小腿指数 | 0.535 | 1, 141 | 162.40 | <0.001 |

　　参照单元编码模型的每个参数估计的检验给出了六个成对比较中的三个。如果我们也想要完成其余的成对对比,

就可以通过基于参数差异的假设检验的对比来完成。例如，如果我们想比较组 1 和组 2 的均值差异，那么原假设 $H_0$：$\boldsymbol{\beta}_1 - \boldsymbol{\beta}_2 = 0$ 暗示了假设 $H_0$：$(\boldsymbol{\mu}_1 - \boldsymbol{\mu}_4) - (\boldsymbol{\mu}_2 - \boldsymbol{\mu}_4) = \boldsymbol{\mu}_1 - \boldsymbol{\mu}_2 = 0$。用以完成这个对比的矩阵 $\mathbf{L}$ 为 $\mathbf{L}_4 = [01-10]$。伴随着 $\hat{\mathbf{B}}$ 和公式 5.1，我们可以得到表 6.6 中最后的 $\mathbf{Q}_{H_{(4)}}$ 以及表 6.7 和表 6.8 中最后的检验。如果想完成其他的成对比较，也能通过类似的方法计算。对于现有的数据，即使对临界值做 Bonferroni 分割（也就是说，$0.05/6 = 0.008$），也不会改变关于观测差异的统计上显著性的结论。

　　表 6.7 总结了成对对比的结果。参照单元模型中，我们也计算了这些对比。这些结果表明不管使用哪种多元检验，三组对比中的每一个都在统计上显著。尽管组 3（大平原）和组 4（温带东部）之间的对比最弱。这个对比的后续一元检验进一步说明了组 3 和组 4 的区别主要在于小腿指数，和身高与下肢长度几乎没什么关系。相反，组 2（温带西部）与组 4（温带东部）之间的对比表明这两组差异主要来自身高和下肢长度，与小腿指数无关。尽管没在表格中展示，对剩下的两个成对对比（$\boldsymbol{\mu}_1 - \boldsymbol{\mu}_3$ 和 $\boldsymbol{\mu}_2 - \boldsymbol{\mu}_3$）的多元检验都在统计上显著（$p < 0.001$）。而且一元后续检验说明三个反应变量的差异也都显著。

## 更加复杂的对比

　　除了成对对比，更加复杂的对比也能通过广义线性假设检验的策略来计算。任何可估计的假设，也就是说它们有唯一的参数估计值，就可以用这些方法检验。[1]对于身材估计的

————————————

[1]　关于可估计假设的细节请参阅 Green et al., 1999；Littell, Stroup & Freund, 2002。

示例数据,一个可估计假设可能关注位于图 6.1 中南北轴上的组间差异,尤其是针对小腿指数的贡献。因为我们知道它随着温度气候的变化而变化。我们假设北极区域的均值(图 6.1(a)中的区域 1, 2, 3, 4)应该与三个温带地理区域的均值不同。这个假设可以写成:

$$H_0 : \boldsymbol{\mu}_1 = \frac{\boldsymbol{\mu}_2 + \boldsymbol{\mu}_3 + \boldsymbol{\mu}_4}{3}$$

这个假设可以用对比向量 $= \begin{bmatrix} 0 & 1 & -\frac{1}{3} & -\frac{1}{3} \end{bmatrix}$ 来检验。当我们根据参照单元编码模型应用与参数矩阵时,代数上等价的关于均值差异的原假设[1]由 **LB** 定义,可以写成:

$$H_0 : \boldsymbol{\beta}_1 = \frac{1}{3}(\boldsymbol{\beta}_2 + \boldsymbol{\beta}_3)$$

用 $\hat{\mathbf{B}}$ 替代然后应用公式 5.1,我们可以得到表 6.6 的假设 SSCP 矩阵 $\mathbf{Q}_{H_{(5)}}$。表 6.7 展示了多元检验统计量,而表 6.8 展示了一元后续检验。任何多元检验统计量在这个对比上得到的结果都是拒绝原假设。显然,北极区域和气候更加温和区域有显著差异。大约 55% 的反应变量的共同变化可以被这个对比解释($R_V^2 = 0.549$)。 检查后续一元 $F$ 检验可以得到这样的结论:这个差异主要由小腿指数决定($R^2 = 0.535$)。北极区域的小腿指数(81.61)明显比大平原和两个

---

[1] 因为 $\beta_1 = \mu_1 - \mu_4$,$\beta_2 = \mu_2 - \mu_4$,$\beta_3 = \mu_3 - \mu_4$,那么 $\beta_1 = \frac{1}{3}(\beta_2 + \beta_3)$ 就等价于 $\mu_1 - \mu_4 = \frac{1}{3}(\mu_2 - \mu_4) + \frac{1}{3}(\mu_3 - \mu_4)$。在等式两边同时加上 $\frac{3}{3}\mu_4$,可以得到 $\mu_1 = \frac{1}{3}\mu_2 - \frac{1}{3}\mu_4 + \frac{1}{3}\mu_3 - \frac{1}{3}\mu_4 + \frac{3}{3}\mu_4$ 和 $\mu_1 = \frac{1}{3}(\mu_2 + \mu_3 + \mu_4)$。

温带地区的小腿指数的平均值(85.03)要短。身高和下肢长度也做出了统计上显著的贡献,但贡献的程度较小($R^2$ 分别为 0.10 和 0.14)。北极区域身高和下肢长度(153.07,48.32)明显比其余区域的均值短(160.00,48.99)。正如我们从以前研究中所期望的那样,运动的差异可能对气候的差异特别敏感,但大小的差异也能在数据中被侦测到。

# 第 6 节 ｜ 更高阶的 MANOVA 设计：对身材估计数据的一个 2 × 3 阶 MANOVA

在多于一个分类时，方差分析包含各种不同的设计，所有设计都有多元实现（Maxwell & Delaney，2004）。使用最多的是因素方差分析设计。在该设计中，两个或者更多的因素可以同时被研究。除了每个因素的主要作用外，我们还可以研究因素之间的交互作用，也就是说，在一个因素的不同层级上，另外一个因素造成的均值差异是否也不同。

在前面的章节中，我们已经展示了单项多元方差可以分析转化为多元回归或线性模型的问题来解决。为了代表包含在小组成员身份中的信息，它是通过编码设计矩阵 **X** 的策略来完成的。我们已经展示了，区分一个变量和用于代表这个变量的 **X** 的 $G-1$ 个向量十分重要。回归模型的解取决于估计模型的参数 $\hat{\mathbf{B}}$。我们已经展示了（表 6.3）这些参数估计或者是 ANOVA 组的单元均值，或者相应的线性组合，这取决于我们选择的 **X** 的编码策略。最后，假设检验伴随着形成参数的线性对比，因此就是单元均值的对比和通过一个多元检验统计量来评价广义线性检验。

类似的过程可以用于评价更加复杂的方差分析的设计。

该设计中涉及多于一个的因素,而且可能存在因素间的交互作用。在这些设计中,我们很少对全模型(所有的主要作用和交互作用)检验感兴趣,除非用于定义误差的 SSCP 矩阵。我们主要感兴趣的是因素的分解作用及其交互作用。

为了把问题陈述得更加具体,我们重新关注之前章节中使用过的奥尔巴克和拉夫(Auerbach & Ruff,2010)的示例数据。伴随着根据地理文化相似性分成的三类,该数据中骨骼样本的性别也被注明。在表 2.5 中,75 个出土地点的 145 个样本的均值和标准差被整理成一个 2×3 阶多元方差分析的设计。该设计的六个单元包括骨骼性别(也就是因素 A,$a = 1, \cdots, G_A$)的两个层级。该因素完全与三个地理区域交叉——图 6.1(b)中掩饰的北极区域、大平原和温带区域(也就是因素 B,$b = 1, \cdots, G_B$)。在表 2.6 中,每个单元格的样本大小是和反应变量的均值一同给出的,它们不完全相等,但是大致上是成比例的。[①] 在有相矛盾均值的不平衡的情况下,大部分前面段落中讨论的设计矩阵编码策略会得到参数的估计值(参阅 Rencher,1998:4.8 部分,作为一个讨论)。在现阶段的演示中,我们采用单元均值编码策略来完成。该策略我们在前一节已经介绍过。单元均值策略得到的参数估计和假设更加容易解释,含义更加明确。这个 2(性别)×3(地理分类)阶设计的均值、标准差和单元样本量都展示在表 2.5 和表 2.6 中。这个有三个反应变量和 145 个观测值的多

---

① 平衡设计(每个单元的观测值数量)和非平衡设计可以产生方差分析的参数估计的不同的解,这取决于编码策略的选择。单元样本数量的不平衡会引起设计的主要作用间的混乱。空间上的限制不允许我们在这里讨论这个问题,但是可以参阅 Rencher, 1998; Searle, 1987; Hocking, Speed & Hackney, 1978。采用单元均值编码策略允许基于非模糊参数的假设检验。我们将在后面一节中讨论对模型作用可能造成的混乱的调整方法。我们可以通过用第一类、第二类、第三类方法的对 ANOVA 和 MANOVA 设计中的平方和分块来处理这个问题。

元线性模型可以写成惯常的线性模型的形式：

$$\mathbf{Y}_{(145\times3)} = \mathbf{X}_{(145\times6)}\,\mathbf{B}_{(6\times3)} + \mathbf{E}_{(145\times3)}$$

单元均值模型的设计矩阵由 145 行 6 编码向量组成。一个 $2\times3$ 阶的设计产生六个均值。如果对六个分组进行加总，设计矩阵 $\mathbf{X}$ 将会有一个与单元均值编码规则相一致的形式——对任意 $a\times b$ 单元内的样本，每个向量包含一个 1。如果不属于该设计的单元，这个向量就包含一个 0。单元中包含 1 的数量等于 $n_{ab}$。因此 $145\times6$ 的单元均值编码的设计矩阵可以写成：

$$X = \begin{bmatrix} 1 & 0 & 0 & 0 & 0 & 0 \\ 0 & 1 & 0 & 0 & 0 & 0 \\ 0 & 0 & 1 & 0 & 0 & 0 \\ 0 & 0 & 0 & 1 & 0 & 0 \\ 0 & 0 & 0 & 0 & 1 & 0 \\ 0 & 0 & 0 & 0 & 0 & 1 \end{bmatrix} \begin{array}{l} \leftarrow \text{单元}\,a_1b_1,\text{男性},\text{北极}: n_{11}=13\ \text{行} \\ \leftarrow \text{单元}\,a_1b_2,\text{男性},\text{大平原}: n=55\ \text{行} \\ \leftarrow \text{单元}\,a_1b_3,\text{男性},\text{温带}: n=7\ \text{行} \\ \leftarrow \text{单元}\,a_2b_1,\text{女性},\text{北极}: n=13\ \text{行} \\ \leftarrow \text{单元}\,a_2b_2,\text{女性},\text{大平原}: n=50\ \text{行} \\ \leftarrow \text{单元}\,a_2b_3,\text{女性},\text{温带}: n=7\ \text{行} \end{array}$$

所以我们有，乘积 $\mathbf{X}'\mathbf{X}_{(6\times6)}$ 将组成一个对角矩阵。这个矩阵中的元素是表 2.6 中 $n_{ab}$ 的值。对角矩阵的逆的主对角线元素是单元样本量的倒数。因此我们需要的 $\mathbf{X}'\mathbf{X}^{-1}$ 服从以下的形式：

$$\mathbf{X}'\mathbf{X} = \begin{bmatrix} n_{11} & 0 & 0 & 0 & 0 & 0 \\ 0 & n_{12} & 0 & 0 & 0 & 0 \\ 0 & 0 & n_{13} & 0 & 0 & 0 \\ 0 & 0 & 0 & n_{21} & 0 & 0 \\ 0 & 0 & 0 & 0 & n_{22} & 0 \\ 0 & 0 & 0 & 0 & 0 & n_{23} \end{bmatrix},$$

$$\mathbf{X'X}^{-1} = \begin{bmatrix} \dfrac{1}{n_{11}} & 0 & 0 & 0 & 0 & 0 \\[2mm] 0 & \dfrac{1}{n_{12}} & 0 & 0 & 0 & 0 \\[2mm] 0 & 0 & \dfrac{1}{n_{13}} & 0 & 0 & 0 \\[2mm] 0 & 0 & 0 & \dfrac{1}{n_{21}} & 0 & 0 \\[2mm] 0 & 0 & 0 & 0 & \dfrac{1}{n_{22}} & 0 \\[2mm] 0 & 0 & 0 & 0 & 0 & \dfrac{1}{n_{23}} \end{bmatrix}$$

把 $\hat{\mathbf{B}}$ 代入模型参数的等式，然后用公式 6.2，我们可以得到这个 $2\times3$ MANOVA 模型的参数估计。公式 6.2 中的 $\mathbf{X'Y}$ 是 $A\times B$ 阶设计的六个单元中每个单元内变量 $Y$ 的和。因此，$p$ 个反应变量的拟合线性模型的参数估计为：

$$\hat{\mathbf{B}}_{(6\times6)} = (\mathbf{X'X})^{-1}\mathbf{X'Y} = \begin{bmatrix} \dfrac{1}{n_{11}} & 0 & 0 & 0 & 0 & 0 \\[2mm] 0 & \dfrac{1}{n_{12}} & 0 & 0 & 0 & 0 \\[2mm] 0 & 0 & \dfrac{1}{n_{13}} & 0 & 0 & 0 \\[2mm] 0 & 0 & 0 & \dfrac{1}{n_{21}} & 0 & 0 \\[2mm] 0 & 0 & 0 & 0 & \dfrac{1}{n_{22}} & 0 \\[2mm] 0 & 0 & 0 & 0 & 0 & \dfrac{1}{n_{23}} \end{bmatrix}$$

$$
\begin{bmatrix}
\sum Y_1^{(11)} & \sum Y_2^{(11)} & \sum Y_3^{(11)} \\
\sum Y_1^{(12)} & \sum Y_2^{(12)} & \sum Y_3^{(12)} \\
\sum Y_1^{(13)} & \sum Y_2^{(13)} & \sum Y_3^{(13)} \\
\sum Y_1^{(21)} & \sum Y_2^{(21)} & \sum Y_2^{(21)} \\
\sum Y_1^{(22)} & \sum Y_2^{(22)} & \sum Y_2^{(22)} \\
\sum Y_1^{(23)} & \sum Y_2^{(23)} & \sum Y_2^{(23)}
\end{bmatrix}
=
\begin{bmatrix}
\hat{\beta}_{11} & \hat{\beta}_{12} & \hat{\beta}_{13} \\
\hat{\beta}_{21} & \hat{\beta}_{22} & \hat{\beta}_{23} \\
\hat{\beta}_{31} & \hat{\beta}_{32} & \hat{\beta}_{33} \\
\hat{\beta}_{41} & \hat{\beta}_{42} & \hat{\beta}_{43} \\
\hat{\beta}_{51} & \hat{\beta}_{52} & \hat{\beta}_{53} \\
\hat{\beta}_{61} & \hat{\beta}_{62} & \hat{\beta}_{63}
\end{bmatrix}
$$

$$
=
\begin{bmatrix}
\overline{Y}_1^{(11)} & \overline{Y}_2^{(11)} & \overline{Y}_3^{(11)} \\
\overline{Y}_1^{(12)} & \overline{Y}_2^{(12)} & \overline{Y}_3^{(11)} \\
\overline{Y}_1^{(13)} & \overline{Y}_2^{(13)} & \overline{Y}_3^{(11)} \\
\overline{Y}_1^{(21)} & \overline{Y}_2^{(21)} & \overline{Y}_3^{(11)} \\
\overline{Y}_1^{(22)} & \overline{Y}_2^{(22)} & \overline{Y}_3^{(11)} \\
\overline{Y}_1^{(23)} & \overline{Y}_2^{(23)} & \overline{Y}_3^{(11)}
\end{bmatrix}
=
\begin{bmatrix}
\hat{\mu}_{11} & \hat{\mu}_{12} & \hat{\mu}_{13} \\
\hat{\mu}_{21} & \hat{\mu}_{22} & \hat{\mu}_{23} \\
\hat{\mu}_{31} & \hat{\mu}_{32} & \hat{\mu}_{33} \\
\hat{\mu}_{41} & \hat{\mu}_{42} & \hat{\mu}_{43} \\
\hat{\mu}_{51} & \hat{\mu}_{52} & \hat{\mu}_{53} \\
\hat{\mu}_{61} & \hat{\mu}_{62} & \hat{\mu}_{63}
\end{bmatrix}
$$

与单元均值编码策略相一致，参数估计是 A×B 阶设计中每个单元的样本均值，也是总体单元均值（$\hat{\mu}_{ab}$）的估计。这个 2×3 的例子包含六个单元，$\hat{\mathbf{B}}$ 的每一行有六个参数估计。一个 3×3 的设计包含九行，一个 3×4 的设计将包含 12 行，等等——因子的乘积决定拟合模型中需要估计参数的个数。在上述矩阵 $\hat{\mathbf{B}}$ 中，参数估计的第一个下角标代表预测变量（行），而第二个下角标代表被解释变量（列）。这些估计值与单元均值相一致，其中括号内的上角标表示在 MANOVA 设计中行和列的位置。单元均值模型的参数估计就是样本单元均值。这对分类预测变量（因素 A 和 B)的总体回归模型也可以写成一个均值模型：

$$\mathbf{Y} = \mathbf{X}\boldsymbol{\mu} + \mathbf{E} \qquad [6.7]$$

它明确阐述了回归参数（$\hat{\beta}_{ab}$）和样本均值（$\overline{Y}^{(ab)}$）之间的联系——它们是对 $\mu_{ab}$ 的相同估计。我们总是把方差分析的假设设定在总体均值差异的框架中。公式 6.1 和公式 6.7 的等价性明确阐述了通过对比 $\mathbf{LB}$ 检验均值差异和根据 $\mathbf{L\hat{B}t}$ 分块 $\mathbf{Q}_H$ 之间的联系。根据单元均值编码策略的定义，我们很容易对这些数据计算公式 6.2。通过计算，我们可以得到参数估计值，也就是表 2.5 中的单元均值。用类似的形式表示：

$$
\hat{\mathbf{B}} =
\begin{bmatrix}
\hat{\beta}_{11} & \hat{\beta}_{12} & \hat{\beta}_{13} \\
\hat{\beta}_{21} & \hat{\beta}_{22} & \hat{\beta}_{23} \\
\hat{\beta}_{31} & \hat{\beta}_{32} & \hat{\beta}_{33} \\
\hat{\beta}_{41} & \hat{\beta}_{42} & \hat{\beta}_{43} \\
\hat{\beta}_{51} & \hat{\beta}_{52} & \hat{\beta}_{53} \\
\hat{\beta}_{61} & \hat{\beta}_{62} & \hat{\beta}_{63}
\end{bmatrix}
=
\begin{bmatrix}
156.74 & 48.54 & 81.71 \\
164.04 & 49.11 & 85.02 \\
167.65 & 49.62 & 85.83 \\
149.39 & 48.11 & 81.51 \\
154.17 & 48.62 & 84.44 \\
154.74 & 48.79 & 85.45
\end{bmatrix}
$$

其中每一列分别包含身材、下肢长度和小腿指数的单元均值。

## 因素 A 的主要作用

在这个 $2 \times 3$ 的设计中，我们感兴趣的假设一共有三个——因素 A 的主要作用、因素 B 的主要作用和两个因素的交互作用。对 A 的主要作用的假设猜想在总体中，男性和女性的边际均值相等。根据单元均值，这个假设可以写成：

$$\mathbf{H}_{0(A)} : (\boldsymbol{\mu}_{a_1 b_1} + \boldsymbol{\mu}_{a_1 b_2} + \boldsymbol{\mu}_{a_1 b_3}) = (\boldsymbol{\mu}_{a_2 b_1} + \boldsymbol{\mu}_{a_2 b_2} + \boldsymbol{\mu}_{a_2 b_3})$$

对比矩阵 $\mathbf{L}_A$ 只有一个行向量，所以 $q_{h_A} = 1$。矩阵 $\mathbf{L}_A$ 把

这个差异定义为一个关于单元均值①的不加权平均的一个函数：

$$\mathbf{L}_A = \frac{1}{3}\begin{bmatrix} 1 & 1 & 1 & -1 & -1 & -1 \end{bmatrix}$$

因此，用对比 **LB** 矩阵表示的等价的原假设可以写成：

$$H_{0(A)}: \frac{1}{3}\boldsymbol{\mu}_{a_1b_1} + \frac{1}{3}\boldsymbol{\mu}_{a_1b_2} + \frac{1}{3}\boldsymbol{\mu}_{a_1b_3} - \frac{1}{3}\boldsymbol{\mu}_{a_2b_1}$$

$$- \frac{1}{3}\boldsymbol{\mu}_{a_2b_2} - \frac{1}{3}\boldsymbol{\mu}_{a_2b_3} = \mathbf{0}$$

把估计值 $\hat{\mathbf{B}}$ 代入上式，然后进行计算，可以得到一个男性对女性的 $1 \times 3$ 的样本均值差异的向量。这个均值是对三个被解释变量按照三个地理聚类进行平均：

$$\mathbf{L}_A\hat{\mathbf{B}} = \begin{bmatrix} 10.05 & 0.58 & 0.38 \end{bmatrix}$$

用 $\hat{\mathbf{B}}$ 和之前问题中使用的计算方法，我们对这个 MANOVA 估计 $\mathbf{Q}_E = \mathbf{Y}'\mathbf{Y} - \mathbf{B}'\mathbf{X}'\mathbf{Y}$，然后使用公式 5.1，可以获得 A 主要作用的假设 SSCP 矩阵 $\mathbf{Q}_{H_{(A)}}$。所有这些 SSCP 矩阵都展示在表 6.9 中。利用表 4.5 中对多元检验统计量和 $R_m^2$ 的定义，可以计算近似 $F$ 检验和自由度，如表 6.10 所示。多元检验的自由度定义在公式 5.3 到公式 5.12 中——对于对比向量 $\mathbf{L}_A$ 中的一个向量，我们有 $q_{h_A} = 1$。它与两层级因素的自由度 $G_A - 1 = 2 - 1 = 1$ 相对应。多元假设的自由度为 $v_h = p \times q_{h_A} = 3 \times 1 = 3$。误差的自由度根据四个不同的检验统计量在公式 5.3 到公式 5.12 中分别定义。一元后续检验

---

① 把对比矩阵 $\mathbf{L}_A$ 中的每个元素除以 3 是因为单元均值是对 B 的三个层级的平均值。该方法忽略了单元样本量间的不均等。

展示在表 6.11 中。

　　因素 A 的主要作用的分析结果明确说明反应变量在男性和女性之间存在显著性差异。任意一个多元检验统计量都支持这个差异。该差异显示,大约 41％的反应变量的共同变化可以由骨骼样本的性别来解释。有趣的是,一元后续检验说明多元差异主要由"体型"变量(身材和下肢长度)而不是小腿指数决定。因为小腿指数与体型相对独立,所以这个结果在直觉上合理。性别不同,则体型不同。但运动能力并不太受性别的影响。

表 6.9　A, B 和 A×B MANOVA 作用的假设 SSCP 矩阵

$$\mathbf{Q}_{H(A)} = \begin{bmatrix} 1\,900.780 & 110.164 & 72.624 \\ 110.164 & 6.385 & 4.209 \\ 72.624 & 4.209 & 2.775 \end{bmatrix}$$

$$\mathbf{Q}_{H(B)} = \begin{bmatrix} 896.610 & 86.649 & 455.782 \\ 86.649 & 8.633 & 43.761 \\ 455.782 & 43.761 & 232.008 \end{bmatrix}$$

$$\mathbf{Q}_{H(A\times B)} = \begin{bmatrix} 72.810 & 4.743 & 3.576 \\ 4.743 & 0.419 & -0.026 \\ 3.576 & -0.026 & 0.782 \end{bmatrix}$$

$$\mathbf{Q}_{E} = \begin{bmatrix} 2\,874.967 & 197.43 & -11.529 \\ 197.434 & 74.713 & 0.059 \\ -11.529 & 0.059 & 194.100 \end{bmatrix}$$

表 6.10　A, B 和 A×B MANOVA 作用的多元检验统计量

| 假　　设 | 检　　验 | 检验统计量 | $R_m^2$ | $v_h , v_e$ | 近似 $F$ | $p$ |
|---|---|---|---|---|---|---|
| | Pillai 迹 $V$ | 0.406 | 0.406 | 3, 137 | 31.16 | $< 0.001$ |
| A 主要作用 | Wilks' $\Lambda$ | 0.594 | 0.406 | 3, 137 | 31.16 | $< 0.001$ |
| | Hotelling 迹 $T$ | 0.682 | 0.406 | 3, 137 | 31.16 | $< 0.001$ |
| | Roy 最大特征根 $\theta$ | 0.406 | 0.406 | 3, 137 | 31.16 | $< 0.001$ |

| 假　　设 | 检　　验 | 检验统计量 | $R_m^2$ | $v_h$，$v_e$ | 近似 $F$ | $p$ |
|---|---|---|---|---|---|---|
| B 主要作用 | Pillai 迹 $V$ | 0.611 | 0.306 | 6，276 | 20.21 | $<0.001$ |
| | Wilk'$\Lambda$ | 0.392 | 0.374 | 6，274 | 27.23 | $<0.001$ |
| | Hotelling 迹 $T$ | 1.540 | 0.435 | 6，272 | 34.91 | $<0.001$ |
| | Roy 最大特征根 $\theta$ | 0.606 | 0.606 | 3，138 | 70.63 | $<0.001$ |
| A×B 交互作用 | Pillai 迹 $V$ | 0.031 | 0.015 | 6，276 | 0.72 | 0.637 |
| | Wilks'$\Lambda$ | 0.969 | 0.016 | 6，274 | 0.71 | 0.639 |
| | Hotelling 迹 $T$ | 0.031 | 0.015 | 6，272 | 0.71 | 0.641 |
| | Roy 最大特征根 $\theta$ | 0.026 | 0.026 | 3，138 | 1.22 | 0.304 |

注：为了模型中的其他作用，$R_m^2$ 的值是被分隔的。

表 6.11　A，B 和 A×B MANOVA 作用的一元后续检验

| 假　　设 | 反应变量 | $R^2$ | $df_h$，$df_e$ | $F$ | $p$ |
|---|---|---|---|---|---|
| A 主要作用 | 身　　高 | 0.398 | 1，139 | 91.90 | $<0.001$ |
| | 下肢长度 | 0.079 | 1，139 | 11.88 | 0.001 |
| | 小腿指数 | 0.014 | 1，139 | 1.99 | 0.161 |
| B 主要作用 | 身　　高 | 0.238 | 2，139 | 21.68 | $<0.001$ |
| | 下肢长度 | 0.104 | 2，139 | 8.03 | 0.001 |
| | 小腿指数 | 0.544 | 2，139 | 83.07 | $<0.001$ |
| A×B交互作用 | 身　　高 | 0.025 | 2，139 | 1.76 | 0.176 |
| | 下肢长度 | 0.006 | 2，139 | 0.39 | 0.678 |
| | 小腿指数 | 0.004 | 2，139 | 0.28 | 0.756 |

注：为了模型中的其他作用，$R^2$ 的值是被分隔的。

## 因素 B 的主要作用

对北极、大平原和温带区域这三个分类中的男性与女性的样本求均值。这些均值差异可以通过假设检验来评价：

$$H_{0\,(\mathrm{B})}:\frac{1}{2}(\boldsymbol{\mu}_{a_1b_1}+\boldsymbol{\mu}_{a_2b_1})=\frac{1}{2}(\boldsymbol{\mu}_{a_1b_2}+\boldsymbol{\mu}_{a_2b_2})=\frac{1}{2}(\boldsymbol{\mu}_{a_1b_3}+\boldsymbol{\mu}_{a_2b_3})$$

假设中涉及三项,因此需要用包含两个行向量的 $\mathbf{L}_B$ 来定义 $\hat{\mathbf{B}}$ 上的对比并且估计假设的 SSCP 矩阵。这个对比矩阵的 $q_{h_B}=2$。它同时比较两组均值:北极区域组与大平原组,大平原组和温带地区组。这个同时对比消耗了因素 B 的主要作用的 $G_B-1=3-1=2$ 个可用自由度。这个对比可以写成:

$$\mathbf{L}_B=\frac{1}{2}\begin{bmatrix}1 & -1 & 0 & 1 & -1 & 0\\ 0 & 1 & -1 & 0 & 1 & -1\end{bmatrix}$$

这个暗含了一个同时对两组均值差异的假设:

$$H_0:\mathbf{L}_B\mathbf{B}=\begin{bmatrix}\dfrac{1}{2}(\boldsymbol{\mu}_{a_1b_1}+\boldsymbol{\mu}_{a_2b_1})-\dfrac{1}{2}(\boldsymbol{\mu}_{a_1b_2}+\boldsymbol{\mu}_{a_2b_2})\\[2mm] \dfrac{1}{2}(\boldsymbol{\mu}_{a_1b_2}+\boldsymbol{\mu}_{a_2b_2})-\dfrac{1}{2}(\boldsymbol{\mu}_{a_1b_3}+\boldsymbol{\mu}_{a_2b_3})\end{bmatrix}=\begin{bmatrix}\mathbf{0}\\ \mathbf{0}\end{bmatrix}$$

对于 $\hat{\mathbf{B}}$ 的样本均值,该对比计算了身高、下肢长度和小腿指数的不加权均值的差异:

$$H_0:\mathbf{L}_B\hat{\mathbf{B}}=\begin{bmatrix}-6.04 & -0.54 & -3.12\\ -2.09 & -0.34 & -0.91\end{bmatrix}$$

因素 B 主要作用的假设检验伴随着与因素 A 主要作用一样的后续计算过程。因为 $q_{h_B}=2$,对因素 B 主要作用的假设的自由度为 $\upsilon_h=p*q_{h_B}=6$。我们用 $\mathbf{L}_B\hat{\mathbf{B}}$ 来获取 $\mathbf{Q}_{H_{(B)}}$,再与 $\mathbf{Q}_E$ 结合,多元检验统计量和后续一元检验就可以用之前的方法计算得出。表 6.9 展示了假设 SSCP 矩阵。而检验统计量则总结在了表 6.10 和表 6.11 中。

地理分组差异的主要作用的主要差异的多元检验明确指出，三个反应变量的均值在组间存在显著差异。大约 31% 的身高、下肢长度和小腿指数的共同变化可以被三个分组的差异所解释。因素 B 的后续一元检验说明，三个被解释变量都对多元差异做出了贡献，但小腿指数起着主导作用。它的一元 $R^2 = 0.54$，明显大于其他的"体型"变量的一元 $R^2$。明智而审慎的后续成对差异检验可以进一步加深对地理组间差异[①]的含义的理解。

## A×B 的交互作用

因素 A 和 B 的交互作用的分析由假设检验来决定。我们可以对某一因素的不同层级上，另一因素造成的均值差异做假设检验。例如，在上述例子中，我们可以比较在北极区域、大平原和温带区域这三个分组中，男性与女性的均值差异是否相同。大部分作者建议对交互作用假设检验的评价应该优先于主要作用（Muller & Fetterman, 2002：第 14 章）。如果交互作用显著，那么就忽略主要作用（尽管它们必须被估计），然后关注在剩余因素的不同层级间，一个因素的均值差异的简单主要作用。相反，如果交互作用并不显著，那么我们需要在移除交互的重要的多重共线性后，重新估计因素的主要作用。我们需要只用因素的主要作用来重新估计模型，或者用其他类似的方法（也就是下一节中讨论的第二种平方和计算）来把因素主要作用检验从交互作用检验中分离

---

① 对成对差异的检验，我们已经在地理位置划分的四分组单项 MANOVA 中演示过了。我们在这里不再重复，因为大部分得到的结论是类似的。

开来。为了决定选择哪一种行为路线，我们需要检验：假设一个因素造成的均值差异在另一个因素在不同层级变化时保持不变。不同类型的交互作用的可视化表现形式可以用一个图像上平行和不平行的直线来演示。这些可视化表现形式与检验统计量的大小都可以参阅迈尔斯和韦尔的研究（Myers & Well，2004：第 11 章）。平行线说明在一个因素造成的均值差异在另一个因素在不同层级变化时保持不变。如果一个因素造成的均值差异在另一个因素在不同层级时并不相等，那么图像就不是平行线。交互作用的检验就是检验图像中是否存在平行。图 6.3 中给出了身高、下肢长度、小腿指数根据性别和地理聚类这两个 ANOVA 因素交叉分类的均值的图像。假设男性和女性的差别在三个地理分组中都一样，可以写成：

$$H_{0_{(A \times B)}}: (\boldsymbol{\mu}_{a_1b_1} - \boldsymbol{\mu}_{a_2b_1}) = (\boldsymbol{\mu}_{a_1b_2} - \boldsymbol{\mu}_{a_2b_2}) = (\boldsymbol{\mu}_{a_1b_3} - \boldsymbol{\mu}_{a_2b_3})$$

因为单元均值编码分析中 $\mathbf{B} = \boldsymbol{\mu}_{AB}$，我们需要用 $q_{h_{AB}} = q_{h_A} q_{h_B} = 2$ 行的对比矩阵来定义 $H_{0_{(A \times B)}}$ 的等式。因此，

$$L_B = \begin{bmatrix} 1 & -1 & 0 & -1 & 1 & 0 \\ 0 & 1 & -1 & 0 & -1 & 1 \end{bmatrix}$$

同时，原假设也能识别为对比矩阵的一个函数。而且单元均值，

$$H_0: \mathbf{L}_{A \times B} \mathbf{B} = \begin{bmatrix} (\boldsymbol{\mu}_{a_1b_1} - \boldsymbol{\mu}_{a_1b_2}) - (\boldsymbol{\mu}_{a_2b_1} - \boldsymbol{\mu}_{a_2b_2}) \\ (\boldsymbol{\mu}_{a_1b_2} - \boldsymbol{\mu}_{a_1b_3}) - (\boldsymbol{\mu}_{a_2b_2} - \boldsymbol{\mu}_{a_2b_3}) \end{bmatrix} = \begin{bmatrix} \mathbf{0} \\ \mathbf{0} \end{bmatrix}$$

把 $\mathbf{B}$ 的估计值代入对比就定义了数量 $\mathbf{L}_{A \times B} \hat{\mathbf{B}}$。再应用于示例数据时，就可以得到：

$$H_0: L_{A\times B}\hat{\mathbf{B}} = \begin{bmatrix} -2.52 & -0.057 & -0.376 \\ -3.05 & -0.346 & -0.196 \end{bmatrix}$$

这些样本值是否同时显著地异于 0? 这个问题可以用与检验主要作用时相同的计算过程来检验：我们计算 $\mathbf{Q}_{H_{(A\times B)}}$，然后使用全模型分析的 $\mathbf{Q}_E$，再计算依赖于 $\mathbf{Q}_{H_{(A\times B)}}$ 的一元和多元检验统计量。表 6.9、表 6.10 和表 6.11 中给出了这些计算的结果。

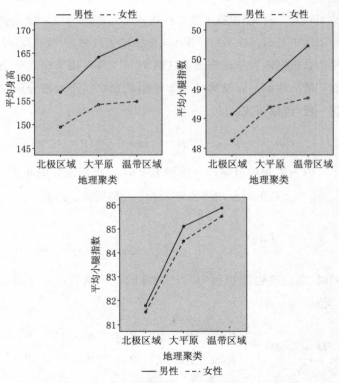

**图 6.3　三反应变量的性别与地理聚类的交互作用的图像**

　　在这些数据中,我们无法拒绝 A×B 交互作用的 $H_0$。我们没有足够的证据说明性别差异在三个地理聚类分组中不保持恒定。在有交互作用和没有交互作用时分别应该如何处理是一个很复杂的问题。目前针对这个问题还没有达成一个共识。很多作者(例如,Muller & Fetterman,2002:第 14 章)建议在复杂的 ANOVA 模型中,应该先检验并解释交互作用,然后再讨论因素的主要作用。如果交互作用显著,我们应该忽略因素的主要作用。而且模型解释应该主要针对交互作用。同时应该对潜在交互的简单主要作用做进一步调查。相反,如果交互作用不显著,我们可以把交互作用从模型中移除。然后对因素的主要作用进行重新估计和解释。

　　复杂的 ANOVA 设计中还有一个难点就是设计单元的不平衡,也就是每个单元中的样本数量不相等。我们这里用的 2×3 的例子就是这种情况。单元样本量不相等会引起因素主要作用间存在相关性。这样,我们模型中的因素就不再相互正交,从而导致因素的作用也不再像在平衡设计条件下那样相互独立。我们可以采取以下几种方法来解决这个问题,包括:(1)每个作用进行调整后再检验因素 A、因素 B 和 A×B 的交互作用。具体的调整方式是对模型中其他的主要作用和交互作用进行调整。这就是第三类平方和解法,该解法是对未加权均值进行检验,我们已经在这个 2×3 的例子中使用过。第三类解法中的每个作用都对其他作用进行调整。(2)对模型中的主要作用调整(而不对任何高阶项,例如 A×B 的交互做出调整)后,检验主要作用(因素 A 或者因素 B)。这是第二类平方和解法,该方法基于加权平均值,并对单元样本量不相等做出了调整。(3)检验第一个主要作用,

比如因素 A,但不对其余模型作用做出调整。然后对因素 A
调整后再检验下一个主要作用,比如因素 B。接着,对因素 A
和 B 都调整后再检验 A×B 的交互作用。这个想法是按顺序
对模型中的因素做出调整。每个作用都对前面已经检验过
的作用做出调整。这是第一类平方和解法。该方法需要一个
理由或者理论来决定选择检验顺序。我们还有第四种解法,
该方法适用于一个或多个单元为空的情况,但不被大部分作
者所推荐。关于这四种非正交设计的解法之间区别的详细讨
论,请参阅格林等人(Green et al.,1999)以及马克斯韦尔和德
莱尼的研究(Maxwell & Delaney,2004:第 7 章)。大部分多元
线性模型分析的统计软件都默认设置为第三类解法。但如果
有必要,用户可以选择结果用其他解法输出。如果第三种解
法的结果由于单元样本容量的极度不平衡而值得怀疑,那么
第二类解法是最有用的替代选择。在身材估计数据(表 6.10)
的 2×3 MANOVA 中,因素 A 和 B 的第二类分析需要对比向
量 $L_A$ 和 $L_B$。这两个向量的建立是为了根据设计中六个单元
不相等的 $n_{ab}$ 来提供一种加权平均。具体依据不相等的单元
样本量,对对比向量加权来获得第二类平方和的解的方法请参
阅利特尔、斯特鲁普和弗罗因德的相关研究(Littell,Stroup &
Freund,2002:198—201)。尽管我们不在这里展示这个分
析,但对身材数据的第二类 SSCP 分析将得到与基于表 6.10
中总结的检验相同的结论。大部分用于 MANOVA 的电脑
软件在估计任意因素模型的参数时,都是用广义逆完成的,
而且输出结果的形式是依照我们前面章节中讨论的参照单
元编码设计矩阵。用户可以对任何问题选择自己偏爱的分
析方法(也就是 SSCP 矩阵的第一类到第四类分解方法)。

# 第 7 节 ｜ 关于 MANOVA 分析假设的 备注

为了证明 MANOVA 中检验统计量的合理性，我们需要一些假设。这些假设包括我们在第 3 章和第 5 章中为多元线性模型而识别的一些假设。简言之，如果满足下列假设，我们就对分析得到的结论更有信心：

● 模型 $\mathbf{Y} = \mathbf{XB} + \mathbf{E}$ 中的关系是线性的。

● 样本是从我们需要做出推断的总体中随机抽取的。

● 观测值之间相互独立；一个样本的反应对另一个样本的反应没有系统性的影响。

● 就如第 3 章以及第 5 章中表述的那样，误差（或者反应变量）的方差协方差矩阵在设计的各个单元中保持不变，并且等于一个共同的总体方差协方差矩阵 $\Sigma$，这和假设行向量 $\boldsymbol{\epsilon}_i$（或 $\mathbf{y}_i$）的方差协方差矩阵恒定是一样的。在 ANOVA 的教材中，这个假设被描述成单元的方差协方差矩阵的同质性。如果每个 $\Sigma_i$ 都一样，那么我们可以知道它们 MANOVA 设计的单元内也是一样的。如何检验 MANOVA 设计中各单元的方差协方差矩阵是否相等,请参阅伦彻的研究(Rencher，1998：138—140)。

　　● 就像之前描述的那样,每个样本的反应变量的向量(和模型的误差项)都服从一个多元正态分布。在 MANOVA 背景下,我们假设对于设计的每个组(单元),该假设依旧成立。

更多关于 MANOVA 的潜在假设和它们的诊断检验请参阅史蒂文斯的相关研究(Stevens，2007：第 6 章)。

第 **7** 章

多元线性模型的特征值求解：
典型相关系数和多元检验统计量

前面的章节已经关注了如何应用矩阵的迹和行列式来获得多元检验统计量。矩阵的迹和行列式能够产生与 $\mathbf{Y}$ 中方差能被 $\mathbf{X}$ 解释的比例的相联系的标量。表 4.5 中的三个检验统计量都可以被解释为对 $R^2$，$1-R^2$ 和比率 $\dfrac{R^2}{1-R^2}$ 的一元概念的一元推广。每个多元统计量都是基于假设和误差 SSCP 矩阵 $\mathbf{Q}_H$ 和 $\mathbf{Q}_E$ 的一个函数。除了 Pillai，Wilks 和 Hotelling 的检验统计量外，我们还简要介绍了第四种多元检验统计量——Roy 的最大特征根 $\theta$，它是 $\mathbf{Y}$ 和 $\mathbf{X}$ 之间最大典型相关系数的平方。在本章中，我们将介绍如何求解特征值问题和典型相关系数。典型相关系数为计算和解释多元线性模型提供了一个全新的角度。接下来，我们将要看到，这四个多元检验统计量都可以从这些特征值中直接获得。对多元分析的特征值求解的一个重要优势是与这些解相关联的特征向量。特征向量，通过预测变量 $\mathbf{X}$ 和被解释变量 $\mathbf{Y}$ 的最优线性组合的乘积，为理解多元关系提供了一个新的工具。

这个第三种也是最全面的对多元线性模型问题求的数学技术解是直接源于解齐次方程组和解 $n$ 阶多项式方程的数学技术。源于一组齐次方程的解的多项式的根就是特征值。而特征向量包含与每个特征值相联系的 $\mathbf{Y}$ 和 $\mathbf{X}$ 的最优线性组合的权重。

在本章剩余部分,我们首先介绍典型相关系数的概念定义,介绍特征值问题,然后把 $(\mathbf{Q}_E + \mathbf{Q}_H)^{-1}\mathbf{Q}_H$ 和 $\mathbf{Q}_E^{-1}\mathbf{Q}_H$ 的 $s = \text{minimum}[p, q]$ 个特征值与典型相关系数的平方联系起来,再介绍基于与特征值相关联的特征向量的 $\mathbf{Y}$ 和 $\mathbf{X}$ 的最优线性组合,接着把上面所有的东西和四个多元检验统计量联系起来。最后,我们用前面章节中分析过的两组示例数据来演示这些应用。

# 第 1 节 │ 典型相关系数的概念定义

想象一下我们能够以某种方法建立一个变量 $Y$ 的列向量和一个权重的行向量（$\mathbf{a}$）的一个线性组合（$l$），也就是说，$l = \mathbf{a}'\mathbf{Y} = a_1 Y_1 + a_2 Y_2 + \cdots + a_p Y_p$。然后我们再建立变量 $X$ 的列向量和权重 $\mathbf{b}$ 的行向量的线性组合（$m$），也就是 $m = \mathbf{b}'\mathbf{X} = b_1 X_1 + b_2 X_2 + \cdots + b_q X_q$。因为 $l$ 和 $m$ 是标量而且可以对数据组中的每个样本进行计算，所以我们还可以计算它们的方差 $S_l^2$，$S_m^2$ 以及协方差 $S_{lm}$。[①] $l$ 和 $m$ 之间的 Pearson 积矩相关系数可以推出典型相关系数的概念定义：

$$\rho_{典型} = \frac{S_{lm}}{\sqrt{S_l^2 S_m^2}} \qquad [7.1]$$

我们用它们的样本估计代替 $l$，$m$，$\mathbf{a}$ 和 $\mathbf{b}$：

$$\begin{aligned} \hat{l}_1 &= \hat{\mathbf{a}}'\mathbf{Y} = \hat{a}_1 Y_1 + \hat{a}_2 Y_2 + \cdots + \hat{a}_p Y_p \\ \hat{m}_1 &= \hat{\mathbf{b}}'\mathbf{X} = \hat{b}_1 X_1 + \hat{b}_2 X_2 + \cdots + \hat{b}_q X_q \end{aligned} \qquad [7.2]$$

那么，这两个典型变量（$\hat{l}_1$ 和 $\hat{m}_1$）间的二元相关性是通过找

---

① 我们可以演示线性组合 $l = \mathbf{a}'\mathbf{Y}$ 或 $m = \mathbf{b}'\mathbf{X}$ 的方差可以通过矩阵乘积 $S_l^2 = \mathbf{a}'\mathbf{V}_{YY}\mathbf{a}$ 和 $S_m^2 = \mathbf{b}'\mathbf{V}_{XX}\mathbf{b}$ 获得。它们的协方差为 $S_{lm} = \mathbf{a}'\mathbf{V}_{YX}\mathbf{b}$，其中，$\mathbf{V}_{YY}$，$\mathbf{V}_{XX}$ 和 $\mathbf{V}_{XY}$ 都是方差协方差矩阵。对于任意线性组合，这三个结果都是标量。对这里回顾的概念的更加广泛的技术探讨，请参阅 Rencher，1998；第 8 章，A10，A11。

到两组最优典型权重(向量 $\hat{\mathbf{a}}' = \hat{a}_1$, $\hat{a}_2$, $\cdots$, $\hat{a}_p$ 和 $\hat{\mathbf{b}}' = \hat{b}_1$, $\hat{b}_2$, $\cdots$, $\hat{b}_q$) 来建立的。这个最优权重使得 $\hat{l}_1$ 和 $\hat{m}_1$ 的相关系数最大。而这个二元关系就是样本的典型相关系数:

$$\hat{\rho}_{\hat{l}_1,\hat{m}_1} = \frac{\hat{S}_{\hat{l}_1\hat{m}_1}}{\sqrt{S^2_{\hat{l}_1}S^2_{\hat{m}_1}}} \qquad [7.3]$$

首先,典型相关系数,尽管最大,不一定能完全把 **Y** 中方差作为 **X** 的一个函数来解释。正如前面章节中所定义的,连续的典型相关系数可能达到 $s = \text{minimum}[p, q]$ 的极限。我们建立的每个后续的典型相关系数都与之前的典型相关系数正交。第二个样本典型相关系数是基于两个典型变量 $\hat{l}_2$ 和 $\hat{m}_2$。它作为第二组典型权重和变量 $Y$ 和 $X$ 的最优线性组合而被建立:

$$\hat{l}_2 = \hat{\mathbf{a}}'\mathbf{Y} = \hat{a}'_1 Y_1 + \hat{a}'_2 Y_2 + \cdots + \hat{a}'_p Y_p$$
$$\hat{m}_2 = \hat{\mathbf{b}}'\mathbf{X} = \hat{b}'_1 X_1 + \hat{b}'_2 X_2 + \cdots + \hat{b}'_q X_q \qquad [7.4]$$

$\hat{l}_2$ 和 $\hat{m}_2$ 之间的样本典型相关系数为:

$$\hat{\rho}_{\hat{l}_2\hat{m}_2} = \frac{\hat{S}_{\hat{l}_2\hat{m}_2}}{\sqrt{S^2_{\hat{l}_2}S^2_{\hat{m}_2}}} \qquad [7.5]$$

也是最大值。我们估计第二对典型变量受到一个限制:$\hat{l}_2$ 和 $\hat{l}_1$, $\hat{l}_2$ 和 $\hat{m}_1$, $\hat{m}_2$ 和 $\hat{l}_1$,还有 $\hat{m}_2$ 和 $\hat{m}_1$,它们的相关系数都是 0。

第三个、第四个和更多的典型相关系数可以类似地被计算出来:只要保证后续被选出来的线性组合把相关系数最大化的同时,限制它们与前面线性组合的相关系数为 0。该过程一直继续直到达到 $s = \text{minimum}[p, q]$ 的典型相关系数的最大值。

## 典型相关系数的平方是特征值

我们已经一直使用 $s = \text{minimum}[p, q]$ 这个数量，但并没有对它的含义和起源给一个好的定义。前面段落中介绍的 $s$ 个典型相关系数的平方（$\hat{\rho}_1^2$，$\hat{\rho}_2^2$，$\cdots$，$\hat{\rho}_s^2$）是矩阵 $\mathbf{R}_{YY}^{-1}\mathbf{R}_{YX}\mathbf{R}_{XX}^{-1}\mathbf{R}_{XY}$（或者它的等价物 $(\mathbf{Q}_E^* + \mathbf{Q}_H^*)^{-1}\mathbf{Q}_H^*$）的特征值。特征值也被称作本征根和特征根。是 $s$ 次（也就是四次、三次、二次等等）多项式方程的根。每个特征值都与它的特征向量相联系。而这个特征向量是公式 7.4 中 $s$ 个最优线性组合 $\hat{\mathbf{a}}'$，$\hat{\mathbf{b}}'$ 的典型权重。在第 4 章中，我们已经说明 Pillai 迹 $V$ 总结了与 $\mathbf{X}$ 的共同方差相联系的 $\mathbf{Y}$ 的共同方差。我们还可以说明 $V$ 也是 $s$ 个典型相关系数的平方和函数。这些典型相关系数的平方是 $(\mathbf{Q}_E^* + \mathbf{Q}_H^*)^{-1}\mathbf{Q}_H^*$ 的特征值。而且剩余的两个多元检验统计量（$\Lambda$ 和 $T$）也可以被定义为 $(\mathbf{Q}_E^* + \mathbf{Q}_H^*)^{-1}\mathbf{Q}_H^*$，或者 $\mathbf{Q}_E^{*-1}\mathbf{Q}_H^*$ 的特征值的函数。[1] 正如前面章节所介绍，Roy 最大特征根 $\theta = \hat{\rho}_{max}^2$，是 $\mathbf{Y}$ 和 $\mathbf{X}$ 之间最大的典型相关系数的平方，也是 $(\mathbf{Q}_E^* + \mathbf{Q}_H^*)^{-1}\mathbf{Q}_H^*$ 的最大特征值。接下来，我们为前面章节的讲解提供一个有用的连接。我们将展示用于表示共同方差比例的指数 $R_V^2$，$R_\Lambda^2$，$R_T^2$ 和 $R_\theta^2$ 也是 $s$ 个典型相关系数平方的函数。

---

[1]　$(\mathbf{Q}_E^* + \mathbf{Q}_H^*)^{-1}\mathbf{Q}_H^*$ 的特征值 $\hat{\rho}^2$ 和 $\mathbf{Q}_E^{*-1}\mathbf{Q}_H^*$ 的特征值 $\hat{\lambda}$ 有一个直接的联系。我们会在本章后面的小节中讨论。

# 第 2 节 │ 2×2 相关系数矩阵的特征值

## 2×2 相关系数矩阵的行列

在多元线性模型分析的背景下，特征值可以被看作变量内（存在某一个相关矩阵或者协方差方差矩阵）或是变量间（发生在一个类似于 $(\mathbf{Q}_E^* + \mathbf{Q}_H^*)^{-1}\mathbf{Q}_H^*$ 或者 $\mathbf{Q}_E^{*-1}\mathbf{Q}_H^*$ 的矩阵里）共同方差的聚集。现在只考虑变量 Y 和 X 的分块相关系数矩阵 $\mathbf{R}_{(p+q)\times(p+q)}$ 的左上角部分 $\mathbf{R}_{YY}$。而 $\mathbf{R}_{YY}$ 是 $2 \times 2$ 阶的。这个矩阵可能有三种不同的数值实现，分别用 $\mathbf{R}_1$，$\mathbf{R}_2$ 和 $\mathbf{R}_3$ 标记，可以写成：

$$\mathbf{R}_1 = \begin{bmatrix} 1.00 & 0.01 \\ 0.01 & 1.00 \end{bmatrix}, \quad \mathbf{R}_2 = \begin{bmatrix} 1.00 & 0.50 \\ 0.50 & 1.00 \end{bmatrix}, \quad \mathbf{R}_3 = \begin{bmatrix} 1.00 & 0.99 \\ 0.99 & 1.000 \end{bmatrix}$$

显然，通过三个矩阵中的任意一个，相关系数矩阵就包含了不同比例的共同方差。对 $\mathbf{R}_1$，$\mathbf{R}_2$ 和 $\mathbf{R}_3$，这个比例分别为 $r_{12}^2 = 0.001$，$r_{12}^2 = 0.25$ 和 $r_{12}^2 = 0.98$。$Y_1$ 和 $Y_2$ 之间的共同方差的聚集指数是三个矩阵的行列式，$|\mathbf{R}_1| = (1.00)(1.00) - (0.01)(0.01) = 0.999\ 9$，$|\mathbf{R}_2| = (1.00)(1.00) - (0.50) \cdot (0.50) = 0.750$，$|\mathbf{R}_3| = (1.00)(1.00) - (0.99)(0.99) = 0.02$——行列式的值越小，共同方差的集中程度越高。考虑

符号矩阵 $\mathbf{R}_{(2\times 2)} = \begin{bmatrix} r_{11} & r_{12} \\ r_{21} & r_{22} \end{bmatrix}$，它的行列式为：

$$|\mathbf{R}| = \begin{vmatrix} r_{11} & r_{12} \\ r_{21} & r_{22} \end{vmatrix} = r_{11}r_{22} - r_{12}r_{21} = 1 - r_{12}^2 \qquad [7.6]$$

它就是我们熟悉的**疏远指数**，也就是不被两个变量共享的方差的部分。因此相关矩阵的行列式可以把一个矩阵的很多元素压缩成一个标量。这个标量能如实地记录矩阵内嵌入的关系。当这些矩阵的行列式趋近于 0，那么 $r_{12}^2$ 的值就趋近于 1。因此行列式是共同方差集中程度的标量度量。而且行列式还记录了这些矩阵内变量相关的程度，因为 $r_{12}^2 = 1 -$ $|\mathbf{R}_{(2\times 2)}|$。$\mathbf{R}_1$，$\mathbf{R}_2$ 和 $\mathbf{R}_3$ 内变量间共享的方差分别为 $1 - (1 - r_{12}^2) = 0.02$，$0.25$ 和 $0.98$。[1] 事实上在 $\mathbf{R}_1$ 中，$Y_1$ 和 $Y_2$ 没有共享任何方差，而几乎所有的 $Y_1$ 和 $Y_2$ 的方差都在 $\mathbf{R}_3$ 中重叠。

行列式在求解特征值问题中起着重要的作用。提取 $\mathbf{R}_{(2\times 2)}$ 的特征值，涉及 $\mathbf{R}$ 特定函数的行列式。它将具体演示我们如何获取这些数值，并最终如何用于求解多元线性模型的问题中。

## 提取 R 的特征值

简言之，一个特征方程是源于一个对矩阵 $\mathbf{R}_{(p\times p)}$、向量

---

① 我们应该注意，任意的相关系数矩阵都是标准化的方差协方差矩阵，那么相关系数矩阵的行列式也可以叫做广义方差。该方差由威尔克斯（Wilks，1932）命名，该标量包含了多元检验统计量 $\Lambda$ 的矩阵 $\mathbf{Q}_E$ 和 $\mathbf{Q}_E + \mathbf{Q}_H$ 的共同方差的聚集。

$\mathbf{v}_{(p\times 1)}$ 和标量 $\lambda$ 之间关系的推断，可以写成：

$$\mathbf{Rv} = \lambda\mathbf{v} \qquad\qquad [7.7]$$

如果我们知道 $\mathbf{R}$ 中的元素，我们就可能可以找到一个向量 $\mathbf{v}$ 和一个标量 $\lambda$ 来满足公式 7.7。公式 7.7 可以通过移项被改写为 $\mathbf{Rv} - \lambda\mathbf{v} = 0$，然后引入单位矩阵 $\mathbf{I}$ 作为一致性乘数并提取因子 $\mathbf{v}$。所以任意 $p\times p$ 矩阵的结果是一组齐次方程组：[1]

$$(\mathbf{R}_{(p\times p)} - \lambda\mathbf{I}_{(p\times p)})\mathbf{v}_{(p\times 1)} = \mathbf{0}_{(p\times 1)} \qquad\qquad [7.8]$$

公式 7.8 常常被称为特征等式，其中 $\lambda_1$，$\lambda_2$，$\cdots$，$\lambda_p$ 的值就是 $\mathbf{R}$ 的特征值，而向量 $\mathbf{v}$ 是与每个特征值相关联的特征值。与每个特征值相关联的特征向量构成一组权重，这组权重定义了构成相关系数矩阵的变量（本例中的 $Y_1$ 和 $Y_2$）的一个线性组合。

公式 7.8 有一个非平凡解（也就是，在这个解里，向量 $\mathbf{v}$ 不能任意等于 0），仅当矩阵 $\mathbf{R}_{(p\times p)} - \lambda\mathbf{I}_{(p\times p)}$ 是奇异的[2]，这意味着这个矩阵的行列式等于 0。把特征方程定义为 $\mathbf{R}_{(p\times p)} - \lambda\mathbf{I}_{(n\times n)}$ 的行列式等于 0，我们可以得到：

$$|\mathbf{R}_{(p\times p)} - \lambda\mathbf{I}_{(p\times p)}| = \mathbf{0} \qquad\qquad [7.9]$$

对于一个 $2\times 2$ 的矩阵 $\mathbf{R}$，可以写成：

---

[1]　齐次方程组是一组方程，它们的解向量为 0。这样的方程组和那些解向量不为 0 的方程组（也就是，$\mathbf{X'XB} = \mathbf{X'Y}$ 和 $\mathbf{B} = (\mathbf{X'X})^{-1}\mathbf{X'Y}$ 相对。具体关于齐次方程组的细节请参阅 Harris，2001：附录 C，推导 D2.12。

[2]　一个奇异矩阵的行列式为 0。如果 $\mathbf{R} - \lambda\mathbf{I}$ 理论上等于 0，那么其乘积 $(\mathbf{R} - \lambda\mathbf{I})\mathbf{v} = \mathbf{0}$，这个方程组就有非平凡解。

$$| R - \lambda I | = \begin{vmatrix} r_{11} & r_{12} \\ r_{21} & r_{22} \end{vmatrix} - \lambda \begin{pmatrix} 1 & 0 \\ 0 & 1 \end{pmatrix} = 0$$

$$= \begin{vmatrix} r_{11} & r_{12} \\ r_{21} & r_{22} \end{vmatrix} - \begin{pmatrix} \lambda & 0 \\ 0 & \lambda \end{pmatrix} = 0 \qquad [7.10]$$

$$= \begin{vmatrix} r_{11} - \lambda & r_{12} \\ r_{21} & r_{22} - \lambda \end{vmatrix} = 0$$

展开这个 $2 \times 2$ 矩阵的行列式，可以得到乘积

$$= (r_{11} - \lambda)(r_{22} - \lambda) - (r_{21})(r_{12}) = 0$$
$$= \lambda^2 - r_{11}\lambda - r_{12}\lambda + r_{11}r_{22} - r_{12}r_{21} = 0 \qquad [7.11]$$

对于相关系数，其中 $r_{11} = r_{22} = 1$ 和 $r_{12} = r_{21}$。做这些替换再合并同类项，便能得到公式 7.9 的行列式：

$$\lambda^2 - 2\lambda + (1 - r_{12}^2) = 0 \qquad [7.12]$$

因此 $\mathbf{R}_{(2 \times 2)}$ 这个特征多项式方程的解是一个关于 $\lambda$ 的二次方程，系数为 $a$，$b$，$c$。方程可以写成 $a\lambda^2 - b\lambda + c = 0$。公式 7.12 的系数分别为 $a = 1$，$b = 2$ 和 $c = (1 - r_{12}^2)$。这个二次方程的解 $\lambda_i$ 可以这样算出：

$$\lambda_i = \frac{-b \pm \sqrt{b^2 - 4ac}}{2a} \qquad [7.13]$$

这个二次方程有两个解，把 $a$，$b$ 和 $c$ 代入公式 7.13，然后求解，得到两个满足二次方程的 $\lambda$ 的两个值。它们都是关于 $r_{12}$ 的函数：

$$\lambda_1 = 1 + r_{12}$$
$$\lambda_2 = 1 - r_{12} \qquad [7.14]$$

　　二次方程的根 $\lambda_1$ 和 $\lambda_2$——特征方程公式 7.9 的解——是满足公式 7.9 的 $\mathbf{R}_{(2 \times 2)}$ 的特征值。一个 $3 \times 3$ 矩阵得到的行列式是一个三次多项式,而一个 $4 \times 4$ 矩阵得到的是一个四次多项式,以此类推。如果矩阵是 $p \times p$,那么得到的解是一个 $p$ 次多项式。如果矩阵是一个相关系数矩阵或它的相关物(例如 $(\mathbf{Q}_E^* + \mathbf{Q}_H^*)^{-1} \mathbf{Q}_H^*$),那么特征值是对变量方差集中在矩阵的一个或者更多特征根的程度的度量。对于我们的例子,表 7.1 总结了矩阵 $\mathbf{R}_1$,$\mathbf{R}_2$ 和 $\mathbf{R}_3$ 的特征值。

**表 7.1　三个相关系数矩阵的特征值**

| | $R_1$ | | $R_2$ | | $R_3$ | |
|---|---|---|---|---|---|---|
| | $\lambda$ | 迹 | $\lambda$ | 迹 | $\lambda$ | 迹 |
| $\lambda_1 = 1 + r_{12}$ | 1.00 | 50% | 1.50 | 75% | 1.99 | 99.5% |
| $\lambda_2 = 1 - r_{12}$ | 1.00 | 50% | 0.50 | 25% | 0.01 | 0.5% |
| $\Sigma \lambda_i$ | 2.00 | 100% | 2.00 | 100% | 2.00 | 100% |

　　一个矩阵代数中的理论断言一个方阵特征值的和等于矩阵的迹。因为任意 $p \times p$ 的相关系数矩阵 $\mathbf{R}$ 的主对角线元素都是 1,而且相关系数矩阵是标准得分(例如,$Z_Y$, $Z_X$)的方差协方差矩阵,那么 $\mathbf{R}$ 的迹定义了矩阵中的"总体方差"的总结性指数,也就是 $Tr(\mathbf{R}) = p = \Sigma \lambda_i$。如果能确定每个特征值集中了多少比例的矩阵中的方差会很有帮助。每个比例为 $\lambda_i / \Sigma \lambda_i$,转化成百分比之后列在表 7.1 中。如果变量间的相关系数接近于 1.00,就像 $\mathbf{R}_3$ 一样,方差几乎完全集中在第一个特征根内。相反如果变量接近正交,就像 $\mathbf{R}_1$,那么矩阵的方差平均分布在所有的特征值中。对于一个适度的相关性 $r_{12} = 0.50$,就像 $\mathbf{R}_2$,大部分方差集中在第一个特征值,

而其余正交的方差包含在第二个特征值内。如果有一个特征值吸收了矩阵内的大部分方差，那么我们就说矩阵内方差是集中的。而如果矩阵内的方差差不多是平均分配给了每个特征值，我们就说这种模式的矩阵的方差是发散的。我们马上将看到四个多元检验统计量都可以表示成某些特征值的函数。发散和集中的区别在区分依赖所有特征值的检验统计量（也就是，$V$，$\Lambda$ 和 $T$）和只依赖于最大特征值的统计量（也就是，$\theta$）时十分重要。

# 第 3 节 | $\mathbf{R}_{(2\times2)}$ 的特征向量

每个矩阵的特征值都与特征向量 $\mathbf{v}_i$ 相联系。特征向量是一个权重向量。当应用于相关系数矩阵 $\mathbf{R}$ 的原始变量(本例中的 $Y_1$ 和 $Y_2$)时,特征向量只与矩阵的特征值相关联。特征向量的系数来自公式 7.7 中齐次方程组的解。这个过程可以用表 7.1 中 $\mathbf{R}_2$ 的值,$r_{12} = 0.50$ 以及相应的特征值 $\lambda_1 = 1 + r_{12} = 1.5$ 和 $\lambda_2 = 1 - r_{12} = 0.5$ [①]来演示。我们可以依次获得与特征值 $\lambda_1$ 和 $\lambda_2$ 相关联的特征向量 $\mathbf{v}_1$ 和 $\mathbf{v}_2$。把 $\lambda_1 = 1.5$ 代入公式 7.8,我们有:

$$\left[ \begin{bmatrix} 1.0 & r_{12} \\ r_{21} & 1.0 \end{bmatrix} - 1.5 \begin{bmatrix} 1 & 0 \\ 0 & 1 \end{bmatrix} \right] \begin{bmatrix} v_{11} \\ v_{21} \end{bmatrix} = \begin{bmatrix} 0 \\ 0 \end{bmatrix}$$

然后得到两个齐次方程组:

$$\begin{bmatrix} -0.5v_{11} + 0.5v_{21} \\ 0.5v_{11} - 0.5v_{21} \end{bmatrix} = \begin{bmatrix} 0 \\ 0 \end{bmatrix}$$

选择第一行,然后用我们得到用 $v_{21}$ 来表示 $v_{11}$ 的形式:

$$v_{11} = \frac{0.5}{0.5} v_{21}$$

---

① 这里符号 $\lambda$ 的使用和之间讨论 $\mathbf{R}$ 的特征值时相一致。所以我们不应该对 $\mathbf{Q}_E^{*-1}\mathbf{Q}_H^*$ 的特征值推出 Hotelling 迹 T 感到困惑。

所以 $v_{11} = v_{21}$。通过解上面两个方程中的第二个，我们可以得到同样的解。因为矩阵的行列之间互相成比例。由于齐次方程组有无数个成比例的解，我们习惯上把向量标准化为一个长度为 1 的向量，也就是要求向量 $\mathbf{v}_i$ 的元素的平方和值等于 1。为了确保 $\mathbf{v}_i' \mathbf{v}_i = 1$，我们可以对 $\mathbf{v}_i$ 中的每个元素除以 $1/\sqrt{\Sigma v_i^2}$。向量 $\mathbf{v}_1 = \begin{bmatrix} v_{11} \\ v_{21} \end{bmatrix} = \begin{bmatrix} 0.5 \\ 0.5 \end{bmatrix}$ 可以通过右乘 $\sqrt{v_{11}^2 + v_{21}^2}$ 的倒数来进行标准化：

$$\mathbf{v}_1 = \frac{1}{\sqrt{0.5^2 + 0.5^2}} \begin{bmatrix} 0.5 \\ 0.5 \end{bmatrix} = \begin{bmatrix} 0.707\ 1 \\ 0.707\ 1 \end{bmatrix}$$

注意，乘积 $\mathbf{v}_1' \mathbf{v}_1 = 1.00$。这个向量包含了与 $\lambda_1 = 1 + r_{12}$ 有关的变量 $Y_1$ 和 $Y_2$ 的最优线性组合的未标准化系数。因此，

$$f_1 = v_1(Y_1) + v_2(Y_2)$$
$$f_1 = 0.707\ 1(Y_1) + 0.707\ 1(Y_2)$$

例如，如果有两个 $n = 5$ 的数据向量，例如 $Y_1 = \begin{bmatrix} 1 \\ 2 \\ 3 \\ 4 \\ 5 \end{bmatrix}$ 和

$Y_2 = \begin{bmatrix} 3 \\ 2 \\ 1 \\ 5 \\ 4 \end{bmatrix}$，其相关系数 $r_{Y_1 Y_2} = 0.50$。它们将给出一个 $f_1$ 得

分的加权线性组合,$\begin{bmatrix} 2.828 \\ 2.828 \\ 2.828 \\ 6.364 \\ 6.364 \end{bmatrix}$ 为这五个样本的权重。得分向量

的方差为 $S_{f_1}^2 = 3.75$。它等于三项乘积 $\mathbf{v}'\mathbf{V}_{YY}\mathbf{v}$,其中 $\mathbf{v}$ 为特征向量,$\mathbf{V}_{YY}$ 是变量 $Y_1$ 和 $Y_2$ 的方差协方差矩阵。如果是标准化变量,那么一个标准得分形式的加权线性组合可以写成:

$$f_{Z_1} = 0.707\,1(Z_{Y_1}) + 0.707\,1(Z_{Y_2})$$

所得向量 $f_{Z_1} = \begin{bmatrix} -0.894 \\ -0.894 \\ -0.894 \\ 1.342 \\ 1.342 \end{bmatrix}$ 的方差为 $1.50 = \mathbf{v}'\mathbf{R}_{YY}\mathbf{v} =$

$\lambda_1$——在标准得分形式下,标准化特征向量的方差就等于特征值。从这个角度来说,新得到的变量 $f_{Z_1}$ 直接与原始相关系数矩阵 $\mathbf{R}_{YY}$ 的特征值结构相联系,也与所基于的原始数据[1]相联系。

这个示例数据的 $p = 2$ 个特征向量中的第二个可以通过把第二个特征值 $\lambda_2 = 1 - r_{12} = 0.50$ 代入公式 7.8,再解出特征向量 $\mathbf{v}_2$。我们可以得到:

---

[1]　我们需要注意,如果在这个缩放比例过程中我们更进一步,对向量 $\mathbf{v}_1$ 乘以 $\sqrt{\lambda_1}$,得到的向量 $[0.866\quad 0.866]$ 将包含 $\mathbf{R}_2$ 的主成分分析的未旋转载荷。这些重新调节的载荷的平方和依旧等于 $\lambda_1$。而且 $Y_1$ 和 $Y_2$ 与 $f_1$ 或者 $Z_{f_1}$ 的相关系数都为 0.866。有关主成分分析更详细的解释请参见 Jollife,2002。

$$\left[\begin{bmatrix} 1.0 & r_{12} \\ r_{21} & 1.0 \end{bmatrix} - 1.5 \begin{bmatrix} 1 & 0 \\ 0 & 1 \end{bmatrix}\right] \begin{bmatrix} \mathbf{v}_{21} \\ \mathbf{v}_{22} \end{bmatrix} = \begin{bmatrix} 0 \\ 0 \end{bmatrix}$$

进行运算，这两个行列成比例的齐次线性方程组的解为：

$$v_{12} = -v_{22}$$

说明特征向量 $\mathbf{v}_2$ 包含两个大小相等但符号相反的值：

$$\mathbf{v}_2 = \begin{bmatrix} 0.5 \\ -0.5 \end{bmatrix}$$

对 $\mathbf{v}_2$ 中的每个元素都乘以 $\dfrac{1}{\sqrt{\Sigma v^2}} = \dfrac{1}{0.707\,1}$，我们就可以得到第二个特征根的特征向量：

$$\mathbf{v}_2 = \begin{bmatrix} 0.707\,1 \\ -0.707\,1 \end{bmatrix}$$

它的平方和为 $\mathbf{v}_2' \mathbf{v}_2 = 1$。原始得分下，这个新得到的变量为：

$$f_{Y_2} = 0.707\,1(Y_1) - 0.707\,1(Y_2)$$

其方差为 $S_{f_2}^2 = 3.75$。对于标准得分，这个函数为：

$$f_{Z_2} = 0.707\,1(Z_{Y_1}) - 0.707\,1(Z_{Y_2})$$

对变量 $Z_{Y_1}$ 和 $Z_{Y_2}$ 的五个样本，所得到的得分向量 $f_{Z_2} = $

$$\begin{bmatrix} 0.894 \\ 0.000 \\ 0.894 \\ -0.447 \\ -0.447 \end{bmatrix}$$。$f_{Z_2}$ 的方差 $= \mathbf{v}_2' \mathbf{R}_{YY} \mathbf{v}_2 = 0.50$，它也是 $\lambda_2$ 的值。

我们已经注意到 $\Sigma \lambda_i = p$，所以相关系数矩阵可以被解释为变量集合的总体方差。除了我们把特征向量的长度定义为 $\mathbf{v}_1'\mathbf{v}_1 = \mathbf{v}_2'\mathbf{v}_2 = 1$,这些特征向量也相互正交,$\mathbf{v}_1'\mathbf{v}_2 = 0$。这个特征保证了原始变量的线性组合之间是无关的,也就是 $r_{f_1 f_2} = r_{f_{z_1} f_{z_2}} = 0$。

# 第 4 节 | $R_{YY}^{-1}R_{YX}R_{XX}^{-1}R_{XY}$ 的特征值

样本的典型相关系数 $\hat{\rho}_{\hat{l}\hat{m}}$ 是两组变量 **Y** 和 **X** 的两个最优线性 $\hat{l} = \hat{\mathbf{a}}'\mathbf{Y} = \hat{a}_1 Y_1 + \hat{a}_2 Y_2 + \cdots + \hat{a}_p Y_p$ 和 $\hat{m} = \hat{\mathbf{b}}'\mathbf{X} = \hat{b}_1 X_1 + \hat{b}_2 X_2 + \cdots + \hat{b}_q X_q$ 之间的相关系数。我们选择权重向量 $\hat{\mathbf{a}}$ 和 $\hat{\mathbf{b}}$ 来最大化 $\hat{l}$ 和 $\hat{m}$ 之间的相关系数,其中,$\hat{l}$ 的方差 $S_{\hat{l}}^2 = \hat{\mathbf{a}}'\mathbf{V}_{YY}\hat{\mathbf{a}}$,$\hat{m}$ 的方差 $S_{\hat{m}}^2 = \hat{\mathbf{b}}'\mathbf{V}_{XX}\hat{\mathbf{b}}$。在标准得分形式下,$\hat{l} = \hat{\mathbf{a}}'\mathbf{Z}_Y$ 和 $\hat{m} = \hat{\mathbf{b}}'\mathbf{Z}_X$,那么 $\hat{l}$ 和 $\hat{m}$ 的方差分别为 $S_l^2 = \hat{\mathbf{a}}'\mathbf{R}_{YY}\hat{\mathbf{a}} = 1$,$S_m^2 = \hat{\mathbf{b}}'\mathbf{R}_{XX}\hat{\mathbf{b}} = 1$。同时,$\hat{l}$ 和 $\hat{m}$ 之间的标准化协方差就是公式 7.3 中的典型相关系数。它可以写成权重向量 $\hat{\mathbf{a}}$,$\hat{\mathbf{b}}$ 以及相关系数矩阵 $\mathbf{R}_{YX}$[①]的一个函数:

$$\hat{\rho}_{\hat{l}\hat{m}} = \hat{\mathbf{a}}'\mathbf{R}_{YX}\hat{\mathbf{b}} \qquad [7.15]$$

这个分析的目的就是选择向量 $\hat{\mathbf{a}}$ 和 $\hat{\mathbf{b}}$ 来最大化公式 7.15 中的典型相关系数。找到 $\hat{\rho}_{lm}$ 的最大值是微分学中的一个问题。在这个问题中,公式 7.15 的典型相关系数的平方分别对 $\hat{\mathbf{a}}$ 和 $\hat{\mathbf{b}}$ 求偏导数,并受制于附加条件 $\hat{\mathbf{a}}'\mathbf{R}_{YY}\hat{\mathbf{a}} = \hat{\mathbf{b}}'\mathbf{R}_{XX}\hat{\mathbf{b}} = 1$,我们

---

① 典型相关系数问题可以通过相关系数矩阵(**R**)、方差协方差矩阵(**V**),或者平方和交叉乘积矩阵(**S**)来求解。在三种类型的数据结构下,特征值和特征向量都保持不变。我们这里用相关系数矩阵来使用 **R** 的能被解释的元素。其中间的过程和结果在第 4 章中已经讨论。

通过让这两个偏导数等于 0 来定义最大值。[①] 这个定义最大典型相关系数的过程使我们得到一个齐次线性方程组系统。求解该系统就可以根据特征方程得到 **Y** 的特征值和特征向量:

$$(\mathbf{R}_{YY}^{-1}\mathbf{R}_{YX}\mathbf{R}_{XX}^{-1}\mathbf{R}_{XY} - \hat{\rho}^2\mathbf{I})\,\hat{\mathbf{a}} = \mathbf{0} \qquad [7.16]$$

对于 **X**,同样的特征值($\hat{\rho}_{lm}^2$),但不同的特征向量(**b**)为:

$$(\mathbf{R}_{XX}^{-1}\mathbf{R}_{XY}\mathbf{R}_{YY}^{-1}\mathbf{R}_{YX} - \hat{\rho}^2\mathbf{I})\,\hat{\mathbf{b}} = \mathbf{0} \qquad [7.17]$$

捕捉 **Y** 和 **X** 之间关系的特征值可以通过求解公式 7.18 中的两个特征方程中的任何一个来获得:

$$|\,\mathbf{R}_{YY}^{-1}\mathbf{R}_{YX}\mathbf{R}_{XX}^{-1}\mathbf{R}_{XY} - \hat{\rho}^2\mathbf{I}\,| = \mathbf{0} \qquad [7.18]$$

或者公式 7.19:

$$|\,\mathbf{R}_{XX}^{-1}\mathbf{R}_{XY}\mathbf{R}_{YY}^{-1}\mathbf{R}_{YX} - \hat{\rho}^2\mathbf{I}\,| = \mathbf{0} \qquad [7.19]$$

求解公式 7.18 或者公式 7.19 中的任意一个行列式,可以得到一个多项式方程。方程的次数由 **Y** 中反应变个数($p$)和 **X** 中预测变量个数($q$)的较小值决定。让 $s = \text{minimum}[p, q]$,公式 7.19 或者公式 7.20 的特征多项式的非零特征根是 **Y** 和 **X** 之间 $s$ 个典型相关系数的平方。它们有一些重要的特点:(1)特征值是按递减的顺序被提取,$\hat{\rho}_1^2 > \hat{\rho}_2^2 > \cdots > \hat{\rho}_s^2$;(2)我们最大化每个连续的典型相关系数的平方是为了解释在移除了前面的特征根之后,**Y** 和 **X** 之间的残余的共享方差。

特征值被认为可以作为共享方差的集中程度的度量。

---

在这个背景下，根据公式 4.19 中所含定义的意义，特征值反映了 **Y** 和 **X** 共享的共同方差的程度。特征值和特征向量的一些重要形式包括：（1）方阵的迹，比方说 $\mathbf{R}_{YY}^{-1}\mathbf{R}_{YX}\mathbf{R}_{XX}^{-1}\mathbf{R}_{XY}$ 等于特征值的和，也就是 $Tr(\mathbf{R}_{YY}^{-1}\mathbf{R}_{YX}\mathbf{R}_{XX}^{-1}\mathbf{R}_{XY}) = \sum_{i=1}^{s} \hat{\rho}_i^2$。（2）方阵的行列式，比方说 $\mathbf{R}_{XX}^{-1}\mathbf{R}_{XY}\mathbf{R}_{YY}^{-1}\mathbf{R}_{YX}$ 等于特征值的乘积，也就是 $| \mathbf{R}_{YY}^{-1}\mathbf{R}_{YX}\mathbf{R}_{XX}^{-1}\mathbf{R}_{XY} | = \prod_{i=1}^{s} \hat{\rho}_i^2$。（3）与每个特征值相联系的特征向量 $\hat{l}_1, \hat{m}_1; \hat{l}_2, \hat{m}_2; \cdots; \hat{l}_s, \hat{m}_s$，都与之前所有的特征向量相正交。

# 第 5 节 | 特征值、典型相关系数的平方和四个多元检验统计量

## Pillai 迹 $V$：$(\mathbf{Q}_E^* + \mathbf{Q}_H^*)^{-1}\mathbf{Q}_H^*$

典型相关性问题的解取决于特征方程 7.18 组成的四部分乘积 $\mathbf{R}_{YY}^{-1}\mathbf{R}_{YX}\mathbf{R}_{XX}^{-1}\mathbf{R}_{XY}$。这个乘积等价于 $(\mathbf{Q}_E^* + \mathbf{Q}_H^*)^{-1}\mathbf{Q}_H^*$，因为对于任意基于 $q_f$ 个预测变量的标准得分模型（其中 $\mathbf{Q}_F^* = \mathbf{Q}_H^*$），我们都有 $(\mathbf{Q}_E^* + \mathbf{Q}_H^*)^{-1} = \mathbf{R}_{YY}^{-1}$，$\mathbf{Q}_H^* = \mathbf{R}_{YX}\mathbf{R}_{XX}^{-1}\mathbf{R}_{XY}$（公式 4.19）。根据这些公式，用于计算 Pillai 迹 $V$ 的矩阵的特征值是公式 7.18 中典型相关系数的平方。样本中矩阵的典型相关系数的平方定义了 $\mathbf{Y}$ 和 $\mathbf{X}$ 集合间的关系。我们通过求解特征方程可以获得这些典型相关系数的平方：

$$\left[(\mathbf{Q}_E^* + \mathbf{Q}_H^*)^{-1}\mathbf{Q}_H^* - \hat{\rho}^2\mathbf{I}\right]\hat{\mathbf{a}} = \mathbf{0} \qquad [7.20]$$

公式 7.18 的样本典型相关系数的平方，$\hat{\rho}_1^2 > \hat{\rho}_2^2 > \cdots > \hat{\rho}_S^2$，因此也是特征多项式的根：

$$\left|(\mathbf{Q}_E^* + \mathbf{Q}_H^*)^{-1}\mathbf{Q}_H^* - \hat{\rho}^2\mathbf{I}\right| = 0 \qquad [7.21]$$

我们之前定义 $V$（公式 4.28）涉及一个矩阵的迹（也就

是，$V = Tr[(\mathbf{Q}_E + \mathbf{Q}_H)^{-1}\mathbf{Q}_H])$。根据矩阵代数中的定理，一个矩阵特征值的和等于矩阵的迹。我们可以得到多元检验统计量 Pillai 迹 $V$ 也等于公式 7.18 中 $s$ 个典型相关系数的平方（特征值）的和（对 $i = 1, \cdots, s$）：

$$V = \sum \hat{\rho}_i^2 \qquad [7.22]$$

根据公式 4.30 的定义，$\mathbf{Y}$ 中共同方差被 $\mathbf{X}$ 解释的比例是典型相关系数平方的算术平均值：

$$R_V^2 = \frac{\sum \hat{\rho}_i^2}{s} \qquad [7.23]$$

用典型相关系数平方的和来表示近似 $F$ 检验，可以得到一个与公式 5.4 中的近似 $F$ 检验一样的结果：

$$F_{(v_h, v_e)} = \frac{\sum \hat{\rho}_i^2}{s - \sum \hat{\rho}_i^2} \cdot \frac{v_e}{v_h} \qquad [7.24]$$

其中，$v_h$ 和 $v_e$ 都定义在公式 5.5 中。

## Wilks' $\mathbf{\Lambda}$：$|\mathbf{I} - \mathbf{R}_{YY}^{-1}\mathbf{R}_{YX}\mathbf{R}_{XX}^{-1}\mathbf{R}_{XY}|$ 的特征值

检验统计量 Wilks' $\Lambda$ 及其关联强度的测度 $R_\Lambda^2$ 已经在第 4 章中（表 4.5 和公式 4.31）介绍过了。它是两个行列式的比值：

$$\Lambda = \frac{|\mathbf{Q}_E|}{|\mathbf{Q}_E + \mathbf{Q}_H|}$$

$\Lambda$ 被描述成一元比值 $\dfrac{SS_{误差}}{SS_{总体}}$ 的多元推广。它和多重相关系数的平方通过 $\dfrac{SS_{误差}}{SS_{总体}} = 1 - R^2$ 相关联。作为一元度量的多元类似物,我们定义 $\Lambda = \dfrac{\mid \mathbf{Q}_E \mid}{\mid \mathbf{Q}_E + \mathbf{Q}_H \mid} \cong 1 - R_\Lambda^2$。因为 $\Lambda$ 是一个乘积序列。它的均值 $R_\Lambda^2$ 是基于 $p$ 或 $q$ 中较小的变量个数。$R_\Lambda^2$ 估计了 $\mathbf{Y}$ 中方差不能被 $\mathbf{X}$ 解释的部分。因此,一个调整后的多元关联强度的度量是基于 $\Lambda$ 的集合平均值,可以写成 $R_\Lambda^2 = 1 - \Lambda^{\frac{1}{s}}$。在第 4 章中,我们也展示了 $R_\Lambda^2$ 怎么成为一列完全分隔的一元 $1 - R^2$ 的值的集合平均。

为了理解 $\Lambda$ 是一个关于特征值的函数,注意 $\dfrac{\mid \mathbf{Q}_E \mid}{\mid \mathbf{Q}_E + \mathbf{Q}_H \mid}$ 可以被写成 $\mid \mathbf{Q}_E^* + \mathbf{Q}_H^* \mid^{-1} \mid \mathbf{Q}_E^* \mid$。因为两个行列式的乘积等于乘积的行列式,$\Lambda$ 的一个等价表达式可以写成:

$$\Lambda = \mid (\mathbf{Q}_E^* + \mathbf{Q}_H^*)^{-1} \mathbf{Q}_E^* \mid \qquad [7.25]$$

回忆一下,$\mathbf{Q}_E^* + \mathbf{Q}_H^*$ 用相关系数矩阵表示,可以写成 $(\mathbf{R}_{YY} - \mathbf{R}_{YX} \mathbf{R}_{XX}^{-1} \mathbf{R}_{XY}) + \mathbf{R}_{YX} \mathbf{R}_{XX}^{-1} \mathbf{R}_{XY} = \mathbf{R}_{YY}$,然后代入公式 7.25,我们就能得到等价于 $1 - R^2$ 的矩阵:

$$\mid \mathbf{R}_{YY}^{-1} (\mathbf{R}_{YY} - \mathbf{R}_{YX} \mathbf{R}^{-} 1_{XX} \mathbf{R}_{XY}) \mid$$
$$\mid \mathbf{I} - \mathbf{R}_{YY}^{-1} \mathbf{R}_{YX} \mathbf{R}_{XX}^{-1} \mathbf{R}_{XY} \mid \qquad [7.26]$$

公式 7.26 的行列式就是 Wilks'$\Lambda$。它是 $1 - R_i^2$ 的多元等价物[1]的一个函数。矩阵代数有一个定理:一个方阵特征值的乘积等于这个方阵的行列式。与 $\Lambda$ 相关的特征方程可以写成:

$$\mid (\mathbf{I} - \mathbf{R}_{YY}^{-1} \mathbf{R}_{YX} \mathbf{R}_{XX}^{-1} \mathbf{R}_{XY}) - (1 - \hat{\rho}_i^2) \mathbf{I} \mid = 0 \qquad [7.27]$$

---

[1]　注意,如果 $p = 1$,$q = 1$,那么公式 7.26 $= 1 - r_{YX}^2$。如果 $p = 1$,$q > 1$,那么公式 7.26 的行列式 $= 1 - R_{Y \cdot X_1 X_2 \cdots X_q}^2$。因为行列式是一个标量,公式 7.26 有相同的特性。

它的特征值等于 1 减去典型相关系数的平方。根据行列式的有关定理，我们可以知道 Wilks'$\Lambda$ 是公式 7.27 的典型相关系数的平方的乘积函数：

$$\Lambda = \prod_{i=1}^{s}(1-\hat{\rho}_i^2) \qquad [7.28]$$

因为 $\Lambda$ 是 $s$ 个特征根的乘积，所以特征值的几何平均为 $\Lambda^{\frac{1}{s}}$。用 1 减去 $\Lambda^{\frac{1}{s}}$ 就能得到与克拉默和尼斯旺德著作 (Cramer & Nicewander，1979) 中一样的关于多元 $R_\Lambda^2$ 的定义：

$$R_\Lambda^2 = 1 - \Lambda^{\frac{1}{s}} \qquad [7.29]$$

$\Lambda$ 或 $R_\Lambda^2$ 的统计显著性通过公式 5.6 至公式 5.8 的近似 $F$ 检验来评价。

## Hotelling 迹：$\mathbf{Q}_E^{-1}\mathbf{Q}_H$ 的特征值

Hotelling 迹 T 是第三个由典型相关系数的平方计算出来的多元检验统计量。回忆一下，T 是基于比率 $\dfrac{SS_{假设}}{SS_{误差}}$ 的多元类似物。正如我们在第 4 章中所解释的，这个比率在概念上等价于矩阵形式 $\mathbf{Q}_E^{-1}\mathbf{Q}_H$。我们已经知道，$\mathbf{Q}_E^{-1}\mathbf{Q}_H$ 近似等于比率 $\dfrac{R_T^2}{1-R_T^2}$。Hotelling 迹 $\mathbf{T}$ 被定义为：

$$T = Tr\left[\mathbf{Q}_E^{-1}\mathbf{Q}_H\right]$$

代入 $\mathbf{Q}_E^{-1}$ 和 $\mathbf{Q}_H$ 的相关系数形式的等价物，Hotelling 迹 T 也可以由典型相关系数问题中的相关系数矩阵来定义：

$$T = Tr\left[ (\mathbf{R}_{YY} - \mathbf{R}_{YX}\mathbf{R}_{XX}^{-1}\mathbf{R}_{XY})^{-1}\mathbf{R}_{YX}\mathbf{R}_{XX}^{-1}\mathbf{R}_{XY} \right] \qquad [7.30]$$

让 $\lambda_i$ 为 $\mathbf{Q}_E^{-1}\mathbf{Q}_H$ 的特征根,然后把 Hotelling 迹 T 定义为特征根的函数:

$$| \mathbf{Q}_E^{*-1}\mathbf{Q}_H^* - \lambda_i \mathbf{I} | = 0 \qquad [7.31]$$

根据定理,矩阵特征值的和等于矩阵的迹,那么公式 7.31 给出的 $\mathbf{Q}_E^{*-1}\mathbf{Q}_H^*$ 的 $s$ 个特征值的和肯定就等于 Hotelling 迹 T 的值:

$$T = \sum \lambda_i \qquad [7.32]$$

公式 7.31 中的特征值和典型相关系数的平方之间存在联系。也就是其中一个指数可以表示为另一个的函数,也就是,

$$\rho_i^2 = \frac{\lambda_i}{1+\lambda_i} \Leftrightarrow \lambda_i = \frac{\rho_i^2}{1-\rho_i^2} \qquad [7.33]$$

因此,Hotelling 迹 T 可以被定义成典型相关系数的平方:

$$T = \sum \frac{\hat{\rho}_i^2}{1-\hat{\rho}_i^2} \qquad [7.34]$$

根据 Hotelling 的检验统计量,$\mathbf{Y}$ 中共同方差能被 $\mathbf{X}$ 解释的部分可以写作:

$$R_T^2 = \frac{T}{T+s} \qquad [7.35]$$

克拉默和尼斯旺德(Cramer & Nicewander,1979)证明了公式 7.35 也等于 1 减去 $s$ 个 $(1-\hat{\rho}_i^2)$ 的调和平均值。它们的度量,称为 $\hat{\gamma}_3$,就等于公式 7.35:

$$\hat{\gamma}_3 = R_T^2 = 1 - \frac{s}{\sum_{i=1}^{s} \left( \frac{1}{1 - \hat{\rho}_i^2} \right)} \qquad [7.36]$$

对于相同的数字,算术评价、几何平均和调和平均往往会得到有轻微差异的平均值。这也能部分解释为什么 $R_V^2$,$R_\Lambda^2$ 和 $R_T^2$ 在用于同一组数据时,经常会产生不同的数值。

## Roy 最大特征根

尽管我们没有解释在前面章节中使用过 Roy 最大特征根的含义,现在我们已经清楚知道 $\theta$ 是公式 7.18 或公式 7.19 的最大特征值,再或者是公式 7.31 的最大特征值。某些程序员(SPSS,STATA)喜欢用公式 7.18 的最大典型相关系数的平方($\rho_{max}^2$)作为 $\theta$ 的定义,而另一些程序员(SAS)则喜欢用公式 7.31 中的最大特征值($\lambda_{max}$)。任意一种方法都能接受,因为 $\rho_{max}^2$ 和 $\lambda_{max}$ 的其中一个可以很容易通过另一个算出。把 Roy 的 $\theta$ 定义为 $\rho_{max}^2$,而不是 $\lambda_{max}$ 的一个优势是,$\rho_{max}^2$ 既是一个检验统计量,也是一个关联强度的测度。

## 例1:性格数据中的特征值与多元检验统计量

四个多元检验统计量,对于它们的度量 $R_m^2$ 和近似 $F$ 检验都可以根据公式 7.18 或者公式 7.19 的特征值估计。把公式 7.18 用于表 2.1 中性格数据的分解 **R** 矩阵,可以得到 $s=3$ 个典型相关系数,分别为 $\hat{\rho}_1^2 = 0.246\,4$,$\hat{\rho}_2^2 = 0.187\,6$,$\hat{\rho}_3^2 = 0.077\,7$。根据最大相关系数的平方,大约 25% 的面试准备和表现变量的最优线性组合的方差可以被责任感、神经质和外向所解释。类似地,第二个和第三个变量的线性组合的方差,大约有 19% 和 8% 能够被解释。我们将在下一段中讲解每个标准变量和预测变量对第一个和后续特征根的贡献。我们只要在 **Y** 和 **X** 之间的关系显著异于 0 时,才进行这一步。表 7.2 总结了对多元统计量、$R_m^2$ 和近似 $F$ 检验的评价。

**表 7.2　性格数据中的多元检验统计量、$R_m^2$ 和近似 $F$ 检验**

| 检验统计量 | 值 | 多元 $R_m^2$ | $df$ | $F$ | $p$ |
|---|---|---|---|---|---|
| Pillai 迹 $V$ | 0.506 2 | 0.168 7 | 12, 282 | 4.77 | $< 0.001$ |
| Wilks' $\Lambda$ | 0.568 0 | 0.171 8 | 12, 244 | 4.84 | $< 0.001$ |
| Hotelling 迹 $T$ | 0.635 7 | 0.174 9 | 12, 272 | 4.80 | $< 0.001$ |
| Roy 最大特征根 $\theta$ | 0.246 4 | 0.246 4 | 3, 95 | 10.35 | $< 0.001$ |

对于全模型的关系,四个检验统计量都给出相同的结论。Roy 最大特征根检验关注于第一个也是最大的特征根,性质非常自由。[1]如果全模型的关系在统计上显著,说明 **Y** 和 **X** 之间存在一种或多种有意义的关联。我们还需要检查每个 $\hat{\rho}_i^2$ 是否都显著地不等于 0。如果是这样,我们需要知道反应变量和解释变量的典型权重是否显著地不等于 0。为了寻求这个问题的答案,首先需要定义并估计出包含典型系数 $\hat{\mathbf{a}}$ 和 $\hat{\mathbf{b}}$ 的特征向量。

---

[1]　对于 Roy 的 $\theta$,更加保守的 SA 严格检验也给出 $p$ 值 $< 0.001$。

# 第 6 节 | $\mathbf{R}_{YY}^{-1}\mathbf{R}_{YX}\mathbf{R}_{XX}^{-1}\mathbf{R}_{XY}$ 的典型相关系数的平方的特征向量

公式 7.18 的特征多项式的 $s$ 个非零特征根就是 $\mathbf{Y}$ 和 $\mathbf{X}$ 之间典型相关系数的平方 $\hat{\rho}_1^2 > \hat{\rho}_2^2 > \cdots > \hat{\rho}_s^2$。特征值可以看作共同方差的聚集。在这个背景下，特征值反映了 $\mathbf{Y}$ 和 $\mathbf{X}$ 的共同方差在 $s$ 种新的为了获取预测性最大值的反应变量和预测变量的组合中的集中程度。$\mathbf{Y}$ 和 $\mathbf{X}$ 中变量对这个共同方差的贡献记录在每个与连续特征值相联系的特征向量中。特征值的求解方法与之前和 $\mathbf{R}$ 矩阵一同介绍的方法一样——把每个特征值都代到公式 7.16 中，然后求解所得到的针对反应变量的 $\hat{\mathbf{a}}_i$ 的齐次方程组，再把求出的解标准化为一个元素平方和为 1 的标准得分形式，其方差为 1。特征向量 $\hat{\mathbf{b}}_i$ 是针对预测变量的，它可以对每个 $i = 1, 2, \cdots, s$ 特征值，连续地从公式 7.17 的解中恢复得到。或者，特征向量 $\hat{\mathbf{b}}_i$ 也可以从 $\hat{\mathbf{a}}_i$ 和 $\hat{\mathbf{b}}_i$ 的倒数关系中得到：

$$\hat{\mathbf{a}}_i = \frac{1}{\sqrt{\hat{\rho}_i^2}}\mathbf{R}_{YY}\mathbf{R}_{YX}\hat{\mathbf{b}}_i \qquad [7.37]$$

和

$$\hat{\mathbf{b}}_i = \frac{1}{\sqrt{\hat{\rho}_i^2}}\mathbf{R}_{XX}\mathbf{R}_{XY}\hat{\mathbf{a}}_i \qquad [7.38]$$

连续的特征向量是正交的(也就是不相关的)。这一点确保了每对特征向量的解释价值都与其他的特征向量相互独立。注意,特征向量 $\hat{\mathbf{a}}(p \times 1)$ 和 $\hat{\mathbf{b}}(q \times 1)$ 的长度将取决于模型中预测变量和反应变量的个数。而公式 7.18 和公式 7.19 中非零特征值的个数是 $p$ 和 $q$ 中的较小值。

## 例1:性格数据的特征向量

为了理解 $\mathbf{Y}$ 和 $\mathbf{X}$ 之间的关系,每个预测变量和反应变量的相对贡献包含在两组变量的最优线性组合中——特征向量 $\hat{\mathbf{a}}_i$ 和 $\hat{\mathbf{b}}_i$。把第一个特征值 $\hat{\rho}_1^2 = 0.246\ 4$ 代入公式 7.16,对向量 $\hat{\mathbf{a}}_1$ 求解齐次方程组,然后再把解标准化成一个方差为 1 的向量,就可以得到标准化的变量 Y 的最优线性组合为:

$$\hat{l}_1 = -0.360\ 5Z_{Y_1} + 0.754\ 8 Z_{Y_2} + 0.092\ 5Z_{Y_3} + 0.477\ 1Z_{Y_4}$$

再通过公式 7.17 或者公式 7.38,向量 $\hat{m}_1$ 为:

$$\hat{m}_1 = -0.167\ 5Z_{X_1} + 1.002\ 4Z_{X_2} - 0.107\ 0Z_{X_3}$$

对实验中的 99 个样本计算一个 $\hat{l}_1$ 和 $\hat{m}_1$ 上的得分,再计算出 $r_{\hat{l}_1\hat{m}_1} = 0.496\ 4(r_{\hat{l}_1\hat{m}_1}^2 = 0.246\ 4)$——典型相关系数的概念上的定义。

为了获取剩余两个特征值的特征向量,我们把这个过程重复两次。性格数据的特征值和特征向量总结在表 7.3 中。这个表格包括了原始得分和标准化典型系数。两组系数的作用都类似于回归系数,而且它们的解释受所有影响回归系数的因素的影响(例如,多重共线性)。因为大部分用于社会科学的变量的单位不统一,所以我们经常更喜欢用标准化系数。

**表 7.3　性格数据的典型分析中的特征值和特征向量**

| | $\hat{\rho}_1^2 = 0.246\,44$ | | | $\hat{\rho}_1^2 = 0.187\,60$ | | | $\hat{\rho}_1^2 = 0.072\,13$ | | |
|---|---|---|---|---|---|---|---|---|---|
| | Raw | Stan | Cor | Raw | Stan | Cor | Raw | Stan | Cor |
| Background | −0.087 | −0.360 | −0.092 | 0.105 | 0.431 | 0.633 | −0.239 | −0.985 | −0.566 |
| Social | 0.152 | 0.755 | 0.750 | −0.018 | −0.090 | 0.300 | 0.098 | 0.487 | 0.014 |
| Follow-up | 0.205 | 0.093 | 0.480 | 1.988 | 0.895 | 0.772 | 0.993 | 0.447 | 0.052 |
| Offers | 1.363 | 0.477 | 0.747 | −1.234 | −0.432 | −0.147 | −2.564 | −0.898 | −0.460 |
| Neuroticism | −0.024 | −0.167 | −0.246 | 0.025 | 0.176 | −0.015 | 0.140 | 0.992 | 0.969 |
| Extraversion | 0.167 | 1.002 | 0.984 | −0.039 | −0.236 | 0.100 | 0.042 | 0.251 | 0.148 |
| Conscientiousness | −0.018 | −0.107 | 0.257 | 0.179 | 1.071 | 0.958 | −0.002 | −0.011 | −0.127 |

注：Background = 背景准备，Social = 社交准备，Follow-up = 后续面试；Offers = 收到的录取，Raw = 未标准化系数，Stan = 标准化系数，Cor = 结构系数，$\hat{\rho}_i^2$ 是典型相关系数的平方。

表 7.3 中的结构系数(在表格中标记为"Cor")作为另外一种方法已经被很多作者提出,用于解释预测变量与反应变量与 **Y** 和 **X** 之间典型相关系数捕捉的关系的含义之间的相对重要性。结构系数(以其在因子分析中的对应部分命名)是每个预测变量或反应变量与它们的母典型变量——$\hat{l}_i$ 或者 $\hat{m}_i$——之间的零阶相关系数。如果把变量 $Y$ 用 $k = 1$,$2$,$\cdots$,$p$ 做标注,而典型变量用 $i = 1$,$2$,$\cdots$,$s$ 做标注,那么每个变量 $Y$ 和 $s$ 个典型变量之间的 $p \times s$ 阶相关系数矩阵为:

$$\mathbf{R}_{Y_k l_i} = \begin{bmatrix} r_{Y_1 l_1} & r_{Y_1 l_2} & \cdots & r_{Y_1 l_s} \\ r_{Y_2 l_1} & r_{Y_2 l_2} & \cdots & r_{Y_1 l_s} \\ \vdots & \vdots & \ddots & \vdots \\ r_{Y_p l_1} & r_{Y_p l_2} & \cdots & r_{Y_p l_s} \end{bmatrix} \qquad [7.39]$$

针对反应变量的 $\mathbf{r}_{Y_k l_i}$ 的值在表 7.3 的"Cor"这一列中。对 $j = 1$,$2$,$\dots$,$q$ 个预测变量和 $s$ 个典型变量 $\hat{m}_i$ 重复上述过程,我们可以得到针对变量 $X$ 的 $q \times s$ 阶结构系数矩阵:

$$\mathbf{R}_{X_j m_i} = \begin{bmatrix} r_{X_1 m_1} & r_{X_1 m_2} & \cdots & r_{X_1 m_s} \\ r_{X_2 m_1} & r_{X_2 m_2} & \cdots & r_{X_1 m_s} \\ \vdots & \vdots & \ddots & \vdots \\ r_{X_q m_1} & r_{X_q m_2} & \cdots & r_{X_q m_s} \end{bmatrix} \qquad [7.40]$$

它出现在表 7.3 的预测变量行的"Cor"列中。我们可以有效地通过变量内相关系数矩阵及其特征向量来估计结构系数矩阵。对于变量 $Y$,

$$\mathbf{r}_{Y_k l_i} = \mathbf{R}_{YY} \, \hat{\mathbf{a}}_i \qquad [7.41]$$

而对于变量 $X$,

$$\mathbf{r}_{X_j m_i} = \mathbf{R}_{XX}\,\hat{\mathbf{b}}_i \qquad\qquad [7.42]$$

结构系数常常被称作典型载荷,用于与典型系数 $\hat{\mathbf{a}}_i$ 和 $\hat{\mathbf{b}}_i$ 相互区分。

对于第一个特征根,检查表 7.3 中的标准化典型系数,我们可以发现,第一个典型相关系数主要由这样的个体决定:在外向上得分高,在神经质和责任感上得分低。这些特征的聚类和四个结果中的两个有关——对面试的社交准备和收到录取的数量。因此热心、合群、自信、积极的人的性格特征与面试过程中的社交和人际方面的关联最为密切。相反,第二个 **Y** 和 **X** 的最优线性组合主要由在责任感方面得分高的个体决定。这些可能更有可能收到后续面试并在进行面对面的面试前做好背景方面的调查。第三种把 **Y** 和 **X** 结合成一个最优的预测性关系(与前面的方法相互独立的)方法主要由神经质来决定。而神经质的主要特征为焦虑、害怕、敌意和逃避。它与有限的背景准备和较少的工作录取之间有紧密的联系。在这个示例数据中,标准化典型系数和结构系数都会得到相同的结论。这两组指数并不一定需要一致——典型相关系数,和回归系数一样,对模型中变量 $Y$ 和 $X$ 的多重共线性都做出了调整。相反,结构系数本质上是一元技术——典型变量和每个预测变量或反应变量之间的零阶相关系数,并没有对集合中其他变量做出调整(Rencher,1988)。当我们记住这一差异时,两组指数都能提供有用的解释信息(Thompson,1984)。

# 第 7 节 | 检验典型相关系数和典型系数上的进一步假设

　　尽管性格数据中三个典型相关系数的实质解释看上去在逻辑上站得住脚，我们还是需要提供其在统计上也合理的证据。在涉及多重根的问题中，典型相关系数有多种可能的假设。其中一个重要假设是猜测整组典型相关系数的平方在总体中都等于 0：

$$H_0: \rho_1^2 = \rho_2^2 = \rho_3^2 = \cdots = \rho_s^2 = 0 \qquad [7.43]$$

这个假设被表 7.2 中的全部四个多元统计量检验并拒绝了原假设。

　　目前为止，我们介绍的全部多元分析组成了 **Y** 和 **X** 之间完整关系的综合分析的第一阶段。现在我们要做的就是评价有多少特征根值得进一步研究。[①]然后伴随这个过程，再做一些额外的检验。关于每个典型相关系数的重要性、典型相关系数的子集的重要性、对 **Y** 和 **X** 的特征值的每个典型权重的重要性的问题，将通过对性格数据的分析来演示。

---

　　① 像表 5.1 中描述的对非整体模型做假设检验，也能用典型相关系数解决。用特征值可以得到与第 5 章中讨论的一样的假设检验，但是典型分析可以得到针对任意给定的分隔模型的额外的特征向量。关于这部分的细节，请参阅 Cohen et al., 2003；第 16 章。

## 评价特征根的维度

　　对特征空间维度的检验,作为维度检验(Gittens,1985:第 3 章)、降维分析(Norusis,1990:第 3 章)、后续典型相关系数(Rencher,2002:第 11 章)和分解 $U$ 检验(Harris,2001:第 4 章),已经被多方面提及。这些检验是基于一系列残差化的下降的检验。这些检验用于检验连续简化的特征值。而且这些检验的表现并不如对单个特征值检验那么好。哈里斯(Harris,1976)提出把这些检验用于它们本身目的以外的地方(例如,维度)来检验每个特征值,会增加第一类错误的概率和造成逻辑上的不一致。在后一节中,我们将介绍更适合于对每个特征根的检验。

　　降维分析的目的是判断一个 $s$ 个典型相关系数的子集是否就足以描述 $\mathbf{Y}$ 和 $\mathbf{X}$ 之间的关系。降维检验方法开始于第一个对所有 $s$ 个特征根[①]的显著性检验。后续第二个,第三个……第 $s$ 个检验是基于相继的简化。在这个简化中,前面特征值的方差都被移除。然后逐步检验剩余的 $s-1$ 个根,$s-2$ 个根,以此类推,然后直到只检验最后(最小的)一个特征根。对于 $i = 1 \cdots s$ 个特征根,将要被检验的假设的序列可以写成:

$$
\begin{aligned}
H_{0_1} &: \rho_1^2 = \rho_2^2 = \cdots = \rho_s^2 = 0 \\
H_{0_2} &: \rho_2^2 = \cdots = \rho_s^2 = 0 \\
&\ \ \vdots \\
H_{0_{s-1}} &: \rho_{s-1}^2 = \rho_s^2 = 0 \\
H_{0_s} &: \rho_s^2 = 0
\end{aligned}
\qquad [7.44]
$$

---

①　我们将在下一节中讨论一个相同的检验,但它针对金模型的联系。

检验 $H_{0_1}$ 是检验第一个根到第 $s$ 个根是否异于 $0$。$H_{0_2}$ 是检验第二个根到第 $s$ 个根,以此类推。最后一个检验是对第 $s$ 个根。公式 7.44 中的假设检验依赖于典型相关系数的平方和作为检验统计量的 Wilks' $\Lambda$。让 $\Lambda_1$,$\Lambda_2$,…,$\Lambda_s$ 为 $H_{0_1}$,$H_{0_2}$,…,$H_{0_s}$ 的总结统计量,我们可以写成:

$$\Lambda_1 = \prod_{i=1}^{s}(1-\rho_i^2)$$

$$\Lambda_2 = \prod_{i=2}^{s}(1-\rho_i^2)$$

$$\vdots$$ [7.45]

$$\Lambda_s = \prod_{i=s}^{s}(1-\rho_i^2)$$

对每个假设中连续的 $\Lambda$ 的值可以用两个不同的近似检验统计量来评价。第一种选择是 $\chi^2$ 检验,由巴特利特(Bartlett,1939)提出。它基于对 Wilks' $\Lambda$ 因式分解:

$$\chi^2_{(df)} = -\left\{(n-1) - \frac{1}{2}(p+q+1)\right\}\log_e \Lambda_k \quad [7.46]$$

让 $k=$ 该方法的步数,那么对于连续检验,公式 7.46 近似服从一个自由度为 $(p-k+1)(q-k+1)$ 的卡方分布。巴特利特的检验出现在一些计算特征值的电脑程序中(例如,SPSS DISCRIM)。拉奥(Rao,1957)对 $k$ 个连续残差化的 Wilks' $\Lambda$ 的值的近似 $F$ 检验更加广泛地出现在计算机程序中(例如,SAS PROC CANCOR,SPSS MANOVA,STATA CANON),而且公式 7.44 中的假设可以用近似 $F$ 检验(Rencher,2002:370)来评价。该检验是对 $k$ 个连续 $\Lambda_k$ 的值:

$$F_{(v_h \cdot v_e)} = \frac{1 - \Lambda_k^{\frac{1}{d}}}{\Lambda_k^{\frac{1}{d}}} \cdot \frac{df_e}{df_h} \qquad [7.47]$$

它的自由度为：

$$v_h = (p - k + 1)(q - k + 1)$$

$$v_e = td - \frac{1}{2}(p - k + 1)(q - k + 1)$$

$$t = (n - 1) - \frac{1}{2}(p + q + 1) \qquad [7.48]$$

$$d = \sqrt{\frac{(p - k + 1)^2 (q - k + 1)^2 - 4}{(p - k + 1)^2 + (q - k + 1)^2 - 5}}$$

　　为了演示这个方法，对性格数据的 $s=3$ 个典型相关系数的降维分析被总结在了表 7.4 中。三个典型相关系数分别为 0.246 4，0.187 6 和 0.072 1。

表 7.4　性格—工作面试数据的降维分析

| 检　　验 | $\Lambda$ | $df$ | 近似 $F$ | $p$ |
|---|---|---|---|---|
| 第一个根至第三个根 | 0.568 0 | 12, 243.7 | 4.84 | <0.000 1 |
| 第二个根至第三个根 | 0.753 8 | 6, 186 | 4.71 | 0.000 2 |
| 第三个根至第三个根 | 0.927 9 | 2, 94 | 3.65 | 0.029 6 |

　　根据之前的检验，我们已经知道所有三个典型相关系数都显著地不等于 0。额外对第二个根和第三个根的检验以及只对第三个根检验也都在统计上显著。我们可以总结出，保留并解释三个典型相关系数及其特征向量是合理的。这一系列检验中的最后一个检验是对最后一个特征值的合理性检验。但是表 7.3 并没有反应单个特征值的检验。尽管我们不能拒绝第二个和第三个特征值和仅对第三个特征值的原

假设，但这不一定能推出第一个特征值本身显著地不等于 0。很多对降维检验的反对被提出就是源于这一类型的误解（Harris，1976），但是对每个特征值单独的检验我们可以用其他方法完成。

## 单个典型相关系数的 *Lawley* 检验

对于任意一个特征根是否来自一个 $\rho_i^2 = 0$ 的假设检验，可以用劳利（Lawley，1959；Mardia，Kent & Bibby，1979：298）提出的一个近似的标准临界比率检验。每一个单独的特征根的统计上的显著性，能通过一种在降维分析中不可能的方式，帮助我们评价特征根对解释预测变量和标准变量之间关系的重要性。Lawley 检验统计量[1]是临界比率检验，可以写成：

$$Z_\rho = \frac{\hat{\rho}_i - E(\rho_i)}{\sqrt{V(\rho_i)}} \qquad [7.49]$$

当 $n$ 足够大，而且 $\rho_i^2$ 和 $\rho_i^2 - \rho_{i+1}^2$ 的值不接近于 0[2]，那么 $Z_\rho$ 是近似正态分布的。

作为演示，我们对性格数据中的三个特征根中的每一个都计算 Lawley 的临界比率。表 7.5 总结了这些典型相关系数、它们的估计标准误、检验统计量和 $p$ 值。

---

[1]　Lawley 检验包含在 SAS PROC CANCOR 的典型相关系数的输出结果中。

[2]　当典型相关系数趋近于 0 时，或者当两个临近的典型相关系数近乎相等的时候，我们无法保证样本特征根的顺序和总体中特征根的顺序一样。因此我们无法确定样本的检验统计量适用于总体的特征根。

表 7.5    对性格—工作面试数据的单个典型相关系数的 Lawley 检验

| 特征根 | $\rho$ | 近似标准误 | $Z_\rho$ | $p$ |
|---|---|---|---|---|
| 1 | 0.496 43 | 0.076 12 | 6.13 | <0.000 0 |
| 2 | 0.433 13 | 0.082 07 | 5.28 | <0.000 0 |
| 3 | 0.268 57 | 0.093 73 | 2.87 | 0.004 0 |

性格数据中,对三个典型相关系数,我们都可以拒绝原假设。因此前面段落中对这些特征向量的解释得到了单个典型相关系数的检验结果的支持。

## 单个典型相关系数的 Roy 最大特征根(GCR)检验

尽管我们常常把 Roy 最大特征根检验解释为只对 $(\mathbf{Q}_E + \mathbf{Q}_H)^{-1}\mathbf{Q}_H$ 的最大特征值的检验,GCR 检验还是一种被推崇的对第一个特征值以外的单个特征根的保守检验(Gittens, 1985:第 3 章;Harris, 2001:第 5 章)。$\theta$ 的临界值已经被哈里斯整理成为表格(Harris, 2001:表 A.5)。为了对单个特征值用 GCR 检验,我们应该用一种渐进方式来处理 $\theta_i = \hat{\rho}_i^2$ 的值,伴随着检验的每一步,表格中 $\theta_i$ 的临界值都被改变。获得的 $\theta_i$ 的值是 $(\mathbf{Q}_E + \mathbf{Q}_H)^{-1}\mathbf{Q}_H$ 的典型相关系数的平方,然后按顺序和表格中 $\theta_\alpha(s, m, N)$ 的值相比较,其中[1],

$$s = minimum[p, q] - i + 1$$

$$m = \frac{1}{2}(|p - q| - 1)$$

$$N = \frac{1}{2}(n - q_f - p - 2)$$

[7.50]

---

① 为了适应检验的数序,$s$ 的值被改变。$N$ 是 $\theta$ 分布的一个参数。$n$ 表示样本数量。

在 GCR 检验的这个用途中,我们首先评价最大典型相关系数的显著性。根据 Roy 的并集交集远侧,$\rho_1^2 = 0$ 的假设检验可以被用于检验 **Y** 和 **X** 之间的整体关系——如果典型相关系数的平方的最大值在统计上不显著,那么对任意其余的特征值,我们都不能拒绝原假设。[①] 如果第一个特征根显著,那么焦点就转移到剩余的单个典型相关系数的检验。后续的特征根检验有相同的形式。但是用于评价检验结果的特征值发生了改变。临界值 $\theta_a(s, m, N)$ 用变化的 $s$ 的值来表示,因为特征根在检验中连续地被消耗。表 7.6 总结了对性格数据中的三个典型相关系数的 GCR检验。

**表 7.6 性格—工作面试数据中,单个典型相关系数的 GCR 检验**

| 特征根 | $\hat{\rho}^2$ | $s$ | $\theta_{0.05}(s, 0, 45.5)$ | $\theta_{0.01}(s, 0, 45.5)$ | $p$ |
|---|---|---|---|---|---|
| 1 | 0.246 4 | 3 | 0.150 | 0.188 | <0.01 |
| 2 | 0.187 6 | 2 | 0.111 | 0.147 | <0.01 |
| 3 | 0.072 1 | 1 | 0.064 | 0.096 | <0.05 |

注:第一、二、三个特征根的 $s$ 值分别为 3, 2, 1。

单个 GCR 检验得出结论与 Lawley 检验的结论相同。前面所有分析得到的证据都表明三个特征根都需要被保留。尽管第一个特征根大一点,能解释 $V$ 的 47.7%,而第二($V$ 的 37.1%)个和第三个($V$ 的 14.3%)特征根看起来也是显著的和能用于解释问题的。

———————————

① 与其他的三重根检验相比较,对于共同方差集中在一个特征根中的模型,基于最大 GCR 检验的综合性假设有最大的功效(Olson, 1974, 1976);但对于共同方差分散在多于一个特征根中的模型,该检验的功效较低。

## $\mathbf{R}_{Y:X}$ 特征值的双标图

　　前面章节中，我们给出了性格数据的散点图。这个散点图提供了反应变量与标准变量之间关系的视觉信息。但是这些图只限于成对变量。双标图是变量集合之间关系的图像表示。而这些变量都被捕捉在方差协方差矩阵或者相关系数矩阵的主成分中（特征值）[①]。双标图提供了关于变量集合的方差与协方差（相关系数）的信息，因为它们反映在了潜在数据矩阵的主成分（特征值）中。对于一个集中数据矩阵 $\mathbf{Y:X}_{(n \times p+q)}$，前两个主成分的双标图展示在图 7.1 中。

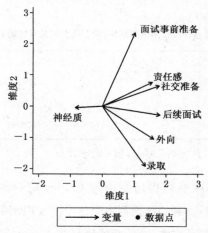

**图 7.1    $p=4$, $q=3$ 的性格数据中变量的双标图**

---

　　① 主成分分析需要用到数据矩阵（协方差矩阵或相关系数矩阵）特征值和特征向量的解，而且已经在本章前面的小节中演示过。在这里，双标图中的主成分是同时包含 $\mathbf{Y}$ 和 $\mathbf{X}$ 的协方差矩阵的主成分。$\mathbf{Y:X}$ 的主成分是二元相关系数的一个更高级的观点，因此也就是 $\mathbf{R}_{YY}^{-1}\mathbf{R}_{YX}\mathbf{R}_{XX}^{-1}\mathbf{R}_{XY}$ 主成分的近似值。第 $n=99$ 个样本点排除在这个图像之外，因为大的数据组已经将这张图填满。关于双标图的细节请参阅 Gower & Hand，1996。

　　双标图包含了关于度量方差的信息(选段的长度;在这里都相等,因为变量被标准化了)、关于度量间相关系数的信息(两条直线夹角的余弦值)和关于数据点的信息(在本图中被删除)。对于性格数据,双标图表明责任感和面试事前准备之间存在明显的共同变化。类似的共同变化也存在于外向与社交准备变量、录取变量之间。神经质同时与反应变量和预测变量负相关(夹角大于 180 度)。这个视觉表示与我们在第 5 章中对这组数据的多元分析、一元后续分析相一致。

## $l_i = \hat{\mathbf{a}}_i \mathbf{Y}$ 和 $m_i = \hat{\mathbf{b}}_i \mathbf{X}$ 的典型系数的回归检验

　　完整特征根集合的综合性的多元检验、降维分析和单个特征根的检验都可以用来识别为了解释 $\mathbf{Y}$ 和 $\mathbf{X}$ 之间关系,最少所需要的潜在典型变量的个数。一个最终的统计检验的集合(可能需要帮助解释过程)是对包含在特征向量 $\hat{\mathbf{a}}_i$ 和 $\hat{\mathbf{b}}_i$ 内的典型权重的显著性检验。这些检验是为了评价 $\mathbf{X}$ 中每个解释变量和 $\mathbf{Y}$ 中每个反应变量对它们相应的典型变量 $l_i$ 和 $m_i$ 的相对重要性。在文献中,哪种假设检验适合评价单个典型系数并没有达成共识。我们最少有两个可能的选择:(1)结构方程模型(Bollen,1989)对典型相关系数的解,它计算了对一个 MIMIC 模型中单个系数的多元 $t$ 检验的极大似然估计(Fan,1997);(2)一个由恩德勒(Endler)编写的程序,这个程序被包含在了 STATA　CANON(STATA　Corp.,2007:65—71)中。在这个程序中,用另一组变量对典型变量得分($l_i$ 和 $m_i$)做回归,然后用常规 $t$ 检验来检验回归系数。[①]在这里,我们只考虑

---

　　① 在 STATA 10.0 版以及之前的版本中,$t$ 检验被包括在 CANON 程序的默认输出结果中。但是在 10.1 版中,该检验是典型相关系数程序中的一个可供选择的选项。因为连续的特征根都相互正交,这些检验类似于 Roy-Bargman 下降检验。类似于在显著多元检验后,我们对连续分隔的一元被解释变量所做的检验(Stevens,2009:第 10 章)。

第二种选择,因为它与典型相关性分析最为接近。

一元回归过程为典型权重提供了一种假设检验的方法。首先计算并保存数据中 $n$ 个样本中每一个样本的典型变量得分,然后用与它们相对的反应变量或者预测变量对典型变量 $l_i$ 和 $m_i$ 做回归。之后就能获得一元多重相关系数的平方 $R^2_{l_i \cdot \mathbf{x}}$ 和 $R^2_{m_i \cdot \mathbf{y}}$。$R^2_{l_i \cdot \mathbf{y}}$ 和 $R^2_{m_i \cdot \mathbf{x}}$ 的值是通过典型变量对自己拥有的变量组做回归($l_i$ 对 $\mathbf{Y}$ 和 $m_i$ 对 $\mathbf{X}$)得到的。这两个值都等于 $1$,因为典型变量是与它们相对应变量的完全线性组合。但是,如果把这每一个最优线性组合都用与之相对的变量组做回归,也就是,

$$\hat{l}_i = \hat{\beta}_0 + \hat{\beta}_1 X_1 + \hat{\beta}_2 X_2 + \cdots + \hat{\beta}_q X_q$$
$$\hat{m}_i = \hat{\gamma}_0 + \hat{\gamma}_1 Y_1 + \hat{\gamma}_2 Y_2 + \cdots + \hat{\gamma}_p Y_p$$

[7.51]

那么,$\mathbf{X}$ 对 $l_i$ 的回归系数 $\hat{\beta}$(或者 $\hat{\beta}^*$)和 $\mathbf{Y}$ 对 $m_i$ 的回归系数 $\hat{\gamma}$ 的 $t$ 检验是对于第 $i$ 个典型相关系数,$\mathbf{Y}$ 对 $\hat{m}_i$ 和 $\mathbf{X}$ 对 $\hat{l}_i$ 的贡献的显著性检验。根据公式 7.51 的拟合模型,假设 $H_0: \beta_j = 0$,$j = 1, \cdots, q$ 和 $H_0: \gamma_k = 0$,$k = 1, \cdots, p$ 的检验方法就是常规的对回归模型参数的 $t$ 检验。$R^2_{l_i \cdot \mathbf{x}} = R^2_{m_i \cdot \mathbf{y}}$ 的值与公式 7.51 的每一个模型相联系,这两个值都等于典型相关系数的平方 $\hat{\rho}^2_{l_i, m_i}$。对于 $i = 1, \cdots, s$ 的成对典型变量,它们的典型相关系数的平方和就是 Pillai 迹 $V$。[1]这些分析过程将用性格数据演示。因为性格数据中有三个显著的特征根,我们需要计算三组回归模型,其结果总结在表 7.7 中。

---

① 这个过程可以被应用于任何软件包,只要该软件包可以通过问题中连续特征向量的值计算典型变量得分。任何 OLS 多重回归程序都可以被用于获取这个检验统计量。

表 7.7　变量对 $l_i$ 和 $m_i$ 贡献的回归检验

| | $l_1, m_1$ | | | $l_2, m_2$ | | | $l_3, m_3$ | | |
|---|---|---|---|---|---|---|---|---|---|
| | $Coeff$ | $t$ | $p$ | $Coeff$ | $t$ | $p$ | $Coeff$ | $t$ | $p$ |
| 背景准备 | −0.087 | −1.70 | 0.089 | 0.105 | 1.72 | 0.088 | 0.239 | 2.29 | 0.024 |
| 社交准备 | 0.152 | 3.53 | 0.001 | −0.018 | −0.35 | 0.724 | −0.098 | −1.11 | 0.270 |
| 后续面试 | 0.205 | 0.44 | 0.660 | 1.988 | 3.59 | 0.001 | 0.993 | −1.04 | 0.301 |
| 收到的录取 | 1.363 | 2.27 | 0.025 | −1.234 | −1.73 | 0.087 | 2.564 | 2.09 | 0.040 |
| 神经质 | −0.024 | −0.91 | 0.363 | 0.025 | 0.81 | 0.421 | −0.140 | −2.64 | 0.010 |
| 外　向 | 0.167 | 5.27 | <0.001 | −0.039 | −1.04 | 0.300 | −0.042 | −0.64 | 0.521 |
| 责任感 | −0.018 | −0.55 | 0.581 | 0.179 | 4.66 | <0.001 | 0.002 | 0.03 | 0.978 |

注:$Coeff$ = 未标准化系数。

　　预测变量的 $t$ 检验倾向于证实我们之前的解释:第一个特征根主要由外向来解释,而外向决定了社交准备和最终的录取。第二个特征根主要由责任感来解释,责任感与社交准备和后续面试的关联十分紧密。第三个特征根揭示了神经质促进背景准备,但严重阻碍收到工作录取。尽管对于多元数量,这些 $t$ 检验并不严格,但足以提供有用的信息。因为连续特征向量($l_1$, $l_2$, $\cdots$ $l_s$ 和 $m_1$, $m_2$, $\cdots$ $m_s$)是相互正交因此也是相互独立的。如果我们进行这样的检验,我们最好用合理的 Bonferroni 修正来控制第一类错误。典型权重真实的多元统计显著性检验在我们现阶段的典型分析软件中并不存在,但是可以用典型相关系数的结构方程模型的解进行估计。[①]

## 例 2:PCB-CVD-NPSY 数据

　　我们已经在前面的章节中研究过年龄、性别和暴露于 PCB 与记忆、认知弹性和心血管疾病风险因素(胆固醇和三酸甘油酯)之间的全模型关系。研究发现,两组变量间的关系既在数值上较大 ($R_V^2 = 0.140$),也在统计上显著($p < 0.0001$)。图 7.2 为这九个变量的双标图。该图暗示了 **Y** 和 **X** 之间多元关系的可能潜在的特征根。

　　这些数据的典型相关性分析可以让我们对这些多元关系有更深的了解。因为全模型检验等于 $\hat{\rho}_i^2$ 的一个函数,也就是 $V = \Sigma \hat{\rho}_i^2 = 0.3538 + 0.0502 + 0.0149 = 0.4189$。一元后

---

① 根据性格数据和 PCB 数据拟合 SEM MIMIC 模型的 $t$ 检验的极大似然估计得到的结果,与 $l_i$ 和 $m_i$ 的一元回归分析的 $t$ 检验十分一致。

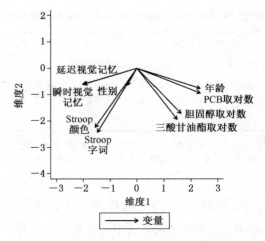

**图 7.2 PCB-CVD-NPSY 数据的九变量双标图**

续 $F$ 检验表明(表 5.4),年龄和暴露于 PCB 在预测记忆功能失调和提升心血管疾病风险因素时起着重要作用,但它们都对认知弹性没太大影响。认知弹性更大程度上是关于性别的函数。降维分析揭示:对特征根 1—3 拒绝原假设( $p < 0.001$ ),但对特征根 2—3( $p = 0.074$ )和只对特征根 3( $p = 0.429$ )我们无法拒绝原假设。作为对比,表 7.8 总结了对单个特征根的 Lawley 检验和 GCR 检验。这两个检验说明,前两个特征根值得继续关注。但是第三个特征根可以被忽略,即使显著水平 $\alpha = 0.05$ 。

对前两个特征值的解释可以被这样一个事实继续支持:它们分别能解释迹 $V$ 的 84.5% 和 12.0%,而一共大约能解释这个迹的 97%。所以第三个特征根看起来也就没那么重要,尽管它在统计上显著。表 7.9 给出了前两个典型相关系数的平方的典型权重,其中的特征值已经被标准化了。典型权重

表 7.8　**PCB-CVD-NPSY 数据的 Lawley 检验和 GCR 检验**

| 特征根 | GCR 检验 | | | Lawley 检验 | | |
|---|---|---|---|---|---|---|
| | $\theta_i = \rho_i^2$ | $p$ | $\rho_i$ | $\rho_i$ 的标准误 | $Z_\rho$ | $p$ |
| 1 | 0.353 8 | < 0.01 | 0.594 8 | 0.040 0 | 14.87 | <0.000 1 |
| 2 | 0.050 2 | < 0.01 | 0.224 0 | 0.058 8 | 3.81 | 0.000 14 |
| 3 | 0.014 9 | > 0.05 | 0.122 0 | 0.061 0 | 2.00 | 0.046 0 |

注：$PCB$ = 化学物质多氯联苯；$VCD$ = 心血管疾病；$NPSY$ = 神经心理学功能。$\theta_a(\alpha, s, m, N)$ 的临界值来自 Harris, 2001：表 A.5，其中 $m =$ 2.5, $N = 125.5$，连续根 $s = 3, 2, 1$。

旁边的"$p$ 值"列来自一个一元过程：对每个样本在典型变量上的得分，用与之相对的典型变量的变量组做回归（例如，$l_i$ 对 **X** 回归，$m_i$ 对 **Y** 回归），然后通过对回归系数进行 $t$ 检验来评价每一个变量。

表 7.9　**PCB 数据的典型权重、典型载荷和 $t$ 检验**

| 变　量 | $\rho_1^2 = 0.353\ 8$ | | | $\rho_2^2 = 0.050\ 2$ | | |
|---|---|---|---|---|---|---|
| | 典型权重 | $p$ | 典型载荷 | 典型权重 | $p$ | 典型载荷 |
| vmm.imm | −0.361 | 0.008 | −0.670 | −0.894 | 0.041 | −0.366 |
| vmm.del | −0.262 | 0.055 | −0.675 | 0.522 | 0.234 | −0.044 |
| str.w | 0.023 | 0.856 | −0.347 | 0.497 | 0.219 | 0.607 |
| str.c | −0.260 | 0.039 | −0.435 | 0.299 | 0.460 | 0.569 |
| 胆固醇 | 0.324 | 0.002 | 0.662 | 0.561 | 0.093 | 0.223 |
| 三酸甘油酯 | 0.400 | < 0.000 1 | 0.653 | −0.483 | 0.144 | −0.204 |
| 年龄 | 0.531 | < 0.000 1 | 0.921 | −0.220 | 0.589 | 0.076 |
| 性别 | −0.066 | 0.450 | −0.111 | 1.029 | < 0.000 1 | 0.974 |
| PCB 对数 | 0.539 | < 0.000 1 | 0.935 | 0.338 | 0.409 | 0.044 |

注：典型权重已经被标准化；vm.imm = 瞬时视觉记忆，vm.del = 延迟视觉记忆，str.w = Stroop 字词，str.c = Stroop 颜色。

对前两个典型相关系数的解释看起来十分直接，因为表 7.9 中的各个指数都互相支持。第一个特征根是一个同时涉及年龄和对有毒物质暴露的维度。这里每一个变量(对模型中其余变量调整后)对反应变量的典型变量的贡献差不多相同。而反应变量的典型变量主要被心血管疾病因素和记忆力所决定。当年龄和有毒物质暴露增加时,记忆力衰退的同时,心血管疾病的风险因素也在增加。第二个典型相关系数明显是性别因素,只对记忆变量的其中一个产生影响——后续对反应变量回归分析的 $p$ 值揭示了这个关系很弱。在解释这组数据时,调查者可以合理地忽略第三个典型相关系数。

　　作为本书的总结,我们再次强调典型相关性分析包括本书中讲解的所有分析。我们可以对任意能用公式 5.1 中的 $\mathbf{Q}_H$ 构成的假设做典型分析。因此典型分析可以用于检验所有的多元复回归分析的假设和所有多元方差分析的假设。每一种多元分析都包括所有最常见的同类型一元模型(Knapp,1978)。通过分析 $\mathbf{Y}$ 和 $\mathbf{X}$ 两者中的多个虚拟变量,典型分析可以被延伸来用于进行列联表分析。在这个分析中,我们可以证明 Pearson $\chi^2$ 统计量是 Pillai 迹统计量的一个函数,$\chi^2 = nR_V^2$(Kshirsagar,1972:379—385)。我们相信读者在实际工作中将会发现典型分析的许多有效应用以及多元线性模型的其他形式,并且我们希望读者通过阅读本书增强了这样一个理念:MMR、MANOVA 和 CCA 不是分割的技巧,而是在广义线性模型题材下包含的所有技巧的一个整集。

# 参考文献

Anderson, T. W. (2003). *An introduction to multivariate statistical analysis.* NY: Wiley.

Arthur, M. M., Van Buren, H. J., & Del Campo, R. J. (2009). The impact of American politics on perceptions of women's golfing abilities. *American Journal of Economics and Sociology*, *68*, 517—539.

Auerbach, B. M., & Ruff, C. B. (2010). Stature estimation formulae for indigenous North American populations. *American Journal of Physical Anthropology*, *141*, 190—207.

Baek, M. (2009). A comparative analysis of political communication systems and voter turnout. *American Journal of Political Science*, 53, 376—393.

Bartlett, M. (1939). A note on tests of significance in multivariate analysis. *Proceedings of the Cambridge Philosophical Society*, 35, 180—185.

Bollen, K. A. (1989). *Structural equations with latent variables.* NY: Wiley.

Bring, J. (1994). How to standardize regression coefficients. *The American Statistician*, *48*, 209—213.

Burdick, R. K. (1982). A note on the multivariate general linear test. *The American Statistician*, *36*, 131—132.

Caldwell, D.F., & Burger, J. M. (1998). Personality characteristics of job applicants and success in screening interviews. Personal Psychology, 51, 119—136.

Card, D., Dobkin, C., & Maestas, N. (2009). Does Medicare save lives? *Quarterly Journal of Economics*, *124*, 597—636.

Cardoso, H. F. V., & Garcia, S. (2009). The not-so-dark ages: Ecology for human growth in medieval and early twentieth century Portugal as inferred from skeletal growth profiles. *American Journal of Physical Anthropology*, *138*, 136—147.

Carpenter, D. O. (2006). Polychlorinated biphenyls(PCBs): Routes of exposure and effects on human health. *Review of Environmental Health*, 21, 1—23.

Cohen, J. (1968). Multiple regression as a general data analytic system. *Psychological Bulletin*, *70*, 426—433.

Cohen, J. (1988). *Statistical power analysis for the behavioral sciences.*

Mahwah, NJ: Lawrence Erlbaum Publishers.

Cohen, J., Cohen, P., West, S. G., & Aiken, L. S.(2003). *Applied multiple regression/correlation analysis for the behavioral sciences*. Mahwah, NJ: Lawrence Erlbaum Publishers.

Cohen, J., & Nee, J. C. M.(1984). Estimators for two measures of association for set correlation. *Educational and Psychological Measurement*, *44*, 907—917.

Costa, P. T., Jr., & McCrae, R. R.(1992). *Revisitd NEO personality inventory (NEO-PI-R) and NEO Five Factor Inventory(NEO-FFI) professional manual*. Odessa, FI: Psychological Assessment Resources.

Cramer, E., & Nicewander, A. E. (1979). Some symmetric, invariant measures of set association. *Psychometrika*, *44*, 43—54.

Darlington, R. B.(1990). *Regression and linear models*. NY: McGraw-Hill.

Draper, N. R., & Smith, H.(1998). *Applied regression analysis*. NY: Wiley.

Ellis, H. B., MacDonald, H. Z., Lincoln, A. K., & Cabral, H. J.(2008). Mental health of Somali adolescent refugees: The role of trauma, stress, and perceived discrimination. *Journal of Consulting and Clinical Psychology*, *76*, 184—193.

Fan, X.(1997). Canonical correlation analysis and structural equation modeling: What do they have in common? *Sturctural Equation Modeling*, *4*, 65—79.

Fox, J.(2009). *A mathematical primer for social scientists*. Los Angeles: Sage Publications.

Gittens, R.(1985). *Canonical analysis*. NY: Springer-Verlag.

Glonek, G. F. V., & McCullagh, P.(1995). Multivairate logistic regression. *Journal of the Royal Statistical Soceity. Series B(Methodological)*, *57*, 533—546.

Goncharov, A., Haase, R. F., Santiago-Rivera, A., Morse, G. S., Akwesasne Task Force on the Environment, McCaffrey, R. J., Rej, R., & Carpenter, D. O.(2008). High serum PCBs are associated with elevantion of serum lipids and cardiovascular disease in a Native American population. *Environmental Research*, *106*, 226—239.

Gower, J.C., & Hand, D. J.(1996). *Biplots*. London: Chapman & Hall.

Green, S. B., Marquis, J. G., Hershberger, S. L., Thompson, M. S., & McCollam, L. M. (1999). The overparameterized analysis of variance model. *Psychological Methods*, *4*, 214—233.

Haase, R. F. (1991). Computational formulas for multivariate strength of association from approximate F and $\chi^2$ tests. *Multivariate Behavioral Research*, *26*, 227—245.

Harris, R. J. (2001). *A primer of multivariate statistics*. 3rd Edition. Mahwah, NJ: Lawrence Erlbaum Associates.

Hooper, J. W. (1959). Simultaneous equations and canonical correlation theory. *Econometrica*, 27, 245—256.

Hotelling, H. (1951). A generalized *T*-test and measure of multivariate dispersion. *Proceedings of the Second Berkeley Symposium on Mathematics and Statistics*, *23—41*.

Jaccard, J., & Jacoby, J. (2010). *Theory construction and model building skills: A practical guide for social scientists*. NY: The Guilford Press.

Jolliffe, I. T. (2002). *Principal components analysis*. NY: Springer.

Kim, J. O., & Ferree, G. (1981). Standardization in causal analysis. *Sociological Methods and Research*, 10, 187—210.

Knapp, T. D. (1978). Canonical correlation as a general data analytic system. *Psychological Bulletin*, *85*, 410—416.

Kshirshigar, A. N. (1972). *Multivariate analysis*. NY: Marcel-Dekker.

Lawley, D. N. (1938). A generalization of Fisher's *z*-test. *Biometrika*, 30, 180—187.

Lawley, D. N. (1959). Tests of significance in canonical analysis. *Biometrika*, 46, 59—66.

Lin, K., Guo, N., Tsai, P., Yang, C., & Guo, Y. L. (2008). Neurocognitive changes among elderly exposed to PCBs/PCDFs in Taiwan. *Environmental Health Perspectives*, *116*, 184—189.

Littell, R. C., Stroup, W. W., & Freund, R. J. (2002). *SAS system for linear models* (4th Ed.). Cary, NC: SAS Institute.

Lubinski, D., & Humphreys, L. G. (1996). Seeing the forest from the trees: When predicting the behavior or status of groups, correlate means. *Psychology, Public Policy and Law*, *2*, 363—376.

Mardia, K. V., Kent, J.T., & Bibby, J. M. (1979). *Multivariate analysis*. Amsterdam: Academic Press.

Maxwell, S. E., & Delaney, H. D. (2004). *Designing experiments and analyzing data: A model comparison perspective*. Mahwah, NJ: Lawrence Erlbaum Publishers.

Morgan, S. L., & Winship, C. (2007). *Counterfactuals and causal inference*.

*Methods and principles for social research*. Cambridge, UK: Cambridge University Press.

Muller, K. E., & Fetterman, B. A.(2002). *Regresion and ANOVA. An integrated approach usintg SAS software*. Cary, NC: SAS Institute, Inc.

Myers, J. L., & Well, A. D.(2003). *Research design and statistical analysis*. Mahwah, NJ: Lawrence Erlbaum Publishers.

Namboodiri, K. (1984). *Matrix algebra. An Introduction*. Beverly Hills, CA: Sage Publications.

Norusis, M. J. (1990). *SPSS advanced statistics user's guide*. Chicago: SPSS, Inc.

O'Brien, R. G., & Kaiser, M. K.(1985). MANOVA method for analyzing repeated measures designs: An extensive primer. *Psychological Bulletin*, *97*, 316—333.

Olkin, I., & Finn, J. D. (1995). Correlations redux. *Psychological Bulletin*, *118*, 155—164.

Olson, C. E. (1974). Comparative robustness of six tests in multivariate analysis of variance. *Journal of the American Statistical Association*, 69, 894—908.

Olson, C. E.(1976). On choosing a test statistic in multivariate analysis of variance. *Psychological Bulletin*, *83*, 579—586.

Pekrun, R., Elliot, A. J., & Maier, M. A. (2009). Achievement goals and achievement emotions: Testing a model of their joint relations with academic performance. *Journal of Educational Psychology*, *101*, 115—135.

Pillai, K. C. S. (1955). Some new test criteria in multivariate analysis. *Annals of Mathematical Statistics*, *26*, 117—121.

Pillai, K. C. S. (1960). *Statistical tables for tests of multivariate hypotheses*. Manila: University of the Philippines Statistical Center.

Puri, M. L., & Sen, P. K.(1971). *Nonparametric methods in multivariate analysis*. NY: Wiley.

Rao, C. R. (1951). An asymptotic expansion of the distribution of Wilks criterion. *Bulletin of the International Statistical Institute*, *33*, 177—180.

Rencher, A. C.(1988). On the use of correlations to interpret canonical functions. *Biometrika*, *75*, 363—365.

Rencher, A. C.(1998). *Multivariate statistical inference and applications*. NY: Wiley.

Rencher, A. C. (2002). *Methods of multivariate analysis*. NY: Wiley.

Rencher, A. C., & Scott, D. T. (1990) Assessing the contribution of individual variables following rejection of a multivariate hypothesis. *Communications in Statistics—Series B, Simulation and Computation, 19,* 535—553.

Rindskopf, D. (1984). Linear equality restrictions in regression and loglinear models. *Psychological Bulletin, 96,* 597—603.

Robinson, W. S. (1950). Ecological correlations and the behavior of individuals. *American Sociological Review, 15,* 351—357.

Rothman, K. J., Greenland, S., & Lash, T. L. (2008). Modern epidemiology. Philadelphia: Wolters Kluwer/Lippincott Williams & Wilkins.

Roy, S. N. (1957). *Some aspects of multivariate analysis*. NY: Wiley.

Schott, J. R. (1997). *Matrix analysis for statistics*. New York: Wiley.

Searle, S. R. (1987). *Linear models for unbalanced data*. New York: Wiley.

StataCorp. (2007). *STATA multivariate statistics reference manual. Release* 10. College Station, TX: StataCorp, LP.

Stevens, J. P. (2007). *Applied multivariate statistics for the social sciences.* 2nd Edition. Hillsdale, NJ: Lawrence Erlbaum Associates.

Stewart, D., & Love, W. (1968). A general canonical correlation index. *Psychological Bulletin, 70,* 160—163.

Tatsuoka, M. M. (1988). *Multivariate analysis. Tehcniques for educational and psychological research.* NY: Wiley.

Thompson, B. (1984). *Canonical correlation analysis. Uses and Interpretations.* Newbury Park, CA: Sage Publications.

Timm, N. H. (1975). *Multivariate analysis with applictions in education and psychology.* Monterey, CA: Brooks/Cole.

Tombaugh, T. N. (2004). Trail Making Test A and B: Normative data stratified by age and education. *Archives of Clinical Neuropsychology, 19,* 203—214.

van den Burg, W., & Lewis, C. (1988). Some properties of two measures of multivariate association. *Psychometrika, 53,* 109—122.

Wilks, S. S. (1932). Certain generalizations in the analysis of variance. *Biometrika, 24,* 471—494.

Zwick, R., & Cramer, E. M. (1986). A multivariate perspective on the analysis of categorical data. *Applied Psychological Measurement, 10,* 141—145.

# 译名对照表

| | |
|---|---|
| analysis of variance(ANOVA) | 方差分析 |
| arithmetic average | 算术平均 |
| biplot | 双标图 |
| canonical correlation analysis | 典型相关性分析 |
| categorical predictor | 分类预测变量 |
| cell mean | 单元均值 |
| characteristic equation | 特征方程 |
| cluster | 聚类 |
| coding scheme | 编码策略 |
| contrast matrix | 对比矩阵 |
| correction factor | 修正因子 |
| correlation matrix | 相关系数矩阵 |
| covary | 共变 |
| criterion variable | 标准变量 |
| dependent variable | 被解释变量 |
| design matrix | 设计矩阵 |
| determinant | 行列式 |
| dummy variable | 虚拟变量 |
| eigenvalue | 特征值 |
| eigenvector | 特征向量 |
| extra sum of squares | 额外平方和 |
| $F$-test approximation | 近似 $F$ 检验 |
| generalized inverse | 广义逆 |
| geometric average | 几何平均 |
| goodness of fit | 拟合优度 |
| greatest characteristic root | 最大特征根 |
| harmonic average | 调和平均 |
| homogeneous equations | 齐次方程组 |
| interaction effect | 交互作用 |
| MANOVA | 多因素方差分析 |
| maximum squared canonical correlation | 最大典型相关系数的平方 |

| | |
|---|---|
| mean corrected | 均值修正 |
| multicollinearity | 多重共线性 |
| multivariate multiple regression | 多元复回归 |
| overparameterize | 过度参数化 |
| partition | 分解 |
| population parameter | 总体参数 |
| power function | 功效函数 |
| predictor variable | 预测变量 |
| principal component | 主成分 |
| redundancy index | 冗余指数 |
| reference cell | 参照单元 |
| scalar | 标量 |
| semipartial correlation | 半偏相关系数 |
| SSCP | 平方和交叉乘积 |
| standard score | 标准得分 |
| standardized coefficient | 标准化系数 |
| strength of relationship | 关联强度 |
| structural equation model | 结构方程模型 |
| structure coefficient | 结构系数 |
| successively residualized | 连续残差化 |
| trace | 迹 |
| univariate general linear model | 一元广义线性回归 |
| variance inflation factor | 方差膨胀因子 |
| variance-covariance matrix | 方差协方差矩阵 |
| weight | 权重 |

**图书在版编目(CIP)数据**

多元广义线性模型 / (美)理查德·F.哈斯
(Richard F.Haase)著;臧晓露译.—上海:格致出
版社:上海人民出版社,2017.7
(格致方法·定量研究系列)
ISBN 978 - 7 - 5432 - 2756 - 9

I. ①多…  II. ①理… ②臧…  III. ①线性模型-研
究  IV.①O212

中国版本图书馆 CIP 数据核字(2017)第 093558 号

责任编辑    顾  悦

格致方法·定量研究系列

**多元广义线性模型**

[美]理查德·F.哈斯  著

臧晓露 译   王佳 校

| | | |
|---|---|---|
| 出 版 | 世纪出版股份有限公司  格致出版社<br>世纪出版集团  上海人民出版社<br>(200001  上海福建中路 193 号  www.ewen.co) | 印 刷   上海商务联西印刷有限公司<br>开 本   920×1168  1/32<br>印 张   9.25<br>字 数   186,000<br>版 次   2017 年 7 月第 1 版<br>印 次   2017 年 7 月第 1 次印刷 |

编辑部热线  021-63914988
市场部热线  021-63914081
www.hibooks.cn

发 行    上海世纪出版股份有限公司发行中心

ISBN 978 - 7 - 5432 - 2756 - 9/C · 177              定价:48.00 元

# 格致方法·定量研究系列